U0312132

本研究获得国家社会科学基金西部项目"德昂族传统生态文明与区域可持续发展研究"（项目批准号：13XMZ068）的资助

李全敏 著

秩序与调适

德昂族传统生态文明
与区域可持续发展研究

ORDER AND ADJUSTMENT

The Study on the De'ang's
Traditionally
Ecological Civilization
and Regionally Sustainable
Development

社会科学文献出版社
SOCIAL SCIENCES ACADEMIC PRESS (CHINA)

序 一

林超民

当中国北方大部分地区为雾霾所困扰的时候，地处祖国西南边疆的云南高原却是山清水秀，天蓝云白，空气清新，环境优美。

生活在云南省德宏傣族景颇族自治州的德昂族享受着净洁的空气、甘冽的清泉，从事着繁重而愉快、艰难而潇洒的劳动，创造着简单而幸福、古朴而多彩的生活。

当我读到全敏即将付梓的书稿《秩序与调适——德昂族传统生态文明与区域可持续发展研究》时，就像在德昂族生活的山野呼吸清新的空气，享受甘甜的清泉，心旷神怡，美不胜收。

六年前，全敏出版了《认同、关系与不同——中缅边境一个孟高棉语群有关茶叶的社会生活》，首次透过茶叶研究德昂族的社会生活，研究茶叶在德昂族社会生活中的地位和作用，揭示茶叶在德昂族自我认同、区分他者、处理族际关系中的社会功能。

经过六年孜孜不倦、坚持不懈、锲而不舍的深入研究，全敏向社会奉献出她的最新创新成果——《秩序与调适》。

六年前，全敏着重研究茶在德昂族中的认同作用，其具有同而不和、和谐美好的重要作用。甫一出版，就得到学术界的同声赞誉。

现在，全敏的新作，着重论述茶在德昂族的社会秩序、生态文明、持续发展中的作用。本书是前书的姊妹篇，更是前书的拓展、升华。

全敏的《秩序与调适》不仅为我们展示了德昂族优美干净的环境、辛勤愉快的劳作、丰富多彩的文化，而且揭示了德昂族敬重自然的生态观、保护自然的环境观、人与自然协调的发展观。

全敏以德昂族和茶的关系为主线，论述德昂族的生态文明观。因为在世界上，"唯有德昂族用茶诠释他们的传统生态文明观，来表达人与环境资源的密切联系以及人与自然和谐共生的相处之道，表达环境资源与人类生存和发展一脉相承的理念"——茶是祖先，茶是神灵，茶是生命，茶是生产，茶是生活，由茶衍生出了德昂族的生态观、人生观、价值观。

德昂族传统生态文明是根植于以茶为纽带的人与自然和谐共生情境中的生存理念，是维持人与自然和谐共生的公共秩序，是规范人与自然和谐共生的社会制度，是人与自然和谐共生的知识体系；在神圣的信仰中将理念、秩序、制度、知识融为一体，尊重自然，建立制度，维护生态，创造文明，使社会在与自然和谐共生中持续不断地向前发展。全敏这本新著启示我们：没有敬畏就没有尊重，没有尊重就没有信仰，没有信仰就没有制度，没有制度就没有文明，没有文明就不可能持续发展。

当我们一味强调经济发展、一味追求财富增长、一味讲究生活安逸的时候，雾霾一类的污染也跟随而来，使发展受挫，使财富流失，使生活变得苦痛。我们不得不停下脚步深刻反思，我们究竟需要什么样的发展？德昂族传统的生态文明告诉我们，在发展中，一定要敬畏自然、尊重自然、保护自然，在人与自然之间确定必要的秩序，做出符合规律的调适。没有秩序，没有调适，就没有持续发展。

德昂族在处理人与自然的关系时，讲究"适度"，讲究"中和"。不能"无所作为"，也不能"肆无忌惮""为所欲为"。只有坚持"中和"，才能做到"天地位焉，万物育焉"。

在大自然面前，无所畏惧，是无知的表现。无知者无畏，无畏者无敬，无敬者无道，无道者必亡！这是历史和现实给我们的教训。

德昂族生活在祖国西南边疆，边疆并不遥远，边疆并不荒蛮，边疆并不落后。边疆保存着古朴的传统，传统是我们赖以持续发展的宝贵经验，敬畏传统、尊重传统、弘扬传统，是我们建设生态文明、求得持续发展的必由之路。这就是全敏新著的重要学术价值，其社会意义也就包含在这宝贵的学术价值之中。

这是一部立足现实、尊重传统、面向未来的学术著作。一般读者可以从中获得有益的生态知识，专家可以从中获得有益的创新启示，决策者可以从中获得有益的决策参考。

　　我们处在一个提倡全民创新的时代，然而创新并不是轻而易举的事，创新需要长期冷静、认真、踏实、执着、求是的研究。全敏不求闻达，不事张扬，不逐名利，淡泊宁静，潜心研究，孜孜矻矻，兢兢业业，在对德昂族的传统生态文明与区域可持续发展的研究中，从实践与理论的结合出发，取得了创造性的新成果。在庆贺全敏新著出版之时，我们更要学习她严肃不苟、严密不疏、严谨不怠的治学品格和坚定不移、坚持不懈、坚忍不拔的治学气质。

2017 年 2 月 18 日

序 二

尹绍亭

德昂族分布于云南西南部与缅甸交界地带,人口两万左右,属"人口较少民族"。学界对于德昂族的研究,相对于分布其周边的傣族、景颇族而言,应该说比较薄弱。李全敏博士 2011 年出版了德昂族的民族志专著《认同、关系与不同——中缅边境一个孟高棉语群有关茶叶的社会生活》,最近又完成了《秩序与调适——德昂族传统生态文明与区域可持续发展研究》新著,可喜可贺!两书的问世,无论从理论还是从田野调查看,均代表了德昂族研究的新水平,为德昂族研究进展的重要标志。

全敏博士的第一本德昂族研究专著《认同、关系与不同——中缅边境一个孟高棉语群有关茶叶的社会生活》,主要探索德昂族如何在生产、交换和消费中使用茶叶来表达他们的认同和阐释他们之间以及他们与外族的各种关系,旨在发掘茶叶和德昂族之间的关系以及该关系对德昂族的重要作用。该书遵循人类学的学术传统,对话礼物、交换等经典理论,意在对德昂族文化进行深度阐释。新著《秩序与调适——德昂族传统生态文明与区域可持续发展研究》,依然以德昂族物质生产和社会生活中的茶为重心,然而其研究的意图和视野却明显不同了,不再限于人类学领域的理论呼应,也不再只是对德昂族文化的再发掘,而是把目光转向我国乃至世界最为关注的现实课题——生态文明的建设。他山之石,可以攻玉,运用人类学的研究积极参与重大现实问题的讨论,锐意开拓,值得赞赏。

正如全敏新著所言,生态文明是 21 世纪人类面临的主题,中国共产党 2007 年、2012 年、2013 年召开的几次全国代表大会,均突出了生态文明建设的地位,把生态文明建设提到与中华民族发展和国家建设关联的高度,并提出了加快生态文明建设的举措。最近，以习近平同志为核心的党中央领导集体又不断强调建设生态文明的重要性，社会反响热烈。与此相呼应，学界也出现了研究生态文明的热潮，不同学科的研究成果如雨后春笋，形成了百花齐放的局面。那么，目前在以生态学、生物学、资源环境学、环境保护学、环境工学等自然科学为主流的生态文明研究大势中，人类学的研究有何价值和意义呢？

读过全敏新著，我以为以下几点颇值得肯定。

第一，该书集中书写了一个人口较少民族——德昂族的传统生态文明，有助于人们认识生态文明的多样性。目前社会流行着一种看法，认为文明的进化是这样的一个系列：农耕文明—工业文明—生态文明，即认为生态文明是从工业文明脱胎而出的"先进"的、"新生"的文明形态，是后工业时代或后碳时代的社会形态。这种看法貌似科学，实则不妥。从人类学的角度来看，生态文明应是文明的重要组成部分，而非一种独立的文明形态；"生态"与"农耕""工业"不属同一范畴，有农耕社会、工业社会，而不会出现单纯的生态社会。同时，生态文明作为文明的一部分，古已有之，而非工业社会面临生态危机的今天才重要、才产生、才建设。以往历史的悠久深厚的积累，各民族丰富多彩的创造，可以为当今社会生态文明的培育、发展提供有益的借鉴和宝贵的资源。作者立足于德昂族传统生态文明的研究，其意即在于彰显上述观点，以补正某些自然科学忽视历史、忽视文化多样性的偏颇和错误。

第二，生态文明的研究，既需要宏观理论的探讨，也需要微观个案的研究；既需要面向未来的探索，也需要面对现实的深入考察。而在时下宏观理论和未来探讨居多，而且不同学科尚众说纷纭的情势下，作者走出书斋、跳出理论对话的圈子，投身于德昂族社区，做艰苦细致的田野调查，这对于促进理论与实践的结合，对于生态文明研究的深化，对于社区的可持续发展，无疑是十分有益的。

第三，对于"生态文明"的定义，有如"文化"，多不胜举。本书独辟蹊径，不做空洞之谈，而是对茶的物象和意象进行阐释，方法之独特，令人称绝。在田野中，作者了解到德昂族对茶的认知——茶叶是"万物的阿祖"，是生命的起源，人类是茶叶创造的。在我国 56 个民族中，唯有德昂族将茶叶奉为图腾，把茶叶与生命和血缘联系在一起，并把生态环境以及森林、水、土地、气候等自然资源和农作物的产生都归源于茶叶，远远超出了一般的自然崇拜。正因为如此，德昂族在整个社会生产生活之中对茶叶的敬畏和尊崇无处不在，这深刻地影响着他们的行为方式、社会惯性和仪式宗教。这一以茶为象征的人与自然和谐共生相处之道，即为德昂族千百年来创造积累形成的独特生态文明。作者对这一生态文明案例的发现发掘，堪称范例，启发良多。

第四，该书研究生态文明，落脚到可持续发展之上，体现了学术的人文关怀，具有很强的现实意义。该书共六章，第一章是导论，第二章讨论德昂族传统生态文明，第三、四、五、六章分别探讨生态文明的价值及其与区域可持续发展的关系、融合、对话，把区域可持续发展作为生态文明研究的重头戏，使学术研究服务于现实需要，理论与实践并重，难能可贵。由于田野调查深入，研究实事求是，该书的诸多讨论、观点不乏真知灼见，其应用价值值得期待。

第五，作者认为，"本书的研究创新之处在于提出'文化秩序体'的概念，把德昂族传统生态文明视为一种能体现人与自然和谐共生发展理念的文化秩序体，在与区域可持续发展相整合的过程中，用具体实例展示出德昂族传统生态文明与区域可持续发展的辩证关系，并用之阐释生态环境的保护、传统产业的发展、文化传统的传承以及民族关系的和谐等情况，揭示出德昂族传统生态文明与区域可持续发展相整合的理论和实践意义"。具体而言，所谓"文化秩序体"可理解为"以茶为主线体现的人与自然和谐共生发展的"文化调适系统。此概念的提出，颇有新意，值得重视和进一步探讨。

生态文明研究，内容丰富，涵盖极广，人类学、民族学的参与，因具备独特的理论视角、研究方法和学术资源而能有所贡献，这已为包括全敏博士新著在内的许多研究所证明。不过，在急剧的社会变迁面前，人类学、民族学也面临诸多困惑和挑战。譬如该书所写德昂族以茶图腾为象征的生态文明，不可谓不美好绝妙，然而相对于昔日德昂族茶文明的厚重浓郁，如今逐渐式微已是不争的事实。在现代化浪潮高歌猛进的今天，如何传承、发扬光大各民族优秀的传统生态文明？如何避免它们变异、破坏、衰落、消亡？这是迫切需要研究和解决的重大课题。关于此，全敏博士已经捷足先登，取得了成绩。再接再厉，再续新篇，是师友们的希望，也是德昂族乡亲们的期盼。相信随着学养和学识的进一步积累丰富，全敏博士今后的研究会更加扎实、精当、成熟。

2017 年初春写于景洪

目　录

第一章 导论

生态文明与可持续发展是当前国内外都关注的一个热点话题。在国内，从理论到实践，可持续发展始终都和生态文明有着不可分割的联系。学界普遍认为，生态文明是可持续发展的本质内涵、理论支撑和实践保障（申曙光，1994；宋蜀华，1996；徐春，1998；刘兴先，2000；刘湘溶、朱翔，2003；王凤才，2004；宋林飞，2007；吴风章，2008；尹伟伦，2009；周敬宣，2009；赵绍敏，2010；高德明，2011；许进杰，2011；尹绍亭，2013；张贡生，2013；谭丽、卢湘元，2014；叶远明，2016；张梅兰，2016）。党和国家指出建设生态文明关系着中华民族的未来（黎康，2012；胡宝元、沈濛，2013；张昊旻、南丽军，2013；郝子甲，2014；潘鈜，2014）。[1] 生态文明为我国的可持续发展提供了思想基础、精神支持和智力支持。以科学发展观为指导，进行生态文明建设，走可持续发展道路，是中国发展进步的选择（刘宗超，1997；刘湘溶，1998；王明东，2001；孔云峰，2005；俞可平，2005；姬振海，2007；郭素红，2008；韩雪风，2008；季开胜，2008；高德明，2011；洪富艳、毛志峰，2011；陈沐岸，2013：177~181；

---

[1] 中国共产党第十八次全国代表大会报告指出，"建设生态文明，是关系人民福祉、关乎民族未来的长远大计。面对资源约束趋紧、环境污染严重、生态系统退化的严峻形势，必须树立尊重自然、顺应自然、保护自然的生态文明理念，把生态文明建设放在突出地位，融入经济建设、政治建设、文化建设、社会建设各方面和全过程，努力建设美丽中国，实现中华民族永续发展"；"生态文明建设事关中华民族永续发展和'两个一百年'奋斗目标的实现，保护生态环境就是保护生产力，改善生态环境就是发展生产力"。参见中共中央宣传部《习近平总书记系列重要讲话读本》，人民出版社，2016，第233~234页。

胡宝元、沈濛，2013；落志筠、王永新，2013；余谋昌，2013；黄国勤，2014；刘妮楠，2014；刘友宾，2014；鲁长安、薛小平，2014；余谋昌，2014；于玉林，2014；朱桂云，2014；胡文婧，2015；廖元春，2015；潘文岚，2015）。我国民族众多，在民族地区的生态文明建设和可持续发展中，不容忽视的是，以传统知识为基础的少数民族的传统生态文明对区域可持续发展具有推动作用（尹绍亭，1991，2000；郭家骥，2001；廖国强，2001；闵文义，2005；林庆，2008；和少英，2009：19～26）。

国外对生态文明和可持续发展的研究比国内早得多，这是因为工业化对资源的索取已经超出了自然最大限度的承受能力而引发出的生态危机严重危及人类的生存和发展。马克思和恩格斯早已梳理过人与自然的关系，认为自然是人生存发展的前提条件，毁坏自然就是毁坏人类自身。生态学最先提出可持续发展的概念（Marten，2012），并参与可持续发展的理论和实践（Richards，1989；Chaudhury，2006；Lawn，2010）。生态人类学进一步用人与自然的关系把人类社会的可持续发展呈现出来（Steward，1955；Milton，1997）。1972 年联合国人类环境会议出台的《人类环境宣言》、1991年联合国环境与发展会议出台的《环境与发展宣言》、2002 年联合国可持续发展首脑会议出台的《政治宣言》，都在强调生态环境的保护是实现可持续发展的基础和前提。生态环保不但是当前的国际潮流，而且真正成为国家执政者的基本理念和制定政策制度的出发点。这是本书立题的国内和国际背景。

第一节　选题缘由和意义

云南位于我国西南部，与东南亚的缅甸、老挝和越南接壤，与泰国互为近邻，是我国重要的边疆省份和多民族聚居区，地形地貌复杂，生态资源丰富，民族文化多样。在中国整体的生态文明与可持续发展中，云南的生态文明与可持续发展具有明显的区域性特色。（中共云南省委宣传部、云南省社会科学界联合会，2010：3～8）作为我国通往东南亚和南亚的重要陆上通道，云南的战略地位十分重要，是国家"一带一路"建设的重要区域，党中央、国务院对云南的发展非常重视。[①] 2015 年习总书记视察云南时，指出了云南最新的"三大定位"，即把云南建设成为"民族团结进步示范区、生态文明建设排头兵、面向东南亚南亚的辐射中心"。[②]

云南地处低纬度高原，受南孟加拉高压气流影响，大部分地区冬暖夏凉。全省地势西北高东南低，西北部为高山深谷的横断山区，东部和南部是云贵高原。西北部的最高海拔达 6740 米，东南部的最低海拔仅有 76.4米。以元江谷地和云岭山脉南段的宽谷为界，地貌大致可以分为东、西两大地形区。东部是滇东和滇中高原，平均海拔在 2000 米上下，这里主要是低山和丘陵，有着不同类型的岩溶地貌；西部为横断山脉纵谷区，高山与峡谷相间。云南境内径流面积在 100 平方公里以上的河流有 908 条。云南素有"植物王国""动物王国"的美称，这里生长着热带、亚热带、温带和寒带的植物和种类繁多的野生动物。在动物种类中，脊椎动物有 1737 种；昆虫有 1 万多种。脊椎动物中兽类有 300 种，鸟类有 793 种，爬行类有 143种，两栖类有 102 种，淡水鱼类有 366 种。鱼类中有 5 科 40 属 249 种为云南特有。鸟兽类中有 46 种为国家一级保护动物，154 种为二级保护动物。在植物种类中，热带、亚热带的高等植物约 1 万种，中草药 2000 多种，香料植物 69 科约 400 种。观赏植物有 2100 多种，其中花卉植物 1500 多种，

[①] 2011 年国务院颁布了《关于支持云南省加快建设面向西南开放重要桥头堡的意见》，明确指出云南的战略定位有五项：第一，是我国向西南开放的重要门户；第二，是我国沿边开放的试验区和西部地区实施"走出去"战略的先行区；第三，是西部地区重要的外向型特色优势产业基地；第四，是我国重要的生物多样性宝库和西南生态安全屏障；第五，是我国民族团结进步、边疆繁荣稳定的示范区。2012 年 6 月云南省委、省政府以民族团结进步、边疆繁荣稳定为目标颁布了《关于建设民族团结进步、边疆繁荣稳定示范区的意见》，明确指出在全面建设小康社会、深化改革开放、加快转变经济发展方式的关键时期，把云南建设成为我国民族团结进步、边疆繁荣稳定的示范区，实施民族经济发展示范、实施民生改善保障示范、实施民族文化繁荣示范、实施民族教育振兴示范、实施生态文明建设示范、实施民族干部培养示范、实施民族法制建设示范、实施民族理论研究示范、实施民族工作创新示范、实施民族关系和谐示范，是巩固和发展平等团结互助和谐社会主义民族关系的现实需要，对于建设中国面向西南开放重要桥头堡、加快推动云南的发展，具有重大的意义。见《以共同发展促进民族团结　以边疆繁荣促进边疆稳定——省委常委会议审议通过我省建设民族团结进步、边疆繁荣稳定示范区实施意见》，《党的生活·云南》2012 年第 5 期，第 5 页。

[②] 《云南跨越发展蓄势启航　聚焦三大定位精准发力》，新华网，http://news.xinhuanet.com/local/ 2016 - 02/ 29/ c_128762673. htm。

树种达800多种；经济林木300多种，其中就包括茶叶。

云南是世界茶叶的原产地，也是中国主要的产茶区之一。云南茶区主要位于北回归线附近的山区、半山区的丘陵地带，海拔1000～1500米，具有北温带的气候特点。云南北有云岭高原及横断山脉为屏障，南受印度洋和太平洋季风气候的影响，光热充足、雨量充沛，土壤疏松、有机质含量高，具有适宜茶树生长的自然条件。云南主要的产茶区集中在滇西南和滇南一带，如德宏、保山、临沧、普洱、西双版纳等地州。

茶叶是云南茶区各民族经济收入的重要来源之一，在国民经济发展中占有重要的地位。作为云南的一种重要的传统经济作物，茶叶对边疆民族地区的经济社会生活以及社会秩序的稳定有很大的影响。云南少数民族众多，各民族的分布有大杂居、小聚居的特点。长期以来，云南各民族在对茶叶的认识和使用的过程中，都形成了自己的饮茶习俗，为云南的茶文化增添着多彩的民族特色。这种特有的云南民族茶文化，使云南茶区有别于国内其他产茶区，而且也使云南茶区内部的茶文化因民族的不同而各具特色。然而，近年来，云南茶叶产业发展态势不稳，生产企业经营困难，特别是随着甘蔗、橡胶等新兴经济作物种植面积的扩大，茶农收入增长缓慢，茶叶种植面积日益减少。尽管云南的普洱茶在外颇具影响，但云南茶区的可持续发展面临着严峻的挑战。

德昂族是我国人口较少民族之一，世居云南与缅甸交界处，语言属南亚语系孟高棉语族佤德昂语支；人口两万左右，主要分布在云南省西南部的德宏傣族景颇族自治州、保山市和临沧市。德昂族长期生活在亚热带的山区和半山区，茶叶是其传统的经济作物。该民族种茶、尚茶、饮茶，因其悠久的种茶历史，被周围其他民族誉为"古老的茶农"（滕二召，2006）。除了饮茶，该民族在日常生活和宗教活动等方方面面都会用茶，用茶治愈疾病、用茶建构婚姻和家庭联盟、用茶解决社会纠纷、用茶开展商品交换、用茶当请柬、用茶当祭品、用茶当礼物、用茶当商品等。该民族认为茶叶是"万物的阿祖"，是茶叶创造了人类，创造了大地万物（赵腊林、陈志鹏，1983）。在德昂族的观念中，茶叶是生命的起源。值得一提的是在我国民族大家庭中，唯有该民族认为是茶叶创造了大地万物和人类，把茶叶与生命和血缘联系在一起，并把生态环境和森林、水、土地、气候、作物等自然资源的产生都归源于茶叶。这种以茶为基础的生命起源观和环境资源起源观，以人与环境资源共生的发展理念为主线，映射出了德昂族对人与自然和谐共生相处之道的实践。这种以茶为主线的人与自然和谐共生的相处之道，把该民族传统生态文明的特点揭示了出来。目前，随着甘蔗等新兴经济作物的普及，德昂族的茶叶种植在该民族地区作物种植体系中的地位在降低，即便如此，德昂族特有的以茶为主线的传统生态文明支撑着该民族茶叶产业的可持续发展，保护着该民族的传统文化。

茶叶生产是云南传统的支柱产业。近年来，因外来作物如橡胶的过度种植导致的生态环境问题和传统文化流失问题，影响着云南的发展进程。云南是中国的产茶区之一，这里的各民族都在种茶。在众多茶叶种植者乃至国内的其他种植者中，唯有德昂族把茶与万物的起源联系在一起，唯有德昂族用茶诠释他们的传统生态文明观，来表达人与环境资源的密切联系以及人与自然和谐共生的相处之道，表达环境资源与人类生存和发展一脉相承的理念。云南是中国与东南亚、南亚联系的桥梁和通道，是辐射东南亚、南亚的文化中心，在国家"一带一路"（袁新涛，2014）的倡议中，云南处于十分重要的地位。随着国家推进西部地区生态文明建设和可持续发展，在把云南建设成为"民族团结进步示范区、生态文明建设排头兵、面向东南亚南亚的辐射中心"①的背景下，德昂族与茶共生的传统生态文明对云南的可持续发展有着重要的理论价值和现实意义。这就是本书的选题缘由和意义所在。

第二节 国内外研究现状述评

本书的主题是德昂族传统生态文明与区域可持续发展研究。就本书面临的国内外研究现状而言，早有不少研究讨论过生态文明及其与可持续发展之间的联系。

在国内学界，目前几乎所有关注生态文明的研究都认为生态文明是对

---

① 《云南跨越发展蓄势启航　聚焦三大定位精准发力》，新华网，http://news. xinhuanet. com/local/ 2016 - 02/ 29/ c_128762673. htm。

人与自然关系历史的总结和反思，是可持续发展的本质内涵、理论支撑和实践保障，生态文明的实质在于人与自然的和谐共处，与可持续发展有着密切的联系。这些研究的主题主要包括以下几个方面。生态文明是现代社会发展的新文明（申曙光，1994）；生态文明观与中国可持续发展走向（刘宗超，1997）；人与自然关系导论（黄鼎成等，1997）；生态文明论（刘湘溶，1998；姬振海，2007）；可持续发展与生态文明（徐春，1998；尹伟伦，2009；高德明，2011）；生态文明是人类可持续发展的必由之路（刘兴先，2000；刘湘溶、朱翔，2003）；和谐发展：从工业文明向生态文明的转变（王凤才，2004）；生态文明建设初探（孔云峰，2005）；科学发展观与生态文明（俞可平，2005）；生态文明的理论与实践（宋林飞，2007）；生态文明构建的理论与实践（吴风章，2008）；论生态文明建设（韩雪风，2008）；略论科学发展观与社会主义生态文明建设（季开胜，2008）；可持续发展与生态文明（周敬宣，2009）；生态文明与中国生态治理模式创新（洪富艳、毛志峰，2011）；生态文明消费模式研究（许进杰，2011）；等等。

其中，高德明在其论著《生态文明与可持续发展》中指出生态文明是"以人与自然、人与人、人与社会以及人自身各个方面的协调发展、和谐共生、良性循环、持续繁荣为基本宗旨的价值伦理形态，是可持续发展的本质内涵、理论支撑和实践保障，是人们在深刻反思工业文明沉痛教训的基础上，认识和探索到的一种可持续发展理论、路径及其实践成果"（高德明，2011：2~3）。他还把生态文明的内涵及其与可持续发展的联系较为全面地概括为六个方面：第一，生态文明涵盖了人、自然和社会相互协调的有机整体论世界观；第二，生态文明体现出了以人为本、人与自然全面协调发展的整体价值观；第三，生态文明把调节人与人、人与社会之间相互关系的伦理道德观扩展到整个自然界，在生态伦理道德观的视野中实现了人与自然环境的和谐共存和互惠共生；第四，生态文明蕴涵着生态科技观，主张科学理性与生态理性的辩证统一，以人与自然和谐相处的价值原则为基础来处理人与自然的关系；第五，生态文明包含着生态实践观，一方面生态产业的实践对经济增长有积极作用，另一方面生态消费的实践能规范社会经济发展中的消费方式和消费行为；第六，生态文明倡导人、资源和环境的良性循环，引导人、社会、经济和生态的协调发展。

　　生态文明是人类与生态环境和谐共处的一种文明形态。其中，"生态"这一词语的出现最早可追溯到19世纪60年代德国学者从生物学的角度对生物群落的生存状态、生物群落之间以及其与生态环境关系的归纳，这奠定了"生态学"的基础，系统开启了对生物有机体与其无机环境之间相互关系的研究。[①] 其实对生物有机体与环境之间的关系，达尔文已在《物种起源》中通过"物竞天择、适者生存"来暗示环境对生物有机体的可持续性具有重要的影响（Darwin，1859）。到了20世纪20年代，美国学界提出"人类生态学"的概念并广泛地运用到地理学研究中（周鸿，2001）。英国学界开始用"生态系统"来分析自然生态环境的特征（Carson，1962）。20世纪中期，随着"文化生态学"的兴起，文化逐步体现出了分析人类与环境之间关系的重要性（Harris，1979）。也是在这段时期，国际人类学界对人类与环境之间关系的研究，逐步地从生态的单一视角向融生态、文化、社会、经济、发展、消费等内容为一体的综合性视角转型（Milton，1997）。人类与环境之间的关系，不仅在学界，而且在国际组织中也备受重视。联合国在1972年举行的人类与环境会议中提出了《人类环境宣言》，将环境保护列入国际议事日程中。之后，联合国世界环境与发展委员会成立，并通过《我们共同的未来》的报告把可持续发展概念正式提出来。接着，在1991年的联合国环境与发展会议中提出了环境与发展的宣言。在1992年联合国环境与发展大会中制定的《21世纪议程》倡导把可持续发展从理论转化为行动。1992年之后，可持续发展成为联合国讨论有关发展问题的指导思想（高德明，2011：56）。2002年联合国可持续发展首脑会议发布政治宣言，旨在强调生态环境的保护是实现可持续发展战略的前提和基础。2014年4月联合国文明联盟生态文明委员会成立，该委员会与国际生态安全合作组织互为战略合作伙伴，旨在加强国际的多方合作，保护生态资源，开展生态文明建设，维护生态安全格局，以实现人类的持续发展。

　　在中国，关于生态文明与可持续发展的理论和实践的讨论备受国家的

---

① 1866年德国科学家海克尔在《生物体普通形态学》中首次提出"生态"的概念，生态指的是生物群落的生存状态，包括一个生物群落与其他生物群落的关系以及与生态环境的关系。转引自李海新（2011）。

重视。2005 年中央人口资源环境工作座谈会提出了"生态文明",一方面指出制定国家生态保护规划和完善生态建设的法律与政策体系的必要性;另一方面建议进行生态文明教育,开展生态保护和建设(胡宝元、沈濛,2013;高蕾,2014;王瑞雪,2014)。2007 年 10 月,通过党的第十七次全国代表大会,"生态文明"被列入中国共产党的正式文献。① 2012 年 11 月党的第十八次全国代表大会重点突出了生态文明建设对中华民族发展和国家建设的重要地位。② 2013 年 2 月在联合国环境规划署第 27 次理事会上,中国生态文明理念和生态文明建设在国际社会正式得到支持与认同。2013 年11 月党的十八届三中全会提出加快生态文明制度的建立,健全生态环境保护的体制和机制,推动形成人与自然和谐发展的社会主义现代化建设的新格局,同时中央批准把"生态建设示范区"项目正式更名为"生态文明建设示范区"(余谋昌,2013:20~28)。

已有学者指出,生态文明是 21 世纪的主题(刘兴先,2000;刘湘溶、朱翔,2003;王凤才,2004;宋林飞,2007;吴风章,2008;尹伟伦,2009;周敬宣,2009;赵绍敏,2010;高德明,2011;许进杰,2011;尹绍亭,2013;张贡生,2013;谭丽、卢湘元,2014;叶远明,2016;张梅兰,2016)。综观学界的已有研究,大多认为生态文明是在极度工业化对环境的破坏而导致的生态危机等问题严重阻滞了人类的生存和发展,促使人们重新思考并从根本上来改变人与自然的关系,以寻求人类的可持续发展的背景下提出的,这反映出现代社会对过度工业化导致的人与自然关系紧张的一种文化回应,也反映出现代社会对过度掠夺自然资源以追求高效益而破坏人类生存环境的反思。其实,回顾人类文明的发展历程,生态文明在人类产生之初就开始萌芽。从我国各民族的创世神话看,几乎所有的故事都在表述人类来源于自然,都在呈现自然环境对人类诞生及其生存繁衍有决

---

① 党的十七大报告指出:"建设生态文明,基本形成节约能源资源和保护生态环境的产业结构、增长方式、消费模式。循环经济形成较大规模,可再生能源比重显著上升。主要污染物排放得到有效控制,生态环境质量明显改善。生态文明观念在全社会牢固树立。"(人民网,2007)

② 党的十八大号召全国人民要更加自觉地珍爱自然,更加积极地保护生态,努力走向社会主义生态文明新时代,把生态文明建设放在突出地位,融入经济建设、政治建设、文化建设、社会建设各方面和全过程,努力建设美丽中国,实现中华民族永续发展。

定性的影响，而且有的神话还反映出早期人类在面临各类自然灾难和疾病瘟疫困扰的时候，由于自然界中的某些植物来抗拒灾难才得以存活下来，这些植物被他们认为与其有着血缘的联系，被视为图腾。本书关注的德昂族在其创世古歌中就呈现出茶与他们的先祖有血缘联系。古歌说德昂族的先祖是茶创造的，是茶帮助其克服自然灾难，是茶保护着他们的生存和繁衍，没有茶就没有今天的德昂族。这则古歌不但阐述了德昂族视茶为图腾的来源，而且说明该民族得以生存繁衍，主要是因为对自然的尊重和敬畏以及与自然和谐的共生共处，这体现出了生态文明以人与自然和谐共处为核心的理念。于是，生态文明有了现代和传统之分。现代生态文明是在极度工业化给环境带来破坏性的情况下，旨在改良人与自然关系的生态文明；传统生态文明是以人对自然的认知为基础，旨在通过传承人与自然和谐共处的经验以规范人与自然之间有序互动的生态文明。所以，对生态文明的研究，不能仅局限在对工业文明的反思中，还应该把视角放入人类对自然的认知和互动中，根据人类与自然互动积累的经验来关注人类的生存和发展。本书旨在从这个方面进行讨论。

我国是一个历史悠久的农业大国，农业人口众多，具有悠久的农耕历史和深厚的农耕文化。人与自然的和谐相处，一直在我国农耕历史文化中被实践着。在农耕人群的观念里，保护自然就是在保护他们的生存之源，破坏自然就是在摧毁他们的生存之本。他们深信自然的状况决定着作物的耕作、生长和收成，决定着他们的生存。他们对自然怀有极大的敬畏之情，相信万物有灵，对气候、水、土地、植物等自然资源有着自己的认知，在节令交替、耕种和收获的时节会举行相应的农耕仪式来表达他们与自然之间良性互动的意愿，在日常生活中会履行相应的习惯法来保护他们的生态环境。虽然中国的农业发展也经历着精细农业化带来效益收成的阶段，但是气候的变化仍然极大地影响着人们赖以生存的作物耕作和收成。目前，在没有受到太多作物种植密集化影响的山区，森林覆盖率较高，水质、土地、植被资源情况较好，虽然从现代社会商业化的角度看，这些地方还没有被合理地开发，但是生活在那里的人们没有太多的人为环境问题的困扰，与自然之间的关系是缓和的。与现代工业化对资源的索取已经超出了自然最大限度的承受能力而引发出严重危及人类的生存和发展的生态危机相比较，以农耕为基础的人们在与自然的互动中，积累了相应的技术、制度和信仰文化经验，在农耕活动和日常生活中，承载着他们的传统生态文明，以保障他们自身与所在区域的可持续发展。本书旨在通过案例研究，从微观的视角对传统生态文明与区域可持续发展的互动做一些探索。

目前，尽管国内外对传统生态文明与区域可持续发展的专项研究不多，但是已有不少研究早已关注到生态文化、地方传统对区域可持续发展的价值和意义。在国内，关注少数民族生态文化与区域可持续发展关系的研究较多。这些研究主要包括：中国民族生态环境和传统文化的关系（宋蜀华，1996；尹绍亭，2012）、农耕文化的生态人类学分析（尹绍亭，1988，1991）、中华五千年生态文化（王玉德等，1999）、少数民族传统灌溉与环保研究（高立士，1999）、少数民族的生态文化与可持续发展（郭家骥，2001；王明东，2001；廖国强，2001；林超民，2005；田红，2011）、少数民族传统知识与生态管理（刘舜青等，2003；杨庭硕等，2004；白兴发，2005：95~98）、生态文化对民族地区发展和建设的意义（闵文义，2005）、少数民族生态文化研究和传承创新（廖国强等，2006；李学术，2007；冉红芳，2007；崔海洋，2009：23~26；罗康隆，2010；刘亚萍等，2010）、少数民族地区的生态文化与生态环境保护（郑晓云，2006；刘荣昆，2006；王永莉，2006；黄柏权，2008；姚丹，2011）、少数民族生态知识的传承与保护（王希辉，2008；和少英，2009；王孔敬，2010；崔明昆，2011；曾芸，2013）、少数民族生态文化与生态文明建设（林庆，2008）、少数民族传统文化与生物多样性保护（薛达元，2009；王云娜等，2015；尹仑，2015）等。

在国外，就人类学范畴而言，大多研究侧重对生态、文化、经济、社会和发展的系统讨论。这些研究主要包括：地方人群生活方式和政治制度（Evans-Pritchard，1940；Biersack and Greenberg，2006），文化变迁的理论（Steward，1955），农耕系统研究（Conklin，1957；Geertz，1963），宗教生活研究（Durkheim，1965/1915），地方人群与生态系统的关系（Rappaport，1968；Netting，1977），环境资源与社会关系（Blaikie and Brookfield，1987；Botkin，1992），文化、生态、资源管理与可持续发展（Richards，1989；Chaudhury，2006；Lawn，2010；Marten，2012），行为意识（Anderson，1996），

人类及其文化与环境的关系（Milton，1997；Ingold，2000；Dove and Carpenter，2008），等等。然而，无论国内外，以德昂族为研究个案，讨论该民族以茶叶为基础的传统生态文明对该民族所在区域的可持续发展的价值和意义的研究不多。本书旨在针对此方面进行研究和探索，来思考文化实践论对马克思主义唯物史观在民族地区生态文明建设中传承与创新的影响。

从德昂族现有的学术成果看，主要包括社会历史调查（《德昂族社会历史调查》云南编辑组，1987；《云南民族村寨调查·德昂族》调查组，2001；镇原县文史委等，2009）、族源和历史研究（《德昂族简史》编写组，1986；方慧，1988：2~88；桑耀华，1987；李茂琳等，2012）、语言研究（陈相木等，1986；颜其香等，1995）、经济发展与社会变迁研究（王铁志，2007；杨东萱，2012）、跨区域研究（李晓斌，2012）、民间文学研究（德宏州文联编，1983；黄光成，2002）、传统知识研究（方茂琴，1990；李全敏，2010a、2012c）、性别研究（周鸣琦，1995）、文化研究（桑耀华，1999；俞茹，1999；李家英，2000；黄宛瑜，2003；李全敏，2003、2006；赵家祥，2008；赵纯善等，2009；唐洁，2012；丁菊英，2012；周灿，2014）等领域。目前，关注德昂族与茶的研究主要集中在德昂族茶文化民俗研究领域（李全敏，2001、2010b、2011、2012b、2013a、2015a；李明珍，2005；滕二召，2006；丁菊英，2012；赵燕梅，2009；焦丹，2012；周灿等，2013；李昶罕，2014；李昶罕、秦莹，2015）。而以德昂族与茶的互动为主线开展研究德昂族传统生态文明与区域可持续发展的辩证关系的很少，殊不知德昂族以人与自然和谐共生为主题的传统生态文明与该民族分布区域的可持续发展甚至民族地区的可持续发展都有着不可分割的联系。本书将在这个方面做重点研究。

第三节　研究方法与主要内容

在国家加大推进西部民族地区生态文明建设和可持续发展的背景下，本书以德昂族为主要研究对象，旨在提供一个云南西南部少数民族的传统生态文明与区域可持续发展的互动与对话的研究案例。

本书建立在国家"一带一路"建设深入，以及把云南建设为"民族团结进步示范区、生态文明建设排头兵、面向东南亚南亚的辐射中心"的背景下，面对目前社会发展中因现代化进程引发的生态危机、传统支柱产业发展困难和传统文化流失的困境，以马克思主义唯物史观为理论依据，以科学发展观为指导，以辩证唯物主义和历史唯物主义为导向，以生态文明与可持续发展的辩证关系为基础，选择德昂族为研究对象，通过文献研究和田野调查，理论联系实际，层层深入，以德昂族与茶的互动为主线，从德昂族传统生态文明的内涵、德昂族传统生态文明对区域可持续发展的价值、德昂族传统生态文明对区域可持续发展的探索、德昂族传统生态文明与区域可持续发展的结合以及德昂族传统生态文明与区域可持续发展的对话五个方面，介绍德昂族区域的生计方式、资源管理、文化适应与选择、民族互助与团结的情况，展示了德昂族区域的生态环境保护、传统产业发展、文化传统传承及民族关系和谐的知识，剖析该民族传统生态文明与区域可持续发展的辩证关系，旨在探索少数民族传统生态文明对区域可持续发展的价值和作用。

一　研究方法

本书立足于人类学的视野，以马克思主义唯物史观为理论依据，以科学发展观为指导，研究方法主要包括：辩证唯物主义和历史唯物主义方法、文献研究法、田野调查法、跨学科研究法、比较分析研究法、定性与定量相结合的研究法、系统观与整体观相结合的研究法。

第一，辩证唯物主义和历史唯物主义方法。

辩证唯物主义和历史唯物主义方法为马克思、恩格斯所创立，是能客观地帮助人类认识世界和改造世界的观点。

本书以辩证唯物主义和历史唯物主义为基本研究方法，旨在客观地陈述德昂族传统生态文明与区域可持续发展研究的基本思路、理论构架和研究内容。

第二，文献研究法。

文献研究法是对研究主题相关的已有文献进行搜集和整理的一种方法。通过文献搜集，对有关文献进行分析整理，了解国内外对该主题的研究现状，开展文献综述，提出理论构思和研究假设，明确研究目的。

本书的题目是《秩序与调适——德昂族传统生态文明与区域可持续发展研究》。文献研究大致从四个方面开展：生态文明与可持续发展的已有研究、传统生态文明与区域可持续发展的已有研究、德昂族的已有研究、德昂族与茶的已有研究。文献研究旨在了解现代生态文明与传统生态文明的区别、传统生态文明对区域可持续发展的价值，以及研究德昂族传统生态文明对区域可持续发展的意义。

第三，田野调查法。

田野调查是人类学最基本的研究方法之一，是一种到研究个案所在地开展实地调查、采集资料的方法，具体包括参与观察、实地访谈、问卷调查、摄影摄像等。在田野调查中，可以直接观察到当地人的日常生活和文化实践，直接了解到他们面临的生存和发展问题，以及他们对问题的回应。

本书的研究对象是德昂族。德昂族跨中缅边境而居，在我国的人口有两万左右，主要分布在德宏傣族景颇族自治州，部分散居在临沧市的镇康县、耿马县和永德县，以及保山市的隆阳区。分布在德宏的德昂族，大多数集中在芒市，部分分散在瑞丽、陇川、梁河、盈江四个县。位于芒市境内的三台山德昂族乡是全国唯一的德昂族乡。

本书的田野调查从德宏州开始，首先到州市相关部门了解德宏州德昂族整体的发展现状和面临的问题，然后深入村寨开展实地调查。

村寨调查从芒市三台山德昂族乡开始。首先，到乡有关部门了解三台山德昂族乡目前的发展现状和面临的问题；再深入农户，通过参与观察、实地访谈与问卷调查，了解德昂族农户的生计状况以及他们对自己所在的生态环境、传统产业、文化传统和民族关系所面临问题的看法，了解他们以茶为主线的传统生态文明对所在区域的生态环境保护、以茶为主的传统产业发展、传统文化传承和民族关系和谐的影响。

对有德昂族分布的临沧市和保山市，调查路线先从当地民宗部门开始，了解当地德昂族的发展现状和面临的问题，再深入有德昂族分布的乡镇，开展村寨调查，调查大纲基本与对三台山德昂族乡的调查内容相同。

第四，跨学科研究法。

跨学科研究法是学科交叉的研究方法，有多门交叉跨学科研究法、平行学科跨学科研究法等。按交叉学科生成领域的性质和跨度不同，交叉学科又可分为学科内的交叉学科、学科间的交叉学科、领域间的交叉学科和超领域的交叉学科等类别。

本书研究范围涉及民族、生态、经济、文化、社会、消费和发展等领域，在研究中主要采用学科内的平行学科交叉研究法，将生态人类学、经济人类学、文化人类学、社会人类学、发展人类学、消费人类学等领域的相关原理和研究相互移植与交叉借用，提出研究假设和理论构思，理论联系实际，展开分析，以得出合理的结论。

第五，比较分析研究法。

比较分析研究法是课题研究普遍采用的方法之一，它以实证为基础，通过相同点和不同点对研究主题从不同的角度进行有说服力的论证。本书是一项综合性研究，研究对象是德昂族，旨在阐释德昂族如何用茶表达其传统生态文明的内涵及其对区域可持续发展的价值和意义。

第六，定性与定量相结合的研究法。

定性与定量相结合的研究法在科学研究中普遍存在。定性研究法是通过归纳与演绎、分析与综合，以及抽象与概括等方法，对资料进行思维加工，对研究对象进行质的分析，旨在认识事物的本质和揭示内在的规律。定量分析法是通过数据分析等方法，对研究对象开展量的分析，旨在更加科学地揭示研究对象的本质。本书旨在通过研究德昂族传统生态文明思考区域可持续发展的一些本质问题，定性与定量相结合的研究法是本书研究的必用方法。

第七，系统与整体研究法。

德昂族传统生态文明与区域可持续发展研究是一个涉及少数民族、生态文明、传统文化、区域可持续发展等内容的综合性研究，虽然分解研究更能集中思考研究中的某些具体问题，但是如果缺乏系统与整体的研究，则会造成研究视角狭隘，导致研究结论不完善。因此，本书有必要运用系统和整体研究方法，推进研究工作的开展。

二 研究假设与理论构思

本书的研究假设是：德昂族传统生态文明是一个能体现人与自然和谐共生的发展理念的文化秩序体，从技术层面展示出对传统农耕文化的传承，从制度层面展示出对社会传统行为规范的传承，从知识层面展示出对人与自然和谐互动的传统知识的传承，从信仰体系展示出对尊重自然、顺应自然和保护自然的生态伦理的传承。德昂族传统生态文明凝聚着丰富的地方传统，汇聚着人与自然和谐共生的传统知识和秩序规则，对区域可持续发展具有历史、文化和社会价值。面对目前社会发展中因现代化进程引发的生态危机、传统支柱产业发展困难和传统文化流失的困境，德昂族的传统生态文明，作为一个具有文化调适功能的文化秩序体，在区域可持续发展中，能起到国家法之外的社会治理作用。这不但对该民族所在区域的生态环境保护、传统产业发展、文化传统传承、民族关系和谐有意义，而且对云南开展"民族团结进步示范区、生态文明建设排头兵"的建设有意义，还对云南开展"面向东南亚南亚的辐射中心"的建设有意义。在德昂族传统生态文明与区域可持续发展的互动与对话中，本书拟提出关注少数民族的文化秩序，对地方社会的可持续发展和对民族地区的可持续发展都具有重要的理论和实践意义，建议从国家到地方，从理论到实践，关注少数民族传统生态文明与区域可持续发展的辩证关系，有助于国家在"一带一路"倡议实施中推进西部民族地区生态文明建设和可持续发展的进程。

本书的理论构思以马克思唯物史观为依据，以科学发展观为指导，立足人类学视野，围绕生态系统论，结合文化生态观、传统知识观和可持续发展观，提出"文化秩序体"这一概念，并在研究主题中开展深入的分析和研究，来解释人、文化与环境之间良性互动循环的规则。

1. 生态系统论

生态系统论，是人类学研究人、文化与环境之间关系的一种主要理论。该理论认为生态系统具有保持生态平衡的自我调节机制。生态系统这一提法最早出现在 20 世纪 30 年代的生物学领域，主要用于表达在相应的时空界限内，生物与非生物成分之间在物质循环、能量流动和信息交换中相互作用的整体性（周鸿，2001：190；崔明昆，2014：24）。随着生态系统进入人类学研究视野，人与环境互相影响的研究越来越受到关注（Milton，1997：477 - 495）。生态系统中的成分之间有紧密的联系，这使生态系统成为具有相应功能的有机整体，其中人类和其他生物以及非生物之间相互影响，并通过与其他生物以及非生物之间的相互作用来适应环境。随着文化与生态研究的连接,该理论成为文化生态研究的理论基础,构成了人类、文化与环境之间关系研究的不可分割的部分。生态系统论将理论和实践相结合,通过揭示生态系统保持稳态的实质,来描述人类对环境的作用以及环境对人类的反作用,这为人与自然的关系提供了新的研究视角。

生态系统论反映出人类、文化与环境之间存在一定的秩序规范。文化系统与生态系统具有相近的结构,文化的稳态延续以及人类社会的稳态延续不是按简单平衡的方式来构建的,而是由复杂的因果关系链互相制约、共同组成,在子系统的复合结构中,有着自组织能力,并能自我修复和能动适应(杨庭硕等,2004:208;邵晓飞,2012)。其中,人类群体的稳态延续归因于人类群体的多元存在,人类文化的多元存在以及文化适应与人类群体多元文化间秩序格局是分不开的(杨庭硕,2007;罗康隆,2007)。综观地球上的生态安全,物种多样性的合理并存很大程度上归因于生物物种之间有一定的存在秩序。与之类似,人与环境的和谐共生共处同样大多归因于人类与环境之间有着一定的存在秩序。与之不同的是,人类与环境之间的存在秩序主要是建立在文化的基础上,随着人类、文化与环境之间的互动,在特定的文化环境中,以文化为主的秩序规则逐渐被整合起来形成文化秩序体。

文化秩序体就是一个维系人类、文化与环境之间平衡、和谐关系的文化秩序集合体,如同生态系统一样,其内在的组成部分相互影响、相互制约。本书的理论构思以文化秩序体为核心,以德昂族与茶的互动为主线,通过对德昂族传统生态文明的研究,揭示出该民族的传统生态文明就是一个维系人类、文化与环境之间平衡、和谐关系的文化秩序体,能有效地调节该民族对环境的认知和资源的使用,能有序地规范该民族的社会行为、道德规范和伦理信仰。德昂族区域的可持续发展则是建立在资源使用适度化、传统作物市场化、文化传统传承化、民族关系和谐化相互影响的文化秩序体中。这个集环境资源、传统产业、文化传统和民族关系为一体的文化秩序体,对民族地区的生态文明建设与可持续发展具有重要的价值。

2. 文化生态观

文化生态观是人类学解读人类社会文化生态现象的一种理论概括(Steward,1955)。该理论认为,文化与生态密不可分,文化生态是一个包括人类、自然、社会、经济、文化等内容的整合体系，不但可以解析不同文化发展之间的特殊形貌和模式，还可以透视环境等因素对文化发展的影响，理解文化与生态的关系以及人口密度和资源之间的关系，理解人类生存与环境适应之间的问题以及种植、动物种群、气候、土壤等资源对人类生存和发展的影响，理解人类通过文化对环境的适应，理解环境与文化的唯物性、文化与生态系统机制之间的关系、人类群体对文化的适应制度、人类与资源使用之间的关系、环境知识与地方生态治理的关系、仪式与人口迁徙的关系、人类对环境的适应方式和知识积累、人类群体对环境的适应制度和选择方式（Steward，1955；Conklin，1963；Rappaport，1967，1968；Netting，1977；Harris，1968；李亦园，1980；尹绍亭，1991，2000；宋蜀华，1996，2002；崔延虎等，1996：13～17；Salzman and Attwood，1996；Miltion，1997；Balee，1998；哈迪斯蒂，2002；林超民，2005；陈庆德，2005：55～56；秋道智弥等，2006；靳能泉，2010；汤振宇，2010；沈海梅，2012；李婷婷，2013；崔明昆，2014；李全敏，2015a）。

本书以文化生态观为文化秩序体的价值导向，指出德昂族传统生态文明以尊重自然、顺应自然和保护自然为核心，把德昂族、德昂族文化与其周围的生态环境之间的互动纳入文化秩序体内，以探索具有区域性文化特征的文化秩序来源，以分析人类通过文化适应环境的过程，通过探究文化对环境的影响以及环境对文化的影响，揭示人类、文化与环境之间的关系。本书通过介绍德昂族，记录该民族如何以茶叶为主线表达其传统生态文明的内涵，以及传统生态文明与他们的生计、人口、资源、社会、消费、文化、宗教、经济、生态、发展之间的直接联系，来讨论人类生存与环境适应的问题以及人类群体在面临生存困境时的适应制度，以此思考区域发展的可持续性。

3. 传统知识观

传统知识，在人类学领域，也称为"地方性知识"，是一种具有本位特征的概念，以来自当地文化的自然而然的存在为基础，是一个同区域和民族的民间性知识与认知模式相关的具有时间概念的知识体系。最有代表性的研究来自阐释人类学的视野（吉尔兹，2000）。在民族志与法的领域中，通过社会思想重塑、道德想象的社会史、文化持有者的内部视角来分析传统知识，传统知识能深入现代思想的人类学探讨，能体现出地方文化体系的常识和艺术，揭示出相关的符号象征。其中，可以把传统知识纳入比较的观点来看事实和法律的分析体系，传统知识则有助于阐释地方社会中的法，这对用文化持有者的内部视野看其中存在的事实和法律很有意义。如果用对事实和法律的比较观来分析传统生态文明与区域可持续发展，可以看出人与自然和谐共生的传统知识是生态文明建设和区域发展可持续性共同需求的内容。而且，与区域研究相结合后，传统知识则有助于阐释地方社会中的民间制度、秩序结构、行为规范、文化特征和伦理道德等（宋蜀华，1996；高立士，1999；王玉德、张全明，1999；尹绍亭，2000；郭家骥，2001；廖国强，2001；王明东，2001；刘舜青、赖力，2003；白兴发，2005；林超民，2005；郑晓云，2006；李学术，2007；冉红芳，2007；黄柏权，2008；林庆，2008；崔海洋，2009；薛达元，2009；罗康隆，2010；刘亚萍、金建湘、程胜龙，2010；田红，2011；姚丹，2011；李全敏，2011；王云娜、马翡玉、田东林，2015；尤明慧，2014；尹仑，2015）。

本书以传统知识观作为文化秩序体的知识导向，指出德昂族传统生态文明是一个集德昂族、德昂族分布区、德昂族的传统知识为一体的知识体。这个知识体不但与作为当地人的德昂族密切联系，而且与外在发展相联系。这个知识体没有把知识完全定位于某地的"当地"，也没有定位于某个固定的地理位置，而是把地方性与空间概念联系起来，表达出区域是一种相互交叉和空间化的社会关系呈现，并在文化秩序体的运转循环中体现出动态的和过程的文化特性。

4. 可持续发展观

可持续发展观与生态文明建设密切联系，是对现代社会发展中所出现的人与环境关系问题的反思，是对可持续发展的观念表达，旨在倡导人类、环境与社会保持持续稳定并和谐发展。可持续发展观倡导尊重自然、顺应自然、保护自然。在生态系统中，不论是自然生态系统，还是人文生态系统，都需要人地系统的协调发展，才能保障系统的稳态循环运转。目前，对可持续发展的研究都在关注可持续的自然资源、自然环境与自然生态问题，以及可持续的人文资源、人文环境与人文生态问题（Steward，1955；Richards，1989；Milton，1997；郭家骥，2001；绒巴扎西，2001；田治威，

2004；Chaudhury，2006；周敬宣，2009；尹伟伦，2009；Lawn，2010；杨佩含，2010；程林盛，2011；高德明，2011；洪富艳、毛志锋，2011；许进杰，2011；李垚栋、张爱国，2012；Marten，2012；史军、胡思宇，2016；王珂，2016；俞博文，2016；周方银，2016）。

本书以可持续发展观作为文化秩序体的实践导向，来分析德昂族传统生态文明与区域可持续发展研究的实践意义。茶叶是德昂族传统生态文明的载体，种茶、制茶也是云南民族的传统产业。近年来随着甘蔗、橡胶等经济作物的种植，茶叶的经济地位日益下降。然而，市场竞争中的势微并不能说明传统作物的衰落，相反，如同血液一样，茶叶在婚姻、仪式和社交的过程中把德昂族内外紧紧凝聚在一起。在市场经济时代，作物种植早已超越了仅满足生存的需求和口粮的需要，在市场竞争中茶叶的生产与再生产，以不同的品牌和名称，活跃在市场交易中。即便如此，甘蔗、橡胶之类新兴经济作物却对传统产业以及与此有关的传统文化有很大的影响，人地关系、环境承载力等都在发生着变迁。随着云南民族团结示范区的建立，重视人地关系、关注环境承载力、保护生态环境、发展传统产业、传承传统文化，成了区域发展可持续性的有效保障，是边疆繁荣稳定、民族团结进步成为区域可持续发展的理论前提。德昂族区域没有发生过因过度的资源开采导致的人为生态灾变，德昂族主要传统产业茶叶的发展与该民族文化传统的传承密切相关。如前所述，可持续发展是生态文明的内容之一，是人类理解自身与自然关系而产生出的某种新理念。实现区域可持续发展，就是要使物质生态文明与精神生态文明互为整合，一方面根据区域地方自然环境特色，研究环境承载力，合理开发、调配、节约、利用资源，综合保护生态环境，进行与环境相协调的经济建设和环境建设；另一方面树立生态文明观，通过政策和法律引导，规范人的生产行为和消费行为，维持生态系统的稳定与安全，把生存需求与应该具有的生态道德联系起来，在区域发展中实践人与自然和谐共处。

三 研究创新点

本书的研究创新之处在于提出"文化秩序体"的概念，把德昂族传统生态文明视为一种能体现人与自然和谐共生发展理念的文化秩序体，在与区域可持续发展相整合的过程中，用具体实例展示出德昂族传统生态文明与区域可持续发展的辩证关系，并用之阐释生态环境的保护、传统产业的发展、文化传统的传承以及民族关系的和谐等情况，揭示出德昂族传统生态文明与区域可持续发展相整合的理论和实践意义。具体包括两个方面。

第一，德昂族传统生态文明是一种以茶为主线，体现人与自然和谐共生发展理念的文化秩序体。在地方社会中，德昂族与茶的互动构建出了一个开展农耕文化实践的技术体系，一个规范人、文化与自然互动的制度体系，一个以地方性知识为依托的知识体系，一个尊重自然、顺应自然和保护自然的信仰体系。德昂族传统生态文明凝聚着丰富的地方传统，汇聚着人与自然和谐共生的地方性知识，对区域可持续发展具有历史、文化和社会价值。

第二，本书提出德昂族传统生态文明具有文化调适的功能，能有效地协调该民族区域的可持续发展，有序地规范着该民族的社会行为，形成了行为准则和伦理信仰观念。通过对生计方式的对比与分析，可以看到德昂族对环境资源的制度与管理、对文化变迁的适应与选择以及民族之间的团结与互助，呈现出德昂族传统生态文明对区域可持续发展的探索；并通过生态环境的保护、传统产业的发展、文化传统的传承以及民族关系的和谐，呈现出德昂族传统生态文明与区域可持续发展的融合；还通过对生态危机的反思、对区域发展的共识、对文化传承的实践和对自然资源的认知，反映出德昂族传统生态文明与区域可持续发展的对话。同时指出德昂族区域发展的可持续性是建立在以文化秩序为基础的，集资源使用适度化、传统作物市场化、文化传统传承化和民族关系和谐化于一体的文化秩序体中。这个集环境资源、传统产业、文化传统、民族关系于一体的文化秩序系统，对于民族地区的可持续发展具有重要的参考价值。

四 主要内容

本书研究的主要内容有六个方面：第一，阐述本书的选题缘由和意义、国内外研究现状、研究方法和主要内容；第二，研究德昂族传统生态文明的内涵；第三，研究德昂族传统生态文明对区域可持续发展的历史、文化和社会价值；第四，研究德昂族传统生态文明对区域可持续发展的探索，涉及生计方式、环境资源、文化变迁、民族交往四方面；第五，研究德昂族传统生态文明与区域可持续发展的融合，主要包括生态环境的保护、传统产业的发展、文化传统的传承与民族关系的和谐等方面；第六，研究德昂族传统生态文明与区域可持续发展的对话，主要从对生态危机的反思、对区域发展的共识、对文化传承的实践与对自然资源的认知四个方面，反思和总结本书研究的价值和意义。

第二章　德昂族传统生态文明的内涵

目前对生态文明的研究，大多着眼于对工业文明进行反思的现代生态文明。生态文明其实是一种古老的人类文明形态，与人类生存和发展密切地联系在一起，自人类产生之初就存在了（Darwin，1859：1，30；尹绍亭，2013：44~49）。生态文明富含着"人与自然、人与人、人与社会以及人自身各个方面的协调发展、和谐共生、良性循环、持续繁荣为基本宗旨的价值伦理形态"（高德明，2011：2），能深入地反映人与自然和谐相处的传统，以及人类尊重自然、爱护自然和保护自然的传统与现代的交织。所以，有必要把生态文明划分为传统生态文明和现代生态文明。现代生态文明多强调的是工业化对环境的破坏以及在高科技发展背景下保护环境的重要性和必要性，而传统生态文明更多体现的是人类的生存历史以及人类与自然的和谐相处之道。因此，对传统生态文明的研究不容忽视。本书旨在以传统生态文明为立题基点，以德昂族的情况为个案做出相应的研究分析。本章旨在探索德昂族传统生态文明的内涵。

德昂族，是我国人口较少民族之一，跨中缅边境而居，国内人口两万左右，主要居住在云南西南部，相邻的民族有傣族、景颇族、傈僳族、汉族等。

据史料记载，德昂族的族源可以追溯到汉晋时期的濮人，唐宋时期的朴子、茫人，元明时期的金齿、蒲人，清代的崩龙（《德昂族简史》编写组，1986：7~31；方慧，1988：82~88）。新中国成立后，该民族沿用了"崩龙"这一称呼，后按本民族意愿，经国务院批准，1985年9月正式称为"德昂族"（俞茹，1999：1）。德昂族主要分布的云南西南部是古代南方丝绸之路的必经之地，德昂族的先民濮人作为云南西南部古老的世居民族，是较早开发这片区域的群体之一，不但种植水稻和茶叶，还兼有木棉布纺织。由于历史和社会的变迁，加上近代战乱的影响，该民族先民被迫四处迁徙，有的甚至逃到境外，导致今天德昂族散居和跨境而居的居住格局（桑耀华，1999：14～21）。

德昂族的语言属于南亚语系中孟高棉语族的佤德昂语支，该民族传统上没有文字；信仰万物有灵和南传上座部佛教，有丰富的自然崇拜知识，并在日常的生产生活中体现出他们面对环境变迁的适应与选择。德昂族主要分布在山坝之间，其生存安全和生态安全与周围的生态环境密切相连。与生活在该区域的其他民族一样，德昂族的生产活动以对水稻、旱谷、茶叶等的农业耕作为主，作物收成的好坏一般取决于降雨的情况：降雨规律，则收成好；降雨不规律，则发生旱灾和水灾，会极大地减少或摧毁作物的收成，这直接威胁着该民族的生存安全。

与其他的环境资源相比，德昂族对茶叶有一种特别的认知。该民族的创世古歌《达古达楞格莱标》，即"最早的祖先传说"，传唱出"茶叶是茶树的生命，茶叶是万物的阿祖。天上的日月星辰，都是茶叶的精灵化出"（赵腊林、陈志鹏，1983：141）。由此，德昂族的创世古歌承载着他们对生命起源的认知。不仅如此，德昂语把茶叶称作"ja ju"，"ja"的意思是"祖母或外祖母"，"ju"是"眼睛亮了"。相传，很久以前住在大山里的德昂王子得到一包茶种，其母亲是盲人，摸到茶种，眼病好了，眼睛能看得见了（《德昂族社会历史调查》云南省编辑组，1987：25）。无论是创世古歌，还是德昂语对茶叶的解释，都在把茶叶与生命和健康相联系。

德昂族尚茶、植茶、好饮浓茶，种茶历史悠久，被周围的相邻民族称作"古老的茶农"（滕二召，2006；李全敏，2011）。茶叶联系着德昂族的生计、生存乃至生命的整个过程。茶叶生产，是德昂先民留下来的生计活动，代代相传至今；把茶叶投入市场交换，是德昂族与其他群落互通有无的生存法则；茶叶消费是德昂族的生活之需，同时也是构建和维系该民族亲属网络和社会关系的基础，也保障着德昂族的生命健康。而且，德昂族用茶表达出人与自然和谐共生的发展理念，能展示出人类、社会与环境协调发展、良性循环、持续繁荣的生态文明的主题，以及人与自然和谐共生的传统知识和环境资源对人的生存、发展的重要性，这些要素构成了该民族传统生态文明的特有内涵。这可以从技术、制度、知识、信仰四个层面来分析。

第一节　技术层面

德昂族世居在亚热带季风区的山区、半山区和坝子边缘。这里的生态条件适宜茶叶生长。茶叶是德昂族的传统经济作物，德昂族有着悠久的种茶历史。从地理环境看，德昂族的茶叶种植大多在坡地进行（见图2-1）。茶叶采摘有季节之分，其加工技术又分为手工加工和机器加工两类。尽管目前在德昂族的经济作物种植中，受新兴经济作物如甘蔗、橡胶扩大种植的影响，茶叶种植的规模不大，但该民族仍然在农耕生产中保留着这个传统的生计方式，以认同与适应为基础，在环境变迁中传承着这种历史悠久的农耕传统。本节通过分析德昂族茶叶种植的历史、茶叶种植的现状、茶叶采摘和茶叶加工的情况，说明茶叶种植作为一种该民族的农耕生计方式，反映出该民族农耕活动的传统是与民族传统生态文明的内涵紧密相连的。

图2-1　德昂族的茶地（李全敏拍摄）

一　德昂族茶叶种植的历史

德昂族茶叶种植的历史悠久。《德昂族简史》记载："作为金齿后裔之一部分的德昂族，种茶历史久远，他们当是茶叶的主要出售者，故经济生活比较富裕，以致在人们的观念中德昂人很有钱，银子也多。"（《德昂族简史》编写组，1986：22）。现代研究方面，《德昂族社会历史调查》包含20世纪50年代前后关于德昂族经济、社会、文化、宗教等方面的调查报告，其中有记载，德昂族"主要的生产活动是种茶"，种茶在德昂族"经济生活中占着重要地位"，"种茶历史悠久，至今还有不少村寨，保留有古老的茶树林，并有制茶的丰富经验"，等等（《德昂族社会历史调查》云南省编辑组，1987：35）。这些文献和调查报告都表明茶叶是德昂族的传统经济作物，在他们的农耕生产、家庭经济和社会生活中有重要的地位和作用。其中在有关德昂族迁徙传说的调查报告中，记载了该民族种茶的起源以及部分人口迁徙到缅甸开启缅甸德昂人种茶历史的情况，这说明德昂族迁徙后并没有失去茶叶种植这一农耕生计传统，而是把茶叶种植扩展到了新的栖息之地。关于部分德昂族迁徙到缅甸种茶的历史记载，可见于国外一些对该民族的英文文献研究（Milne，2004/1924；Scott，1982/1932）。

随着对德昂族研究的深入和扩展，不少研究进一步指出德昂族在过去频繁地搬迁，总会在他们曾经住过的地方留下一些茶园。而且，田野调查也显示，目前德昂族聚居区内仍然保存着德昂先民留下的古老茶园。例如，德宏的部分区域，尽管现在没有德昂族聚居，但是依然存留着德昂先民的古茶园遗址。在德宏盈江县铜壁关附近山坡上有些老茶树，当地人每年会到那里采摘，每当谈起这些茶树的历史，当地人都认为是德昂先民种植了这些茶树。陇川城东部班达山的山坡一侧，现在已经没有茶树了，但仍然被当地景颇族称为"德昂的茶山"。瑞丽县户育乡的雷弄山上，德昂先民也曾经在此地种过茶树，后经移居到这里的景颇族修整，又变成了茶园（桑耀华，1999：28；李家英，2000：123～124）。除了德宏，在保山的田野调查也显示，位于高黎贡山上的潞江坝德昂族村落旧址周围有成片的老茶树林。保山市茶树种质资源调查组在1992～1994年研究调查过这些老茶树，[1]发现这些老茶树可以分为自然生长型和栽培型。在栽培型茶树中，有的茶树树龄达一千多年，有的至少也有四百年的历史。据当地人的说法，这些老茶树的栽培与德昂先民密切相关。

---

① 保山市茶树种质资源调查组：《保山茶树种质资源调查报告》（1992～1994年），内部资料。

由此看出，不论是史书的历史记载，还是调查报告或田野调查，都从不同的角度反映着德昂族有悠久的种茶历史。因此，有必要关注该民族如何在现有的农耕生产中保留着这种传统的生计方式，并以认同为基础，在环境变迁中传承和记忆这份历史悠久的农耕传统，这也是研究以人类生存历史和人与自然和谐相处之道为基础的传统生态文明内涵所需要的。

二 德昂族茶叶种植的现状

1. 德昂族的农耕活动概述

德昂族主要聚居在云南省的德宏、保山和临沧三地的半山区和坝子边缘。这片区域皆属亚热带季风区，有干湿两季之分。一年中大约80%的降雨集中在5月到10月。如同生活在该区域的其他群体一样，德昂族种植的农作物主要有稻谷、小麦、玉米、油菜、花生等，种植的蔬菜主要有西红柿、土豆、甘薯、卷心菜、绿红辣椒、葱、大蒜和姜等，种植的水果主要有香蕉和木瓜等。茶叶是该民族的传统经济作物，种植历史悠久。新兴经济作物如甘蔗和橡胶栽种在该民族家庭经济收入中比重增加，来自茶叶的经济收入明显少于来自甘蔗和橡胶种植的。现今，茶叶种植的面积和规模都不大。但对德昂族而言，甘蔗和橡胶种植仅有经济价值，仅为投入市场交换获得收入而种植；而茶叶种植除了一部分投入市场交换外，更多的是为了满足自身在其社会生活和仪式生活中的消费，这是其他经济作物不能替代的。

德昂族的农耕活动如同该区域的其他群体一样，按"大春"和"小春"进行。"大春"指的是阳历5月到10月之间的农耕季节，"小春"指的是阳历11月到次年4月之间的农耕季节。立夏节气一到，"大春"就开始了，之后会经历小满、芒种、夏至、小暑、大暑、立秋、处暑、白露、秋分、寒露，到霜降"大春"才结束。立冬节气一到，"小春"就开始了，之后经历小雪、大雪、冬至、小寒、大寒、立春、雨水、惊蛰、春分、清明，到谷雨时"小春"结束。

德昂族没有自己的历法，传统上主要是采用傣历。因受汉族影响颇深，也对腊月和正月也表示认可。从公历来看，公历1月的时段大致是汉族农历的腊月即十二月和傣历的三月，其农耕活动为纺织和盖房。公历 2 月的时段为汉族农历的正月和傣历的四月，其农耕活动为种春甘蔗、收获头一年的甘蔗、采春茶、纺织、盖房。公历 3 月的时段为汉族农历的二月和傣历的五月，其农耕活动为种春甘蔗、收获头一年的甘蔗、采春茶、纺织。公历 4 月的时段为汉族农历的三月和傣历的六月，其农耕活动为犁地，修沟，撒秧籽，收获小麦、冬玉米、豆类和油料蔬菜，收获头一年的甘蔗，采春茶。公历 5 月的时段为汉族农历的四月和傣历的七月，其农耕活动为泡秧田、栽秧苗、采夏茶、种玉米。公历 6 月的时段为汉族农历的五月和傣历的八月，其农耕活动为栽茶苗、采茶。公历 7 月的时段为汉族农历的六月和傣历的九月，其农耕活动为薅秧、种芝麻、种玉米。公历 8 月的时段为汉族农历的七月和傣历的十月，其农耕活动为锄茶地、收玉米、采茶。公历 9 月的时段为汉族农历的八月和傣历的十一月，其农耕活动为采秋茶、锄茶地。公历 10 月的时段为汉族农历的九月和傣历的十二月，其农耕活动为收谷子、收芝麻、采茶、撒茶籽（当村民需要种茶时）。公历 11 月的时段为汉族农历的十月和傣历的一月，其农耕活动为打谷子，种小麦、冬包谷、豆类、油料作物和甘蔗，采茶。公历 12 月的时段为汉族农历的十一月和傣历的二月，其农耕活动为收玉米、运谷子回家、收甘蔗、盖新房、纺织。与其他相比，甘蔗和橡胶在收获前需要一年的成长期，茶叶在被采摘前需要四年的成长期。

2. 茶叶种植的类型和过程

从德昂族的年度农事活动可以看出，不同的作物种植按节气被安排在不同的时间段。德昂族的茶叶种植也不例外。德昂族茶叶种植活动按公历的时间安排大致为：1 月犁茶地，2 月采春茶、从长了四年的茶树上采初叶，3 月和 4 月采春茶、撒播茶籽、移植茶苗入茶地，5 月采夏茶、给新栽的茶树施粪，6 月采夏茶、给长了两年的茶树施肥，7 月和 8 月采夏茶、给茶地除草，9 月采秋茶、给长了两年的茶树施肥，10 月和 11 月采秋茶、给茶地除草，12 月给茶地除草。而且，他们在采初叶之前，需要等待至少三天。

德昂族把茶叶分为白茅尖和老茶。有德昂族说，白茅尖指的是嫩叶，而老茶指的是老叶。但是，从语言的视角看，白茅尖是汉语的说法，没有相对应的德昂语。老茶在德昂语中被称为 "ja ju ka"（ka 的意思是 "老的")。"老茶"有德昂语的称呼，而"白茅尖"是外来词，从语言生成的角度分析，老茶对德昂族而言，其种植时间比白茅尖要长得多。而且，除了高黎贡山中与森林资源融为一体的古茶树资源外，德昂族的茶叶种植几乎都在坡地开展，如果把白茅尖归类为梯田茶，把老茶归类为森林茶，似乎不能清楚地识别梯田茶和森林茶。就市场收购价格而言，白茅尖的价格比老茶的价格高，这与西双版纳区域中森林茶比梯田茶的价格高的情况相反。

德昂族的茶叶种植有三个内容：第一，在苗圃撒播茶籽；第二，从苗圃把茶苗移栽到茶地；第三，护理茶苗生长至能被采摘。其实，如今当德昂族计划栽新茶的时候，他们很少在苗圃撒播茶籽，而是会到所在乡的农经站买茶苗直接栽种。在他们把茶苗种到茶地前，无论是自己栽培茶苗还是买茶苗，都会锄地和挖洞，每个洞能容纳两到三棵茶苗。茶苗栽培入茶地后，为了改善土壤肥力，德昂族现在会使用化肥，在茶地除草，护养茶树直至能被采摘。德昂族在传统上对撒播茶籽和移植茶苗有严格的分工。国外对20世纪20年代生活在缅甸北部德昂人的研究记载，茶籽在10月或11月初由妇女撒播到苗圃。当茶树苗生长三到四年，由男人在7月或8月把这些树苗从苗圃移栽到茶地。当茶树长至六到七年，在3月底或4月初就能对这些茶树进行第一轮采摘（Milne，2004/1924：222 - 238）。从笔者对保山、德宏、临沧的德昂族聚居区的田野调查看，在德昂族的茶叶种植中，茶籽一般在3月底或4月初被撒播。尽管如今很少在苗圃撒播茶籽，如果要撒，仍然是由妇女撒播，在次年3月由男人把茶苗从苗圃移栽到茶地。当这些茶树苗长至三年，在2月或3月可以开始第一轮的茶叶采摘。这与该区域其他群体的做法一样。可见，除了采摘时间，茶叶种植的其他方面与20世纪20年代的差别很大。差别形成的原因除了自然环境的影响，不可排除20世纪的社会环境变迁和农耕技术变迁的影响。

3. 茶叶采摘

德昂族每年从2月份开始采摘茶叶，至当年的11月份结束。采摘2月到4月间的茶叶被称为采春茶；采摘5月到8月间的茶叶被称为采夏茶；采摘9月到11月间的茶叶被称为采秋茶。春茶采摘始于每年2月底首次春雨来临的时候。德昂族认为，春茶是一年里质量最好的茶叶，正因为这个原因，茶商和茶厂收购春茶的价格都高于夏茶和秋茶。但是，德昂族通常会保留足够的春茶以备他们自身和家庭在一年中的日常生活和社会生活之需，有剩余的才出售给茶商或茶厂。就夏茶和秋茶而言，德昂族认为，夏茶的质量次于秋茶，这可以反映在茶叶收购价的高低上。笔者在田野调查中注意到，茶叶采摘是种茶人家的一项繁忙的农事活动，传统上通常由妇女完成。如今，随着与茶厂合作，部分农户扩大了种茶规模，到茶叶采摘时人手不够，除了雇工，家中的成年男性和孩子有时也参与采摘茶叶的活动（见图2-2）。

图2-2　德昂族采茶（李全敏拍摄）

4. 茶叶加工

德昂族的茶叶加工可以分为传统型手工加工和现代型机器加工两种。茶叶的传统手工加工就是在家里手动加工茶叶，现代型茶叶加工就是在茶厂用机器加工茶叶。传统型茶叶加工是由农户在家里完成的，其具体步骤是：把采好的新鲜茶叶在家里的大铁锅中杀青，大铁锅用火加温，在杀青过程中，用长竹筷搅动茶叶，直到叶子逐渐萎缩，之后把萎缩的叶子倒在竹筛中，揉捻几分钟，之后把揉捻过的茶叶平铺在簸箕上晾干，手工干茶即制成。茶叶的机器加工是由茶厂而不是家户完成。在茶厂，一般都有四台机器：杀青机、揉捻机、打散机、烘干机。其具体过程是：首先，把新鲜茶叶放入杀青机杀青几分钟，然后把杀青过的茶叶转入揉捻机进行揉捻，接着把揉捻过的茶叶放入打散机打散，再把打散后的茶叶放入烘干机烘干，最后把烘好的茶叶平铺在竹垫上冷却。等烘好茶叶的热气散尽，机制干茶即制成。

图 2 - 3　茶叶加工

三　从茶叶种植看德昂族传统生态文明的内涵

尽管如今德昂族种茶的目的之一是投入市场交易，但是该民族一直认为茶叶对他们而言比金钱更重要。从田野调查得知，德昂族认为茶叶种植是他们的祖先传下的，保留着茶叶种植传统，是他们对祖先留下传统的传承，这表明德昂族对其传统农耕生计方式的认同。传统生态文明的内涵旨在反映人类的生存历史，以及人与自然的和谐相处之道。德昂族的茶叶种植是该民族对祖先留下的传统农耕生计方式的传承和记忆，是德昂族自己的传统。当德昂族用茶叶种植把自己的生命与生存和土地联系在一起的时候，这揭示出德昂族传统生态文明内涵中的农耕文化秩序，可以从两个方面来分析。

1. 德昂族对传统农耕生计方式的认同以及对环境变迁的适应

德昂族的茶叶种植历史，以及他们当前的茶叶种植、茶叶采摘和茶叶加工的情况都在说明，该民族的茶叶种植能体现出其对传统农耕生计方式的认同以及对环境变迁的适应。这可以从两个方面看：一方面，德昂族的种茶历史以及该民族对茶的解释，揭示了茶叶种植是德昂族农耕种植传统的主要载体；另一方面，德昂族使用现代技术种茶和茶厂机器加工茶叶，反映了技术变迁对农耕体系中传统农耕作物种植的影响。

德昂族传统上是如何种茶的？与现在的技术有何区别？根据文献回顾和田野调查可以看出，德昂族传统上是妇女播撒茶籽，由男人把茶苗移栽到茶地。当茶苗被种下后，不修剪茶树而任其生长，到茶叶采摘期，由妇女来采摘茶叶。而现今茶叶种植是买茶苗栽种，同样是由男人移栽茶苗入茶地，当茶苗种下后，需要定期修剪茶树和给茶树施肥。在种植目的上，德昂族传统的茶叶种植主要是为了满足他们日常生活对茶叶的需求，有剩余的可以投入集市出售，是传统小农经济的一部分。该民族现在的茶叶种植除了满足日常之需，还有相当一部分是给茶厂提供新鲜茶叶，成为现代市场经济的一部分。而且，茶叶种植在传统的方式中，有几个特点：茶籽被撒播以获取茶苗；茶地几乎不被管理；在茶苗移栽下地后茶树不被修剪，没有茶地管理，任茶树自然生长。茶叶种植在现在环境中的特点是：茶苗不培植，大多购买而来；茶地通过除草等方式来管理；茶叶修剪是茶地管理的一个部分，其能促进茶树的代谢，能使茶树看起来排列整齐，避免树枝太过蔓延；移栽茶苗时使用化肥来促进茶苗和茶叶的生长。使用化肥暴露了现代农耕的一个严重问题，即土壤肥力退化。其原因在于，农地一年中没有空歇，都在被使用，农地的土壤不能按自然的方式恢复肥力，而是用化肥来刺激作物的生长。

上文提到德昂族有手动加工茶叶和机器加工茶叶两种技术。茶叶手动加工是德昂族茶叶加工技术的传统，而茶叶机器加工是技术变迁和市场经济发展的产物。在市场经济中，茶厂是德昂族和都市茶叶市场的连接点，德昂族会直接把鲜茶卖给茶厂，原因在于他们要忙于其他农作物例如稻谷、甘蔗和玉米等的耕种，导致他们没有足够的时间和空间来手动加工鲜茶再把茶叶投入集市销售。在德昂族的经济生活中，手动加工茶叶和机器加工茶叶的并存，不仅体现出传统和现代的交织，而且体现出农耕技术体系变迁对种植传统的影响。

2. 德昂族传统农耕文化的传承

近年来，在德昂族聚居区，甘蔗或橡胶等新兴经济作物不断被推广，种植面积扩大；茶叶在家庭经济中的地位被弱化了，种植规模不大。具体情况将在第四章具体详述。即便如此，德昂族一直在保留着他们茶叶种植的传统。当然，德昂族的茶叶种植不仅仅局限在小农经济中。茶厂成为现代市场经济的一个标志，在茶叶收购需求增加的时候，德昂族茶叶种植的规模也有一定幅度的提高。不论变迁情况如何，德昂族自始至终都保持着他们的茶叶种植。正如德昂族的创世古歌所言，茶叶是德昂的命脉，有德昂的地方就有茶山（赵腊林、陈志鹏，1983：140～154）。作为反映农耕作物种植的传统与变迁的主要载体，茶叶种植不仅联系着德昂族的传统农耕生计方式，而且联系着该民族农耕生产的过程。

德昂族的农耕活动传统与其分布区域的生态环境特点密不可分，是对其传统农耕生计方式的认同和对环境的适应，体现出了该民族以农耕为基础的生产技术、耕作方式以及耕作理念。从种茶历史来看，德昂族在长期的农耕生产中，把茶叶与粮食作物相结合，建立了符合自己生存方式的农耕生产体系，从中凸显出该民族农耕活动传统的内涵，与该民族的生命、生存、生产和生活相联系，反映了德昂族与自然之间的互动以及对自然的认知。从茶叶种植的内涵来看，德昂族的农耕活动传统体现着该民族以农耕为基础的生命观。德昂族把茶叶种植与生命延续相结合的耕作理念，不但对该民族的生活和农业生产具有现实意义，而且对了解其他农耕民族的生活和农业生产有帮助。从茶叶种植的现状来看，德昂族通过规模有限的茶叶种植传承着他们的传统农耕文化，这对该民族在维系作物种植多样性、保护当地生态环境、促进植物资源可持续利用以及传承本民族文化等方面具有重要价值，对丰富当地具有民族和地方特色的农耕生活等方面发挥着重要的作用。因此，德昂族通过茶叶种植从技术层面就展现出其传统生态文明中以传承传统农耕文化为主题的内涵。

第二节　制度层面

制度在汉语中，"制"意为节制、限制；"度"意为标准、尺度。《辞海》对制度的定义是指社会成员共同遵守并按一定程序办事的规程。在社会学中，制度一般被认为是社会公认的复杂而有系统的行为规则（孙本文，1946：1~20），是维系社会生活与人类关系的法则和社会行为模式（龙冠海，1983：180~188），是在特定的社会活动领域中比较稳定的社会规范体系（郑杭生，2003：15~38）。制度的价值取向主要有秩序、效率、正义和协调（陈颐，1994：41~45）。制度作为一种行为规则，不仅规范着人们的行为，而且为人们的行为提供着活动的空间和范围，其中不但包括正式的和成文的形式，还包括风俗习惯道德和文化价值观念等非正式、不成文的形式（董建新，1998：8~13）。文明是一种多层次的社会现象，其产生历史悠久，与制度紧密相关。从人与自然和谐相处的传统来看，生态文明是一种古老的人类文明的形态，与人类生存和发展密切地联系在一起，自人类产生之初就存在了（Darwin，1859：1-30）。在人类社会的发展进程中，风俗、习惯、伦理、道德、文化和价值等形式规范着社会秩序并协调着社会行为，无不与生态文明的传统密切联系。

德昂族素有"古老的茶农"之称。该民族在日常生活中好饮浓茶，在社交礼仪、生老病死、婚丧嫁娶、仪式活动、处理个人矛盾和社会纠纷中都会用茶，在社会管理和民间组织的构成和运转中也要用茶（李全敏，2011）。该民族认为是茶叶创造了日月星辰、大地万物和人类的祖先。德昂族说，没有茶，他们的社会就没有了秩序。茶叶密切联系着该民族的风俗习惯、伦理道德、文化价值等。本节通过德昂族社会生活中用茶体现出的民间制度，来解析德昂族传统生态文明的内涵。

一 茶到意到：德昂族社会交往的民间制度

德昂族是茶的民族，有丰富的用茶实践。在德昂族的社会中，茶叶不仅可以饮用，更是一种在社会交往中表达心意和构建社会关系的馈赠物品。该民族把茶作为珍贵的礼物用于馈赠，开展社会交往。通过"茶到意到"的表意，该民族实践着以和谐为主题的社会交往。

社会交往常与馈赠相结合。法国社会学家马歇尔·莫斯对馈赠做过详细的研究，并以前现代社会为例，指出馈赠礼物是社会中物品交换的基本形式之一，是自愿而为的，其中蕴藏着给予和回赠的义务（Mauss，1969/

1954：1）。莫斯采用"礼物之灵"概念解析出馈赠规则的本质，指出馈赠礼物与馈赠者的本质联系，礼物具有道义和精神的特点，接受馈赠就是接受馈赠者的道义和精神（Mauss，1969/1954：10）。莫斯从社会功能的角度，指出礼物和馈赠者之间具有不可分割的联结关系，馈赠礼物者与礼物接收者之间存在给予、接受和回赠的循环。值得一提的是，莫斯对前现代社会的馈赠研究指出了道德和风俗存在的意义，"我们的道德不完全是商业化的。我们依然有人和阶级在特定的场合和特定的时间保持着过去的风俗，我们向他们致敬"（Mauss，1969/1954：63）。馈赠是一种主要的社会交往规则，馈赠的功能和含义具有工具性、表达性、物质性、象征性、实践性和思想性等特点（Yan，1996：1－40），并连接着友情、亲情、同学情等关系（Yang，1994：111），而且存在关系生产和再生产的规则（Kipnis，1997：36－84）。

德昂族生活在一个多民族聚居的区域，周围的其他民族主要有傣族、汉族、景颇族、傈僳族等。在社会交往中，德昂族常常用茶待客和备茶赠客，以此作为自己的礼节，同时也借用"心意"等汉语词语进行表达沟通。例如，德昂族给非德昂族馈赠茶叶，就是一种该民族用茶与非德昂族开展交往的礼节。具体涉及两种形式。第一种形式是馈赠茶叶，即当有客到访德昂人家时，德昂族会用自制的茶叶做烤茶给客人喝；客人要离开了，会对客人馈赠茶叶，让客人带走，以传递德昂人家的"心意"，欢迎客人再次来访，也借此表达彼此友谊长存的希望（李全敏，2012b：18～22）。第二种形式是做烤茶待客，这是德昂人家接待来访的非德昂族客人的一种隆重的正式欢迎礼节。德昂族说，用烤茶欢迎来访的客人、给客人馈赠他们自制的茶叶是他们的传统。

二　茶叶与草烟的组合：德昂族个人与家庭交往的民间制度

在德昂族社会中，几乎家家都种茶，成年男女都喜好饮茶嚼烟。德昂族习惯把茶叶与草烟组合起来，使用在德昂族之间的交往中。从田野调查得知，茶叶是德昂族自产自制的，而该民族传统上不种草烟，草烟是从市场上购买来的。德昂族通常把茶叶与草烟使用在一起来表达彼此交往的情义（李全敏，2012a：9～12）。因此，德昂族在互相碰面或者串门的时候，都会"ba ge bao"（德昂语），"ba ge bao"是指互相传递装有茶叶与草烟的袋子，邀请对方饮茶嚼烟。在德昂族的仪式活动中，茶叶与草烟的组合很重要，并有着细致的用茶分类。德昂族的仪式活动主要有生命周期仪式、生命危机仪式、家庭仪式、年度仪式四大类。按仪式活动的类别，茶叶与草烟组合的形状、术语和含义各有不同。在社会交往和仪式活动中，茶叶与草烟的组合把德昂族个人、家庭与社会紧密有序地联系在一起。这主要表现在身份认同与社会认可、防灾祛病与健康保健、家庭团结与家族和谐、社会凝聚与社会整合等方面。

1. 身份认同与社会认可

德昂族在生命的三个阶段——出生、结婚和死亡，都会履行相应的仪式来表达他们随着生命周期变化而产生出的身份认同和社会认可。第一个是新生儿起名仪式，第二个是结婚仪式，第三个是丧葬仪式。在这些仪式中，德昂族使用茶叶和草烟的组合，旨在表达身份认同与社会认可。这一组合根据场合用德昂语分别称为"ba ge liam"、"ba zhe"、"ja lim dib chiu"、"ja kon son hu"和"ba gau"。①

"ba ge liam"主要用于生命周期仪式中给新生儿起名仪式和结婚仪式，是一个用细竹条捆起的内有茶叶和草烟的长方形竹叶包。"ba zhe"主要用于生命周期仪式中的结婚仪式，是一个用棉线捆好的内有茶叶和草烟的长方形芭蕉叶包。"ja lim dib chiu"主要用于生命周期仪式中的结婚仪式，是一个用棉线捆好的内有茶叶和草烟的长方形芭蕉叶包，是求婚的信物。"ja kon son hu"也主要用于生命周期仪式中的结婚仪式，是一个用细竹条捆起的内有茶叶和草烟的长方形竹叶包，是求婚成功后的信物。"ba gau"主要用于生命周期仪式中的丧葬仪式，用竹叶的反面包起来，内装茶叶与草烟，用竹条打横系好，呈矩形（李全敏，2011：94~127）。

在新生儿起名仪式中，茶叶和草烟的组合"ba ge liam"是邀请老人给新生儿起名的信物，即在孩子出生后，新生儿父母请村里有威望的老人给孩子起名，要送"ba ge liam"以示邀请。老人收下"ba ge liam"，就表达了给孩子起名的承诺。老人给孩子起名后，孩子在德昂族社会中的身份才

---

① 德昂族有语言无文字。本书中的德昂语，均按国际音标记音。

被正式确立和认可。

结婚仪式的举行会经历三个阶段：第一个阶段是恋爱定情，第二个阶段是求婚，第三个阶段是婚礼。在第一个阶段中，男女双方恋爱定情要送茶叶包，女方会把茶叶包挂在自己房间的床头，作为通知父母的信物。若男女双方计划结婚了，男方会在母亲的袋子中放茶叶包，作为请求父母为他求婚的信物。恋爱定情后就到了第二个阶段。在第二个阶段中，男方家委托媒人带着茶叶和草烟的组合"ja lim dib chiu"作为求婚的信物到女方家求婚。媒人说亲后，女方家接收了"ja lim dib chiu"，就意味着求婚成功了，接着媒人会送上男方家准备的茶叶与草烟的组合"ja kon son hu"、"ba zhe"和"ba ge liam"，分别表达对求婚成功的确认、对婚事的庆贺以及对结婚仪式细节的进一步商量（李全敏，2012b：21）。求婚成功后就有了第三个阶段，即婚礼。在婚礼中，新郎家要送茶叶和草烟组合"ba zhe"和"ba ge liam"给新娘家后才能接走新娘。由此看出，德昂族结婚仪式中每个阶段对茶叶和草烟组合的使用，都在为新家庭的建立、家庭联盟的形成以及姻亲关系的扩展表达出不同的象征和链接意义。

丧葬仪式是德昂族生命周期中的最后一个仪式。在德昂族家里，有人去世了，不是属于非正常死亡的，都会举行丧葬仪式。亡者的家里人会使用茶叶与草烟的组合"ba gau"邀请仪式先生来主持葬礼，为亡者念经超度。亡者的家里人会通知亲戚朋友丧事的发生。仪式先生接到"ba gau"后，会到亡者家里主持葬礼并念经超度。亡者家的亲戚朋友会到该家做吊唁。在仪式的最后一天，亡者的家里人要把亡者埋葬到村子的墓地里，棺木里会放有大米、茶叶、草烟等亡者生前必需的物品。在给棺木填土之前，亡者的家人要在棺材的周围撒些干茶，用于表达生与死的分割。丧葬仪式象征着个人生命周期的结束，之后亡者在德昂族家庭和社会中的身份就终止了。

2. 防灾祛病与健康保障

德昂族的生命危机仪式，称为"mu jia"，通常被用于预防灾难，把疾病从家里驱赶出去，让生命有一个平安和健康的保障。该仪式使用的茶叶和草烟的组合用德昂语称为"guru"和"tu"。"guru"是一对柱形竹管，内放茶叶和草烟。"tu"是一对呈鸟翅形状的竹叶包，内放茶叶和草烟。"guru"和"tu"主要用于生命危机仪式、家庭仪式和年度仪式。

生命危机仪式在被需要的时候才会举行。如当新房刚盖好还没有入住的时候，新房主家就会举行该仪式来驱逐灾害、疾病和霉运，以求房内的平安和好运。或者家里有人生病了，也会举行该仪式，旨在驱病求健康。在举行该仪式前，家里的年长者会提前做准备，把"guru"和"tu"连同其他祭品放在祭品区。在仪式中，家里人都集中到客厅，聆听仪式先生的祈祷。仪式结束后，家里人把祭品抬放到村口的大青树前，意为所有的疾病和霉运都已被驱赶出去，留下的是健康和平安。

3. 家庭团结与家族和谐

在德昂族社会中，没有清明上坟的习俗，而是举行家庭做摆仪式，就是一种缅怀家庭已逝成员的习俗。家庭做摆仪式不但能体现家庭的经济基础，更能体现家庭的团结和家族的和谐。一般来说，该仪式是由同一家族中的几个家庭联合举行。所需的物资由参与的家庭共同准备。其中茶叶和草烟的组合"guru"是必不可少的物品。德昂族认为，茶叶和草烟的组合就像一匹两侧驮货的马，一侧驮银子，另一侧驮物品。在仪式中，只有用了"guru"，才能表达对去世亲人的缅怀。

其实，家庭做摆仪式是发生在家庭与奘房（寺院）之间的仪式。仪式的最后一天，所准备的所有物品会被供奉到奘房。从奘房返回后，主办家庭给仪式先生、参与做摆仪式的家族成员，以及仪式帮忙者送上茶叶和草烟的组合"guru"及食物以示感谢。德昂族解释，没有茶叶和草烟的组合"guru"，就不能表达他们的"we jio"（心意）。

4. 社会凝聚与社会整合

德昂族的年度仪式是集体参与的仪式，主要与德昂族的南传上座部佛教信仰有关。年度仪式主要包括2月的烧白柴，4月的泼水节，7月到10月的进洼、供包、出洼，11月的供黄单，还有在进洼和出洼之间的万物有灵信仰仪式祭寨心。奘房是开展这些仪式活动的主要场所。每逢仪式来临，整个村寨皆要参与。茶叶与草烟的组合"guru"和"tu"是仪式中必不可少的集体祭品，由仪式先生代表整个村寨来准备，与其他祭品一起用于仪式祭祀，以表达村民对佛、自然和祖先的虔诚、尊重与缅怀。

烧白柴在每年2月举行，为期两天。仪式先生会代表整个村寨准备集体供奉的祭品，其中有茶叶与草烟的组合"tu"。整个过程由仪式先生主持。泼水节在每年 4 月举行，为期三天。主持仪式的先生准备集体供奉的祭品，其中有茶叶与草烟的组合"tu"。德昂族认为，水能把头一年的灰尘洗净，给他们一个干净的开始。进洼、供包、出洼是纪念佛诞的仪式，在每年 7 月到 10 月间举行。佛诞期间，和尚必须留在奘房，村民不能盖房子、办婚礼和谈恋爱。进洼是佛诞节日的开始，为期三天。供包为期两天。出洼为期三天。仪式先生会代表整个村寨准备集体供奉的祭品，其中有茶叶与草烟的组合"guru"和"tu"。在出洼的第三天下午祭寨心，仪式先生会代表全村准备茶叶与草烟的组合"tu"和相关祭品。

仪式先生在年度仪式中是全村与奘房联结的代表。他代表全村准备集体供奉的祭品，特别是茶叶与草烟的组合"guru"和"tu"，因为"guru"和"tu"是集体供奉，而单户是不用在年度仪式上供奉的。茶叶与草烟的组合，在年度仪式中作为一种集体的呈现，把德昂族的社会凝聚力和社会整合度密切相连。

茶叶和草烟的组合在德昂族的生命周期仪式、生命危机仪式、家庭做摆仪式和年度仪式中必不可少，它通过不同的术语和表意，把维系德昂族社会平衡的规则体现出来，即茶叶代表内在，草烟代表外来。茶叶和草烟相结合意在内外结合才会平衡，这透视出了德昂族社会内外交往的主要民间制度。

三　茶叶与盐巴的组合：德昂族亲属交往的民间制度

除了茶叶与草烟组合以外，德昂族还会把茶叶与盐巴相结合。在德昂族的家庭仪式中，上新房仪式是庆贺新房落成的重要仪式。在这个仪式中，出嫁的女儿会给新房带来茶叶和盐巴的组合"guru"。这一组合的名称和茶叶与草烟的组合"guru"同音，同样是用柱形竹管，但是这一组合体积小，用于表达出嫁女儿祝福娘家人丁兴旺、平安健康。

德昂族结婚后主要是从夫居。娘家有新房落成后，出嫁女儿会回来庆贺。由于她们是其他人家的妻子，故不能与其娘家人一道进新房。但是她们是娘家的女儿，她们繁衍后代的能力是娘家父母给予的，因此她们的回归象征着生殖的延续。所以，新房里的所有人都能分享到她们给娘家带来的食物。在上新房仪式开始前，她们会给新房的火塘加新土。在仪式中，她们会给父亲送上茶叶和盐巴的组合"guru"。仪式先生把房主出嫁女儿送来的"guru"悬挂在新房客厅大门的上方。这不仅表现为德昂族对家庭中生殖与繁衍的尊重，还阐释了德昂族亲属交往的民间制度。

四　从生活用茶看德昂族传统生态文明的内涵

由上看出，"茶到意到"、茶叶和草烟的组合以及茶叶与盐巴的组合等，构成了德昂族社会交往、个人与家庭交往以及亲属交往的民间制度。值得一提的是，如果德昂族社会内部个人之间遇到了矛盾，彼此馈赠茶叶表示道歉是化解矛盾的唯一途径。尽管在德昂族社会生活中，日常的互相交往是通过传递茶叶和草烟袋在对茶叶和草烟的各自消费中展开，但在仪式生活中，德昂族会把茶叶与草烟或者盐巴相结合为一个组合，使用于相关的仪式中，表达相应的含义。在家庭做摆仪式中，有德昂族把茶叶和草烟的组合解释为一匹两侧驮货的马，一侧驮银子，另一侧驮物品，保持双方均衡才能保持马的平衡，马有了平衡才能平稳前进。如前所述，茶叶是德昂族自产的，不但用于日常消费，也用于市场交换；而德昂族传统上不抽烟，草烟是从市场上购买来的，如同盐巴的来源一样。饮茶嚼烟是德昂族的日常生活习俗之一，草烟是他们的日常必需品，然而参与市场交换需要等量的货币或者是能换成货币的物品，因此出售茶叶就是德昂族传统上参与市场交换的方式，这可以从德昂先民在历史上的金齿时期因产茶、卖茶而非常富有的记载看出（《德昂族简史》编写组，1986：22）。茶叶与草烟或盐巴的组合，是德昂族与非德昂族之间以平等交换为基础开展互动的证明。从生存的角度看，茶叶与草烟或盐巴的组合揭示出德昂族的生存逻辑及其生存方式的秩序规范，即人的生存是自然性和社会性的交织体，需要与生态环境和周围的其他人群开展互动，互相依存，互通有无，在互动中保持平衡，正如驮货的马只有保持平衡才能前行一样。可见，无论是"茶到意到"，还是茶叶与草烟或者盐巴的组合，德昂族的社会生活与仪式生活都围绕着对茶叶的实践在规律地、有序地、平衡地运转，这就从制度层面揭示出了德昂族传统生态文明对社会传统行为的规范传承。

第三节　知识层面

传统生态文明是人类智慧的体现，不但能反映出人类的生存历史、人与自然的和谐相处之道，而且能反映出人类在实践中对客观世界和人类自身的传统知识，密切联系着区域、民族的民间性认知模式。传统知识是一种具有本位特征的概念，以来自当地文化的自然而然的存在为基础。德昂族是我国西南部的一个种茶民族，种茶历史悠久，有多彩的茶文化，并在与当地生态环境的互动中积累了丰富的用茶知识。而且，德昂族作为一个操南亚语系的孟高棉语族语言的民族，传统上有口传语言而无文字，然而德昂语中关于茶叶的阐释内容多样、表达丰富，表现着他们对茶叶的认知。例如，德昂语把茶叶通称为"ja ju"，"ja"的意思是"祖母或外祖母"，"ju"的意思是"眼睛亮了"。"ja"的称呼揭示出德昂族社会结构是双系的，茶对父系支和母系支有着同等的重要含义。"ju"的称呼透露出茶与生命健康联系密切（李全敏，2013a：103）。可见，在德昂族的社会生活中，茶叶不但是该民族的传统经济作物，更是展现传统知识的文化符号。从知识层面看，这些用茶语言和用茶知识在德昂族社会中体现出的传统知识，有助于分析德昂族传统生态文明的知识内涵。

一　德昂族对茶叶的分类和认知

从田野调查得知，德昂族对茶叶有着一套分类和认知的知识体系，它密切联系着德昂族对自然资源的自然性与社会性的辨别，并通过德昂语展现出来。①

1. 德昂族对茶叶的分类

德昂族对茶叶的分类，主要是按叶子、季节、液体、产品、生产、加工、消费、使用八个范畴来分的，其中每一个范畴又可以细分为不同的子范畴，每一个子范畴的茶叶都有各自的德昂语称呼。

---

① 田野调查资料显示，德宏芒市三台山德昂族乡出冬瓜村的德昂语对茶叶的分类相对完整。以下列出的德昂语对茶叶的称呼，均采用国际音标记法记录，皆为出冬瓜德昂语方言。

（1）叶子

在叶子的范畴里，德昂族把茶叶又归属到颜色、特征、质量、满意度四个子范畴中。在颜色的子范畴中，又可分为绿茶和红茶，绿茶称为"ja ju niar"，红茶称为"ja ju van"。在特征的子范畴中，又有湿与干之分。其中，在湿的特征中，可分为收获茶和新鲜茶，两者皆称为"ja ju nu"；在干的特征中，可分为能泡着喝的茶、加工茶、生茶和熟茶，能泡着喝的茶和加工茶称为"ja ju diang"，生茶称为"ja ju im"，熟茶称为"ja ju sin"。在叶子质量的子范畴中，德昂语把茶叶归入好茶、中茶、差茶三类。好茶可以分为白茅尖、新茶和细茶，白茅尖称为"bai mao jian"或者"ja ju karto"，新茶称为"ja ju k'mai"，细茶称为"ja ju k'bloi"。中茶有老茶、旧茶、粗茶之分，分别称为"ja ju ka"、"ja ju tat"和"ja ju khuk"。差茶主要是指霉茶，叫作"ja ju lu"。在满意度的子范畴中，可以分为满意的与不满意的。满意的包括微卷的茶叶，称为"ko"；整齐的茶叶，称为"sa pa"；色泽好的茶叶，称为"nga"。不满意的包括破损的茶叶，称为"tat"；色泽灰暗的茶叶，称为"ap"。

（2）季节

在季节的范畴中，德昂族把茶叶归为好和中两个子范畴中。在好的子范畴中，主要是春茶，称为"ja ju kur mai"。在中的子范畴中，主要是秋茶和夏茶，秋茶称为"ja ju kur kat"，夏茶称为"ja ju khin mai"。

（3）液体

在液体的范畴内，德昂族把茶叶归入味道、色彩、器皿和满意度四个子范畴中。在味道的子范畴中，主要有苦茶、微苦茶和甜茶三类，分别称为"san"、"udai"和"nam"。在色彩的子范畴中，主要有棕色茶、浅棕色茶和黑色茶三类，分别称为"tumon"、"e'tumon"和"van"。在器皿的子范畴中，主要有竹筒茶、茶壶茶、茶杯茶三类，分别称为"bo"、"kong"和"sluo"。在满意度的子范畴中，满意的有浓茶和清茶，分别称为"reng"和"e'reng"；不满意的是色泽不清的茶，称为"ap"。

（4）产品

在产品的范畴中，德昂族把茶叶又归入饮用和食用两个子范畴中。在饮用的子范畴中，主要有泡茶、煮茶和烤茶三类，分别称为"die ja ju"、 "tong ja ju" 和 "da ja ju"。在食用的子范畴中，主要是酸茶，称为 "ja ju brang"。

（5）生产

在生产的范畴中，德昂族把茶叶归入种茶和采茶两个子范畴中。种茶称为 "sam ja ju"，采茶称为 "ba ja ju"。

（6）加工

在加工的范畴中，德昂族又把茶叶归入晾茶叶、炒茶叶、揉茶叶、翻茶叶、拌茶叶、晒茶叶六个子范畴内。晾茶叶称为 "zha ja ju"，炒茶叶称为 "da ja ju"，揉茶叶称为 "nuo ja ju"，翻茶叶称为 "gebu ja ju"，拌茶叶称为 "gebla ja ju"，晒茶叶称为 "rai ja ju"。

（7）消费

在消费的范畴中，德昂族把茶叶再分为饮茶和吃茶两个子范畴。饮茶称为 "diang ja ju"，吃茶称为 "hong ja ju"。

（8）使用

在使用的范畴中，德昂族又把茶叶分为馈赠茶和出售茶两个子范畴。在馈赠茶的子范畴中，主要有绿茶、干茶、熟茶、白茅尖、新茶、细茶、春茶。馈赠茶称为 "deh ja ju"。绿茶称为 "ja ju niar"，干茶称为 "ja ju diang"，熟茶称为 "ja ju sin"，白茅尖称为 "ja ju karto"，新茶称为 "ja ju k'mai"，细茶称为 "ja ju k'bloi"，春茶称为 "ja ju kur mai"。在出售茶的子范畴中，有绿茶、干茶、熟茶、白茅尖、新茶、细茶、春茶、红茶、湿茶、生茶、老茶、旧茶、粗茶、夏茶、秋茶。出售茶称为 "jan ja ju"。绿茶、干茶、熟茶、白茅尖、新茶、细茶、春茶的叫法与馈赠茶中的相同，红茶称为 "ja ju van"，湿茶称为 "ja ju nu"，生茶称为 "ja ju im"，老茶称为 "ja ju ka"，旧茶称为 "ja ju tat"，粗茶称为 "ja ju khuk"，夏茶称为 "ja ju khin mai"，秋茶称为 "ja ju kur kat"。

2. 德昂族对茶叶的认知

德昂族对茶叶的分类范畴反映出德昂族对茶叶自然属性和社会属性的认知。

（1）对茶叶自然属性的认知

在德昂族对茶叶分类的八个范畴中，叶子、季节、液体、产品、生产、加工、消费七个范畴都在阐释茶叶的自然属性。在叶子的范畴里，德昂族按颜色、特征、质量、满意度认知茶叶，从绿茶和红茶，干茶和湿茶，白茅尖为首的好茶、老茶为首的中茶、霉茶为首的差茶之分可以看出，德昂族对茶叶自然属性的认知来自对茶叶的颜色、形状、特征等方面的辨别。在季节的范畴中，德昂族按季节认知茶叶，从春茶、夏茶、秋茶之分可以看出，德昂族对茶叶自然属性的认知来自对茶叶采摘季节的分类。在液体的范畴中，德昂族按味道和色彩等认知茶叶，通过从苦茶、微苦茶和甜茶之分到棕色茶、浅棕色茶和黑色茶之分看出，德昂族对茶叶自然属性的认知来自他们对味道和色彩的辨别。在产品的范畴中，德昂族按饮用和食用来认知茶叶，从泡茶、煮茶、烤茶和酸茶之分看出，德昂族对茶叶自然属性的认知来自他们对饮茶和食茶的辨别。在生产的范畴中，德昂族按种植和采摘来认知茶叶，对茶叶自然属性的认知来自他们对种茶和采茶的实践。在加工范畴中，德昂族按茶叶加工的程序来认知茶叶，对茶叶自然属性的认知来自他们对晾茶叶、炒茶叶、揉茶叶、翻茶叶、拌茶叶、晒茶叶一系列手动加工茶叶的识别。在消费范畴中，德昂族按饮茶和食茶认知茶叶，德昂族对茶叶自然属性的认知同样来自对饮用与食用的辨别。

（2）对茶叶社会属性的认知

德昂族对茶叶社会属性的认知，主要体现在对茶叶分类的使用范畴中。如前所述，在使用的范畴中，德昂族把茶叶分为馈赠茶和出售茶两个子范畴。在馈赠茶的子范畴中，主要有绿茶、干茶、熟茶、白茅尖、新茶、细茶、春茶。在出售茶的子范畴中，主要有绿茶、干茶、熟茶、白茅尖、新茶、细茶、春茶、红茶、湿茶、生茶、老茶、旧茶、粗茶、夏茶、秋茶。

茶叶是一种山地植物。从德昂族对茶叶的采摘季节看，春茶是一年中最好的茶叶。从德昂族对茶叶的品种识别看，绿茶和白茅尖是好茶。从德昂族对茶叶的加工方式看，干茶、熟茶、新茶、细茶在好茶之列。从上节制度层面的分析得知，德昂族把茶叶用于馈赠，不但用于表达"茶到意到"的社会交往规则，而且常把茶叶与草烟或盐巴相结合用于各类仪式活动，用于表达德昂族内外平衡的社会交往秩序。因此，馈赠茶就把德昂族社会生活中人与人交往的心意、邀请、信物、祭祀、化解纠纷等社会属性凸显出来。此外，茶叶是德昂族的传统经济作物，出售茶叶是德昂族的主要经济来源之一。从德昂族对茶叶使用分类的状况看，出售茶可以分为质量好的和质量不好的，而馈赠茶皆为质量好的。因此，德昂族对茶叶社会属性的认知，就在馈赠茶和出售茶的类型与质量的对比中被具体呈现出来。

德昂族对茶叶的分类和认知，揭示出德昂族对茶叶自然属性与社会属性的辨别。其中自然属性多体现在对茶叶本身所具有的特征、质量、形状、味道、色彩的辨析中，社会属性多体现于茶叶在社会中的使用范畴中。在德昂族的社会生活与仪式活动中，茶叶的自然属性与社会属性互相整合，揭示出了德昂族以茶为主的传统知识的生态性和社会性。

二 德昂族用茶的传统知识

从德昂族对茶叶的分类与认知看出，德昂族有着丰富的用茶的传统知识，主要体现在食用、药用、饮用和社会交往用四个层面。

1. 食用

把茶叶加工成酸茶用来做菜肴和饮品是德昂族用茶传统知识的一个主要体现。从田野调查得知，德昂族制作酸茶一般有三道工序：第一，准备鲜叶；第二，揉捻鲜茶直至萎缩；第三，把揉捻好的茶叶放入罐子或竹箩中，用布封口，埋入地下直至发酵至酸即可。酸茶是德昂族的特色菜肴，在食用前先把发酵至酸的茶叶从罐中取出，加入蒜末、酱油、芝麻、辣椒和盐巴等调料后就可食用了（李全敏，2011：79～81）。酸茶除了是菜肴之外，也是饮品。有研究指出，作为饮品的酸茶制作的最后一道工序是把揉捻好的茶叶放入竹筒中两个多月，之后在天晴的时候，把茶叶取出晾晒至全干即可，便于泡茶饮用（李昶罕、秦莹，2015：120）。

酸茶在德昂族生活中无论作为菜肴还是饮品，都在突出酸的特征。其原因主要有两个方面。第一，酸茶符合当地饮食口味中对酸的喜好。德昂族聚居的区域，气候湿热，山高林密，生活在这里的各民族普遍喜食酸，德昂族的酸茶符合当地饮食中对食酸的认同。第二，酸茶是德昂族把鲜茶腌制后可食用和饮用的产品，腌制酸茶是为了对食材进行保存。德昂族主要散居在亚热带的山区和半山区，在日常生活中饮食材料多是自产的，其中以蔬菜为主的饮食材料常受到季节的影响，因德昂族居住区域的生态特征以湿热为主，蔬菜肉类不易保存，容易变质，于是他们常用将其腌制成酸食的方法，保存饮食材料，以供日常之需。德昂族制作和食用酸茶反映出了他们对其定居的生态环境的适应。

2. 药用

把茶叶作草药用于治疗疾病是德昂族用茶的传统知识的又一重要展现。第一，德昂语称呼茶叶为"ja ju"，"ju"的含义是"眼睛亮了"，与德昂族传说中神鸟留下的茶籽使盲人复明的情节有关（《德昂族社会历史调查》云南省编辑组，1987：24～25）。这则传说揭示出茶叶具有医疗的功能，同时暗示茶叶可能在过去某个时期拯救过德昂族先民的生命。第二，茶叶作为草药在德昂族社会中很普及。如果家里有人头痛时，他们一般会用饮茶的方法来缓解疼痛；如果家里有人眼睛发炎，他们一般会用茶水洗眼来消炎；如果家里有人皮肤上起了痱子，他们会用捣碎的茶叶外敷在患处，不久痱子就会消散。实际上，德昂语对茶叶的称呼显示，茶叶在成为菜肴、饮料和交易物品之前，首先有可能是一味草药。因此，从德昂语对茶叶的称呼和德昂族的用茶实践可以看出，在德昂族社会对茶叶作为草药有着普遍的认同（李全敏，2015b：41），这就把德昂族用茶的传统知识与他们对生命健康的保障密切联系起来。

3. 饮用

把茶叶加工后以满足日常饮用是德昂族用茶传统知识的一个重要体现。德昂族的成年男女喜好饮茶，每天在农事劳作之后尤其喜好饮浓茶。对德昂族来说，在傍晚休息时饮茶是一种放松和享受，在客厅围着火塘边喝边聊更是一种喜好。如果客人来访，他们会给客人做烤茶并敬茶，以表达尊敬和礼貌。

德昂族饮茶有泡茶和烤茶两种形式。泡茶简单随意，用于平常德昂族之间的日常交往；烤茶程序多些，用于贵客来访或者家庭举行婚礼等正式的场合中。首先，制烤茶的茶叶一般用的都是春茶，是德昂人家手工自制的，叶嫩清香，经过在家里的大锅中杀青、手动揉捻、铺开晾干后妥善存放即可。然后，把干茶放在架在客厅火塘的铁板上用文火微烤，直至干茶发出烤香的味道。接着，把烤好的茶叶放入煮茶的竹筒内，给竹筒加水后放在火塘上煨烤。最后，竹筒内的茶水被煮沸呈棕色，烤茶即制成。

从德昂族饮茶实践可以看出，德昂族用茶的传统知识积淀在德昂族的日常生活中，体现出了德昂族把茶叶的自然属性社会化的过程。

4. 社会交往

在社会交往活动中广泛用茶是德昂族用茶传统知识的另一重要表现。他们用茶作为维持社交秩序的行为载体，主要体现在馈赠、祭祀和解决纠纷三个层面。从馈赠的层面看，德昂族用茶作为馈赠客人的礼物，以表示他们对客人"茶到意到"的知识话语。从祭祀的层面看，德昂族把茶叶与草烟或盐巴相结合，在各类仪式活动中广泛用茶，以表达他们在身份认同和社会人口、祛病防灾和健康保障、家庭团结和家族和谐、社会凝聚和社会整合等方面的知识实践。从解决纠纷的层面看，德昂族用茶作为赔礼道歉的信物，如果用钱代替茶叶，纠纷则不但得不到解决还会恶化。这也表现了他们用茶规则的知识内涵。

三 从用茶的传统知识看德昂族传统生态文明的内涵

传统知识作为一个知识体系，联系着人们的世界观、思维模式、行为规范及文化特征。德昂族对茶叶的分类和认知以及他们用茶的传统知识，体现出人与自然、人与社会、人与人之间维持平衡和谐的秩序规范的实践。在德昂族对茶叶的分类和认知中，德昂语对茶叶的表述，一方面表现出他们用茶的传统知识，这些传统知识表现出了该民族维系生命、生存和生活的文化秩序；另一方面在该民族辨析茶叶的自然属性和社会属性的过程中，德昂族用茶的传统知识揭示出了他们对生存环境的适应和选择，通过饮用、食用和药用阐释出他们对自然环境的适应和选择，通过社交用显示出他们对社会环境的适应和选择。而且，德昂族对茶叶的分类与认知是围绕着茶叶的自然属性和社会属性展开的。德昂族用茶的传统知识又使他们在对茶叶的生产、交换和消费中，把茶叶的自然属性和社会属性整合起来，以此反映出德昂族对环境资源的自然性与社会性的了解与表达。德昂族对茶叶的分类和认知以及用茶的传统知识反映了他们对人、自然与社会之间的文化秩序的认知，这就从知识层面体现出了德昂族传统生态文明以传统知识传承为主题的内涵。

第四节　信仰层面

德昂族是南传上座部佛教徒。上文已显示，德昂族把茶叶与草烟相结合，用德昂语称为"guru"和"tu"，作为重要的联结奘房与村寨的集体祭品，广泛地用在年度佛教仪式中。德昂族也是万物有灵信仰者，有着丰富的自然崇拜实践。茶在德昂族的自然崇拜物中位居第一。德昂族的口传创世古歌《达古达楞格莱标》（德昂语）记载着，茶叶是万物的始祖，是茶叶创造了自然万物、创造了德昂族的祖先（赵腊林、陈志鹏，1983：140～154）。德昂族信仰茶、崇拜茶。本节主要分析德昂族的茶叶信仰，从信仰层面来剖析德昂族传统生态文明的内涵。

一　茶叶信仰：德昂族一种主要的民间信仰

德昂族的茶叶信仰属于自然崇拜范畴。自然崇拜是指人类对自然物和自然现象的崇拜。国外学术界普遍认为自然崇拜是一种崇拜自然物或自然现象的宗教，它与泛灵论紧密结合并相互渗透，是构成基本宗教的主导概念（涂尔干，1999：1～10）。自然崇拜学派以探索神话的意义为基础，从中追寻神话间的相似性。各种神话里虽然角色称呼各异，但表达了相似的观念，发挥着相似的功能，这暗示着能用共同的起源解释这种相似性（缪勒，1989：5～35）。国内学术界对自然崇拜的研究一般都将其与原始宗教联系在一起。以工具书为例，《简明文化人类学词典》记载，自然崇拜是原始宗教的一种表现形式。生活在不同自然环境中和从事不同经济活动的人们的生态特点，一般会通过自然崇拜阐述出来（陈国强、石奕龙，1990），《中国少数民族史大辞典》（高文德，1995）、《中华文化辞典》（冯天瑜，2001）等也有类似的提法。

茶叶信仰是德昂族的一种主要的民间信仰，该民族生活的自然环境和所从事经济活动在生态上的特点，都会通过茶崇拜表达出来。而且，茶崇拜能体现出该民族在长期与自然互动过程中对环境变化影响的回应。

茶叶被德昂族视为图腾崇拜的对象。德昂族相信茶叶与人类的起源密切相关，认同本族的祖先与茶叶之间有血缘关系；认同茶叶有某种超自然力，会对本族及其成员起保护作用；相信自己的祖先是茶叶的化身，把茶叶称为始祖，把茶叶认同为自己的同胞；认同本民族与茶叶之间存在着某种联盟关系，相信本族成员具有与茶叶一样的能力或特性。为了得到茶叶神秘力量的护佑，德昂族会种植茶树，培植茶叶生长，并用社会交往、礼物馈赠、商品交换和宗教仪式等表达自己与茶叶的亲密关系。

茶叶信仰在德昂族日常生活中的具体形式和主要内容表现在：在栽培种植中用茶表达生存之需，在迎来送往中用茶表达礼节和礼貌，在婚丧嫁娶中用茶构建彼此之间的亲缘关系，在礼物馈赠中用茶承载"礼物之灵"，在互通有无中用茶达成价值等量，在各类仪式活动中用茶表达对祖先和各类超自然神灵的崇拜与敬畏。这些内容在上文或多或少都已提到。

在德昂族社会中，茶叶信仰体现在生产、婚姻、交往、仪式等领域。茶是德昂族彼此之间亲属关系的标志，通过茶德昂族内会建立起一定的权利和义务关系，如议事权、表决权等权利以及互助、复仇、服丧等义务，与社会治理相联系（李全敏，2015a：68～71）。值得一提的是，当德昂族把种植茶树、培植茶叶生长作为他们对茶图腾的一种祭礼仪式的时候，茶叶信仰其实是该民族对其生活的自然环境以及所从事经济活动在生态上的特点和生存状况的唯物性说明。

二　德昂族茶叶信仰的文本分析

德昂族茶叶信仰不但把茶叶与大地万物产生和人类起源结合起来，而且把茶叶与生命、生存和生活联系起来。这可以通过德昂族的创世古歌《达古达楞格莱标》来证明。德昂族有语言无文字，口耳传承是其历史文化传承的主要方式。《达古达楞格莱标》是德昂族的创世古歌，意为"最早的先祖传说"。经收录翻译，该文原载《山茶》1981 年第 2 期，后收录进了《崩龙族文学作品选》。①

《达古达楞格莱标》详述了德昂族用茶叶信仰对大地万物和人类起源的诠释，指出茶叶不但创造了大地万物和人类，还拯救了人类。整文有六个

① 德宏州文联编《崩龙族文学作品选》，德宏民族出版社，1983，第 140～154 页。德昂族的旧称是崩龙族，1985 年经国务院同意改为德昂族。

部分。

第一部分是序歌，介绍创世古歌产生的时间久远。

第二部分讲述茶树的生命是茶叶，茶叶是万物的始祖，茶叶的精灵化成了天上的日月星辰。生活在天上的小茶树在万能之神的许可下，把茶叶变成了五十一个男子和五十一个女子，从天上来到地上，成为人类尤其是德昂族的祖先。

第三部分讲述茶叶变成的一百零二个男女，从天上到大地的路途充满了黑暗和艰辛，在茶叶精灵变成的太阳、月亮和星星的指引下，才找到了大地。然而，大地上是汪洋大海，没有地方可以落脚，茶叶兄妹只能在天空中飘荡。在日月星辰的帮助下，大地有了白天和黑夜之分，有了光明和温暖。

第四部分讲述大地上洪水泛滥，是万能的神让茶叶兄妹施展力量驱赶洪水，洪水退去露出了大地，然而大地上的地貌变得奇形怪状，充满各种灾害，有火灾、雾灾、瘟疫和瘴气等，是茶叶兄妹齐心协力战胜了灾害。

第五部分讲述茶叶兄妹用身上的皮肉变成树、草、青藤、鲜花和百果，并给鲜花和百果带来了美丽的颜色和可口的味道。然而，接着大地上发生了风灾，茶叶兄妹被吹散了，是茶叶弟兄用青藤做成圈，把飘在天上的姐妹套回到了地上。

第六部分是古歌的最后一个部分，五十个茶叶姐妹回到大地上解下了身上的藤圈，只有最小的妹妹亚楞套着藤圈，没有套藤圈的其他姐妹又飘回了天上。人类的始祖茶叶兄妹达楞和亚楞成了亲，住在岩洞里，世代繁衍，人口兴旺。他们的子孙住满了平坝和高山，共同战胜各种灾难。最后古歌指出，在未来的发展道路上还会遇到各种困难，只有团结协作、共同进步才能克服困难。

德昂族的创世古歌以神话的形式把茶叶与生命起源联系在一起，以此表达德昂族与茶叶之间具有血缘关系，人群之间通过团结协作才能克服生存中遇到的困难和灾难，才能保障生存繁衍的有序开展，才能保持生命健康，阐述了德昂族以茶崇拜为基础的茶叶信仰的社会文化意义。泰勒指出图腾崇拜与祖先崇拜有关（Tylor，1871）。在涂尔干的论述中，图腾产生于人们区分彼此社会关系的需要，有着区分部落关系的功能，把有共同关系的人群联结起来。图腾信仰超越部落个体又约束着部落中的每一个个体，这种被神秘化的制约揭示出图腾信仰的社会功能（涂尔干，1999）。结合泰勒对图腾崇拜的观点来看，德昂族的茶叶信仰属于祖先崇拜范畴。按涂尔干对图腾信仰的解释，德昂族将茶叶视为图腾，这与该民族区分彼此社会关系的需要有关，并把有共同关系的群体联结在一起。茶叶信仰超越德昂族个体又约束着每一个个体，这种被神秘化的制约赋予到茶叶身上，显示出德昂族茶叶信仰的社会功能。

三 德昂族茶叶信仰的实践

德昂族认为，茶树是不可侵犯的神树，茶叶是神灵之物，是他们的祖先，这其实是该民族生存观的写照。德昂族是一个农耕民族，主要散居在亚热带季风区的高山和坝区之间。从古歌中"茶叶是德昂的命脉，有德昂的地方就有茶山"的说法看，茶叶信仰更多表达的是该民族对与其生产生活密切相关的环境资源的认知。在德昂族的观念中，每逢建寨，必种茶树，且禁止砍伐。

1. 禁止砍伐茶树

德昂族世居在印度洋季风影响下的季雨林区，冬暖夏凉，无霜期长，年均气温20℃左右。该区域土壤层深厚，土质适中，偏酸性，适合茶树的生长。

据史料记载，早在两千多年前，德昂族的先民濮人已在该区域种茶，茶叶是他们重要的经济作物。在历史的发展和社会的变迁中，受战乱和周围强势族群的影响，德昂先民不断在山坝之间迁徙。在搬迁中，他们曾种下的茶树或被其他族群的定居者砍去，或任其生长汇入森林中。即便如此，他们每移居到一个新的住地，都会种上茶树。如今在云南西南部的许多地方，虽然已经没有德昂族居住，但是依然存留着他们的先民栽培的茶树遗址。如在高黎贡山上的大中德昂寨旧址周围还存留着一些古茶树，有的树龄已上千年，[①]当地汉族说是德昂族的先民种下的，这些古茶树目前已成为高黎贡山森林植被的重要组成部分；德宏盈江县铜壁关附近的山坡和瑞丽

---

① 保山市农业局编《保山茶树种质资源调查报告》，1992~1994。

户育的雷弄山上有一些古茶树，当地景颇族每年到这些茶园采茶，每谈起这些茶树的历史，都认为是德昂族的先民种下的；陇川城东部班达山的山坡一侧被当地景颇族称为"德昂族的茶山"（桑耀华，1999：28）。这些种茶历史的痕迹表现出德昂族用茶树来保护其居住地，以抵御因迁徙导致的资源流失所带来的环境危机。

作为一个农耕民族，德昂族非常关注气候、土壤、水对其农耕活动的影响。气候是大自然的变化，但土壤的肥力和土壤中的养水层会被人为因素所改变。茶树，从本质上看，是一种亚热带山区和半山区的植物，只要没有被频繁地挖掘和更换，树下土壤就不会贫瘠，与此相关的养水层也不会被破坏。德昂族禁止本族砍伐茶树，其实是在保护他们赖以生存的环境资源。

2. 禁止在茶树周围开荒种地

前文提到德昂族创世古歌中的记载——"茶叶是德昂的命脉，有德昂的地方就有茶山"。从过去到现在，茶叶一直是德昂族传统的经济作物，该民族不仅在房前屋后种茶，而且大量培植茶树。德昂族主要散居在山区和半山区，茶树种植主要分布在山坡上，所以德昂茶山可以看作对德昂族居住地附近环境资源的一种识别符号。

在山坡上种茶树是德昂族的一种传统农耕方式。山坡是最容易发生水土流失的地方，德昂族禁止在茶树周围开荒种地，旨在通过保护茶树周围的环境资源来保护茶树。从作物种植的角度看，适合茶树生长的土壤的 pH 值是呈酸性的，土质会偏黏。茶树种植在山坡上，可以防止水土流失的发生。生长在茶树园周围的自然植被，有助于保护土壤的土质和肥力，减少水土流失。如果在其周围开荒种地来栽培其他旱地作物，首先土壤的肥力会被降低；其次这些作物会与茶树争抢土壤中的水分，影响茶树生长，使土壤质量下降，最终导致水土流失的发生。

3. 禁止在茶树周围放养牲畜

德昂族饲养牛和猪等牲畜，每天会放它们出来放养一阵。但是，他们不能在茶树园周围放养牲畜。因为牲畜在觅食的过程中，如果进入茶树园，很容易弄断茶树枝。如果采食了茶树周围的植被，不但会破坏植被下的养水层，还会导致土壤裸露，水分流失。

德昂族居住的区域，地处低纬度高原，年降雨量约 1500 毫米。该区域的水资源季节分布不均，每年的 5 月到 10 月之间集中了全年 80% 多的降水，雨水过多的时候，时常发生山洪。11 月到次年 4 月降雨量少。雨水分布不均极大地影响着作物的生长。在雨季，没有植被保护的山坡很容易发生山体滑坡和泥石流；在旱季，没有植被保护的山坡容易发生干裂和养水层枯竭。德昂族长期在山坡上种植茶树，对与茶树生长密切相关的水土资源有强烈的保护意识，会禁止一切影响茶树生长的活动。这些禁忌在该民族的生产生活中已成为保护环境资源的习惯法。如果从生存的角度来看，德昂族的茶叶信仰其实是该民族寻求生存安全的一种地方性应对策略（李全敏，2015c：112～116）。

四 从茶叶信仰看德昂族传统生态文明的内涵

综上所述，在德昂族的茶叶信仰中，他们把大量种植茶树、培植茶叶作为一种茶图腾祭礼仪式来表达对祖先的追忆和对历史的传承。不难看出，茶叶对德昂族的生存非常重要，而且有其他植物不可比拟的经济和社会价值。古歌中说"茶叶是德昂的命脉"，其实就是在肯定茶叶对德昂族生存的重要价值。维系生存通常有两个层面：一是用自己的产出满足自己的生存需求，二是与他人交换自己不能产出的物品来满足自己的生存需求。对德昂族而言，茶叶在这两个层面都发挥着重要的作用。在第一个层面，德昂族把茶用作药品、菜肴、饮料、仪式祭品等来满足自己的生存需求，表现出茶叶的社会价值；在第二个层面，德昂族用茶叶与他族交换自己不能生产但需要的物品，如盐巴和铁器等，强调茶叶的经济价值。因此，"茶叶是德昂族传统的经济作物"的说法，表面上这是在描述该民族的作物种植历史；但从本质上看，其实体现出的是一种德昂族对维系生存的物质基础的认知，以及该民族对生存环境的一种适应。

随着时间的推移和社会的变迁，德昂族先民的居住地在山坝之间几经迁移，除了在高黎贡山上的德昂寨旧址周围还存留着一些古茶树外，其他德昂先民曾居住过的地方的古茶树资源没有得到很好的保留，留下的只是在该地曾种过茶的遗迹。但这并不能否定德昂族对茶的崇拜之情，无论身居何处，他们始终会在房前屋后栽种茶树，而且在居住地周围的山坡上培植茶园。他们种植茶树和培植茶叶生长，实践着他们对茶崇拜的祭礼。在现代性的笼罩下，现在德昂族的茶树种植也在采用现代技术修剪茶树，促使茶树更好地产出，虽然禁止砍伐茶树这一禁忌已经成为过去式，但是这一禁忌蕴含的保护环境资源的习惯法却意义深刻。

种茶和用茶是德昂族茶叶信仰的主要内容。当他们用古歌传唱是茶叶兄妹用自己的皮肉造就了覆盖大地的植被、是茶叶兄妹达楞和亚楞繁衍了人类的时候，当他们在社会生活和仪式生活中大量用茶，以表现茶叶的超自然力维系人类的生存繁衍的时候，种茶就意味着"种生命"，禁止破坏茶树周围的环境资源就成为必然要遵循的习惯。与茶有关的信仰伦理不但呈现出保护环境资源的生态智慧，而且展现出了维系生命与生存安全的生命观和生态观。于是，德昂族传统生态文明从信仰层面体现出了尊重自然、顺应自然和保护自然的以生态伦理传承为主题的内涵。

综上所述，德昂族传统生态文明以德昂族与茶的互动为主线，在技术、制度、知识、信仰的循环中，呈现出了能体现人与环境资源和谐共生共处的发展理念，是一个文化秩序体：从技术层面反映出了德昂族传承传统农耕文化的技术文化秩序，从制度层面揭示出了德昂族传承社会传统行为规范的制度文化秩序，从知识层面表达出了德昂族传承传统知识的知识文化秩序，从信仰层面阐释出了德昂族传承生态伦理的信仰文化秩序。这些文化秩序协调着德昂族社会中传统与传承、制度与规范、知识与实践、信仰与认知的关系，对区域可持续发展具有历史、文化和社会价值。

第三章　德昂族传统生态文明对区域
可持续发展的价值

区域是一个由人口、资源、环境和发展四个子系统组成的大系统。按照系统论的观点，系统是由相互作用和相互依赖的若干个子系统组合而成的具有特定功能的有机整体，系统功能的强弱与各个子系统之间的结合状况有很大的关系（李秉毅，1998：11～14）。就系统整体性而言，系统的发展要以子系统间的互相协调和适应为前提。可持续发展的实质是人类在经济活动和社会活动中合理地处理人类与生态环境之间的关系，探索经济发展与人口、社会、资源、环境如何保持和谐的关系（郑度，2002：9～13）。也就是说，人口、社会、资源、环境和发展之间的任何一种关系出现问题，都会对其他三方和区域有很大的影响。因此，区域的可持续发展在于各个方面的相互协调和相互适应。

德昂族主要居住在中缅边境线上云南西南部的德宏、临沧和保山三个地州，人口数量以德宏居多。云南西南部是一个山坝交织的多民族聚居区，该区域植被丰富，生态环境良好。该地区受亚热带季风气候的影响，降雨季节多集中在每年的4月到10月之间。德昂族主要居住在山区和半山区，也有部分德昂族村寨搬迁到坝子边缘。长期以来，德昂族与周边其他民族，如傣族、景颇族、汉族等和谐共处，用自己的方式维持着自身与生存环境之间的平衡。在云南开展建设"民族团结进步示范区、生态文明建设排头兵、面向东南亚南亚的辐射中心"的过程中，以德昂族与茶的互动为主线，德昂族传统生态文明对区域可持续发展具有历史、文化和社会价值。

第一节 历史价值

从马克思主义唯物史观看，社会存在决定社会意识，社会意识又反作用于社会存在。德昂族是古老的茶农，该民族善于种茶，种茶是他们主要的传统生计方式。德昂族认为，茶树是不可侵犯的神树，茶叶是神灵之物，是他们的祖先。在德昂族的观念中，种茶就是"种"自己的生命，每逢建寨，必种茶树，且禁止砍伐。这些内容都在说明德昂族用他们的传统生态文明观念，保护着环境资源、平衡着环境承载力，这对区域可持续发展有重要的历史价值，可以从德昂族与环境资源和谐共生共处理念的起源、传承两个层面来分析。

一 德昂族与环境资源和谐共生共处理念的起源

德昂族与环境资源和谐共生共处理念的起源，可以从德昂族对茶叶和人类起源的联系来看。关于人类的起源，每个民族都有自己的传说，这些传说或多或少与某种环境资源相关。在德昂族的传说中，茶叶是人类的创造者。前文已述，德昂族的创世古歌《达古达楞格莱标》通过指出该民族对大地万物和人类起源的认知，不但揭示出德昂族先民在与生态环境的互动中顽强不息以求生存的精神，还把德昂族的尚茶习俗和德昂族先民住岩洞的历史与民族的起源相联系，以此开展对该民族的历史发展进程的描述。

人类从诞生开始就与环境资源相联系，在与生态环境的互动中，与人类生产生活密切相关的环境资源常常成为维系生存的源泉。德昂族用茶叶传递着他们对环境资源的认知，建立了一个有关人与大地万物起源的解释体系，展示出他们对史前时期哲学的科学整合。人与自然的关系、人与社会的关系、人与人的关系以及各类起源和历史在这个体系中都能得到恰当的解释。德昂族认为自己的历史像江河一样源远流长，既有超现实的理论，又具有规范价值观的效力。德昂族通过非生命物质变人说表达了他们对自然与人类起源的思考，显示出与万物起源有关的环境资源都具有特殊的历史和象征意义。

作为一个有语言无文字的民族，德昂族用与其生产生活密切相关的环境资源来说明自身的起源，不但能反映出该民族对生态环境适应的观念，而且揭示出在漫长的历史进程中，德昂族对生态环境的认识呈现出物质与精神整合、身体与灵魂整合、自然与社会整合的特点。茶叶是德昂族最熟悉的具体物质形态，他们把茶叶与万物起源联系在一起，承载着对祖先记忆，构建出他们对环境资源的认知体系，从中揭示出他们与环境资源和谐共生共处的历史性和现实性，还揭示出他们与环境资源和谐共生共处的生态观。随着历史的发展、人类实践能力的提高和实践范围的扩大，人类的认知或多或少都会体现出对早期生存历史和生存状况的记忆。德昂族对茶的知识，是该民族认知环境资源的一个表现形式，把德昂族传统生态文明中与环境资源和谐共生共处的生命观体现出来，这对区域可持续发展具有重要的价值导向作用。

二　德昂族与环境资源和谐共生共处理念的传承

德昂族是中缅跨境民族，在国内有两万人左右，绝大多数聚居在德宏傣族景颇族自治州，少部分散居在临沧市和保山市。这三个地区皆位于云南西南部，互相连接。云南西南部是一个多民族交融的区域，森林覆盖率在60%以上。与当地其他毗邻的民族相比，德昂族属于人口较少的民族。如前已述，云南西南部的生态条件适宜种茶，德昂族仅为该区域的种茶民族之一。与其他种茶民族相比，德昂族是唯一把茶叶认同为大地万物和人类的创始者以及自己的祖先的民族，这种与茶叶的亲属关系认同，不但在云南的其他种茶民族中，甚至在中国其他地方的产茶人群中都不多见。正是这种认同构成了德昂族以茶为主线的传统生态文明的基础，体现出了德昂族与环境资源和谐共生共处的发展观，成为德昂族协调环境承载力的认知理念。

环境承载力是区域可持续发展需要注意的重要因素，主要指某一区域环境对人类社会、经济活动的支持能力的限度（葛春风，2010：1～35）。综观如今的环境问题，大多反映的是人类活动与环境承载力之间的矛盾与冲突。德昂族的人口不多，在其聚居区内，很少存在因人口数量众多导致资源索取过多而破坏环境的问题。而且，德昂族是农耕民族，其生产活动以农业耕作为主，也很少出现因过度工业化而导致环境污染和资源匮乏的问题。德昂族生活的云南西南部与缅甸接壤，是一个多民族聚居区，各民族之间互生共荣，但因现代化和工业化导致外来企业的增多，云南西南部的环境资源被过度开发索取。关注云南西南部的环境承载力以保护区域内的环境资源，对云南西南部甚至云南整体的可持续发展非常重要。就德昂族而言，随着现代化发展和市场经济深入，德昂族的茶叶种植受到新兴经济作物甘蔗和橡胶的影响，种植规模逐渐缩小。临沧的部分德昂族聚居区已经全部开展橡胶种植，保山德昂族世代在高黎贡山老聚居区种植的茶树已成为高黎贡山植被的一部分。在德昂族聚居最多的德宏，尽管甘蔗成为多数家户的主要经济作物，但是他们或多或少都保持着茶叶种植，传承着他们的种茶传统。而且，部分德昂族制茶能手还定期到缅甸的德昂族聚居区展开交流。

经济的发展会影响作物的种植类型和种植规模。但是，作物种植者的农耕传统以及由此形成的一系列的认同、伦理和禁忌，在实践中依然会存在，并会成为协调因外部发展导致的环境承载力失控的主导力量。德昂族种茶的农耕传统及相关的伦理和禁忌产生的人与环境资源和谐共生共处的发展观，对区域可持续发展有着重要的指导作用。

环境资源是指影响人类生存和发展的自然资源，是构建和谐社会不可或缺的资源，是区域可持续发展的物质基础。作为一种资源，环境有两种含义，一种含义是指环境的单个要素（例如，土地、水、空气、动植物等）以及它们的环境状态，另一种是指与环境污染相对应的"环境自净能力"（王天津，2002：1~20）。然而，随着人口的急剧增长和工业化对环境资源的超额索取，保护环境资源已经成为区域可持续发展的必要措施。因此，要实现区域可持续发展，构建和谐社会，必须遏制对环境资源的无序开发、使用和掠夺，通过协调人与人之间在环境资源利用和使用过程中的关系，来完成人与自然的主客体之间的和谐（盛联喜，2003：41~74）。德昂族以茶为主线的传统生态文明，保护着该民族的环境资源，实现着他们与自然之间的和谐。

德昂族聚居的云南西南部是一个坝子和山地互相交织的区域，受亚热带季风气候的影响，一年按干湿两季而分，降雨集中的5月到10月是湿季，降雨不多的10月到次年4月为干季。该区域的生态特点使其适宜农业耕作，这是德昂族主要的生计方式。然而，气候变化决定着农作物的收成情况，即气候呈规律性变化，农作物收成就有保障；如果气候变化无常，则会导致农作物收成减损甚至无收成。因此，因气候无规律变化导致的旱灾或水灾，都会极大地影响农作物收成，进而严重地影响着当地人的生存状况（李全敏，2015b：37）。德昂族长期生活在山区和半山区，以农耕为生，对影响其生存的环境资源非常敬畏。风、云、雨、电及四季更替、昼夜变换是大自然的现象，他们无法控制。土地、水、植被等都是与他们的生存密切相关的环境资源，他们的活动极大地影响着这些环境资源的状态。如果这些环境资源遭到破坏，他们的生存就会受到威胁。所以，德昂族禁止砍伐茶树、禁止在茶树周围开荒种地、禁止在茶树周围放养牲畜等禁忌，归根到底是在用习惯法的形式来帮助他们适应生存环境，防止水土流失，保护环境。

放眼当今世界，环境问题是一个全球性的问题。从水土流失来看，其产生有自然的因素也有人为的因素。降水、地形、植被、土壤、风力等属于自然因素。人为因素是指人们对资源的不合理开发，如随意破坏地表植被、陡坡开荒、不合理的农业耕作、开发建设活动不注意水土保持等。发生水土流失的土地主要有坡耕地、荒山荒坡和沟壑。水土流失严重制约着区域的可持续发展，威胁着区域人口的生命安全。水土流失加剧着洪涝灾害，恶化了生存环境。此外，土地过度开垦、水污染、破坏植被、砍伐无度等现象导致的土地资源肥力丧失、水资源再生循环困难、地表储水层枯竭、山体滑坡、泥石流等危及生存的灾害，都严重破坏着环境资源。因此，能不能有效地保护和合理利用环境资源，关系到区域人口生存和发展，以及区域的可持续发展（赵亮、任虹、李建敏，2014：17~21）。

近年来，社会各个层面都在采取相应的措施应对环境问题。退耕还林是我国保护生态环境的一项重要的战略，其基本措施是"退耕还林，封山绿化，以粮代赈，个体承包"（奉国强，2001：64~71）。退耕还林就是把25°以上的坡耕地转为林地，因地制宜开展植树造林，恢复森林植被，以改善容易造成水土流失的坡耕地的土质，保护和改善环境资源。种茶是恢复坡地植被的一项内容，也是保护水土资源的一种重要途径。云南产茶历史悠久，种茶最为集中的区域在云南西南部，该区域属于印度洋季风影响下的季雨林区，冬暖夏凉，无霜期长，壤层深厚，土质适中偏酸性，适合茶树的生长。据史料记载，早在两千多年前，德昂族的先民濮人就已在该区域种茶。德昂先民受战乱和周围强势族群的影响，不断在山坝之间迁徙。如今在云南西南部的许多地方，虽然已经没有德昂族在居住，但是依然存留着德昂族先民栽培的茶树遗址。直到今天，德昂族没有因为甘蔗等新兴经济作物的传入而停止种茶，尽管种植面积和规模不定，给家庭经济带来的收益不多，但他们一直持续着自己种茶的农耕传统。

在德昂族聚居区，环境资源保护完善，人为造成的水土流失现象不多。德昂族每逢建寨必种茶树、禁止砍伐的传统农耕习俗，其实反映出他们以人地和谐共生为基础的尊重自然、顺应自然和保护自然的生命观，这种生命观对云南西南部乃至云南整体的可持续发展都有着重要的价值。

第二节　文化价值

文化是一种社会历史的积淀，凝结在物质之中又超越物质之外（Tylor，1871）。德昂族不但有悠久的种茶传统，而且有丰富的茶文化。从德昂族创世古歌对茶叶的阐释，到德昂语对茶叶的解释，再到德昂族在日常生活和宗教活动中关于茶叶的知识，都在体现德昂族以茶为主线、与自然和谐共生的传统生态文明，这是一个以尊重传统知识为基础的知识体系，蕴含着丰富的人与环境资源和谐共生的生命观和发展观，对云南西南部甚至整个云南的可持续发展有重要的文化价值。

一　德昂族与环境资源和谐共生共处的文化实践

德昂族有语言无文字，口耳相传是其历史文化传承的主要方式。德昂族与环境资源和谐共生的生命观对区域可持续发展的文化价值，可以从茶叶神话的现实意义来分析。德昂族的创世古歌《达古达楞格莱标》（赵腊林、陈志鹏，1983：140～154）把茶叶与德昂族联系在一起，指出茶叶是万物的阿祖和德昂族的祖先，详述了该民族信仰体系中的生命观和世界观，而且汇集了德昂族先民应对灾难的历史记忆，指出茶叶不但创造了大地万物和人类，还拯救了人类，并且帮助人类战胜各种灾难，维系人类的生存繁衍。

神话不是对过去的反映，而是对现在的映射（Leach，1983）。德昂族的茶叶神话，把茶叶与大地万物和人类的起源联系在一起，不但体现出茶叶具有无穷的超自然力，还体现出茶叶能战胜各种灾难和保护人类先祖生存繁衍。德昂族茶叶神话中对灾难的呈现有分类，按在创世古歌《达古达楞格莱标》中的顺序，灾难大致可以分为七类：生态灾变、洪灾、火灾、雾灾、瘟疫、污染、风灾，而能够消除这七种生态灾害的就是茶。

1. 茶抗生态灾变

古歌在第三部分叙述，茶叶兄妹在天上飘荡几万年，天空逐渐暗淡，为了帮助下凡的茶叶兄妹，天上的茶叶精灵变成日月星辰，"大家出来轮换照明，团结齐心战胜黑暗，太阳妹妹胆子小，只好把白天承担。月亮哥哥胆大身体壮，带着小星弟弟守着晚上。从此黑夜和白天分开，从此大地才有了光明和温暖"。在茶叶神话中，下凡的茶叶兄妹因为欢喜过度而流泪，导致越聚越多的眼泪形成大海，使他们飘在天上无法着陆，时间一长，以致日月星辰因疲劳而无力再帮助他们，最后还是经过日月星辰的排序才分开黑夜，带来白天、光明和温暖。茶叶神话指出，是茶叶分开了白天和黑夜，带来了温暖以抗拒生态灾变。

生态灾变的酿成，是自然力作用的结果，若没有人力的干预，客观存在的自然生态变化的危害是有限的。生态灾变的酿成也不一定是对资源的过度利用，而是在很大程度上与资源利用的方式是否能被相关自然生态系统所兼容有关（罗康智，2006：18）。茶树神话反映出，茶叶精灵变成的日月星辰是自然的客观存在，日月星辰的排序是自然规律的体现，生态灾变是下凡的茶叶兄妹酿造的。联系到今天的人类和社会存在，回应生态灾变不仅仅要尊重自然规律，最主要的是人类对自己的行为要张弛有度。

2. 茶抗洪灾

古歌的第四部分叙述，是茶叶姐妹施展力量，用茶叶防御洪水，是茶叶让洪水退让从而出现了大地。洪水退得越多，土地显出得就越宽。茶叶筑堤坝改变了洪水的方向，土地才显露出来。

在对付灾害时，人类文化能应对灾害并形成应急机制，产生预防手段，能够改变原来的人群关系及其相关模式，促使自己重新思考人类与自然环境的关系（李永祥；2008：44；张原、兰婕，2013：57）。由此，就德昂族茶叶神话中的茶抗洪灾而言，不难看出茶抗洪灾是人类文化对洪灾的回应，茶叶筑堤为应急机制，洪灾退去土地出现时，人类的生活方式、居住条件、族群关系和竞争模式都会发生变化。

3. 茶抗火灾

古歌第四部分出现了四大恶魔——红魔、白魔、黑魔、黄魔，分别代表四种灾难。如果说生态灾变和洪灾主要危害的是茶叶兄妹的生存环境，那么这些不同色彩的"恶魔"则在直接吞噬着茶叶兄妹的健康与生命。其中叙述："要亲骨肉脱灾消难，先扫除凶恶的魔王。请新月化作银弓，求太阳赐给金箭，从大门搬来清风，与星星借的刺芒。彩霞托着姐妹，日月星辰助战。"最终，"金箭把烈火射灭"，消除了红魔火灾。

在自然、文化与象征的关系中，象征符号的产生是为了回应把自然与文化区分开所引发的逻辑困扰，以减少辩证思维的迷惑，象征符号的创造，以自然为基础，以此表达文化形成过程的感觉和认知，即从自然界中获取相关的特征，并把其当作编排文化观念的模型（霍夫曼，2013：1～19）。"红魔"是火灾的符号；金箭来自太阳，箭射出需与弓相配，弓来自月亮；太阳月亮皆为茶叶的精灵化出，这些都形象地把茶抗火灾的情况展示出来。

4. 茶抗雾灾

在古歌第四部分对灾难的描述中，火灾之后就是雾灾。"浓雾蒙蒙……雾迷眼"，"浓雾"是白魔喷出的，对眼睛有极大的危害。战胜火灾后，茶叶姐妹从"天门搬来清风，……清风把浓雾驱散"，雾灾随即消失。"清风"来自天门，是万能之神帕达然赋予茶叶姐妹的，茶叶姐妹用"清风"对抗了雾灾。

人类生存在地球上，根据生态环境和社会环境而发展繁衍。生态环境和社会环境的变化不一致，所导致的灾变在范围和程度等方面也有区别，人类对此的应对措施便各不一样（罗康隆，2011：6）。雾灾是大地上的浓雾造成的，不是一个纯自然灾难，对人类的生命健康特别是眼睛危害很大。来自茶叶姐妹的救治方案，是一种环境治理，借用万能之神帕达然赋予的"清风"清除雾灾，眼睛才不会被迷住。这其实在说明人类的生存安全，是建立在适宜生存的自然环境基础上的。一旦环境出了问题，危害到的是人类自身。

5. 茶抗瘟疫

在古歌第四部分中，瘟疫在雾灾之后发生。"黑魔布下瘟疫阵阵……"，后来茶叶精灵化成的日月星辰前来助战，瘟疫在闪电中消亡。神话是有结构的，神话结构类似于语言结构，而神话故事相当于言语，是有意识的产物，神话结构派生出来的神话故事是神话结构的具体体现（Lévi-Strauss，1958）。尽管神话故事可以表现出社会生活以及人类的愿望，但是神话是调和人类生活基本矛盾的一种手段。前人的思维方式，不是缺乏逻辑，而是以一种与现代人不同的方式，仔细而精确地把我们世界的每个部分都抽象成结构，进行分类和排列，以体现自然秩序和社会秩序，向人们解释世界的秘密（Lévi-Strauss，1962）。在回应瘟疫的过程中，茶叶精灵帮助茶叶姐妹消灭了瘟疫。社会集体情感存在于每一个社会成员的身上而不需要特别说明，因为它深深地印在每个人的意识里。社会成员的集体意识是社会成员信仰和感情的总和，与自身的生活体系密切相关（涂尔干，2000：42）。茶叶神话显示出，茶叶是天上的茶树、茶叶精灵和下凡的茶叶兄妹集体情感的总和与集体意识的依托。茶叶精灵助战消灭瘟疫的过程，其实体现出了人类群体战胜瘟疫的社会性。

6. 茶抗污染

在古歌第四部分中，污染出现在瘟疫之后。对污染的表述是："黄魔撒出乌毒茫茫"，导致"毒穿心"。在对抗污染中，下凡的茶叶姐妹向茶叶精灵化成的星星"借得刺芒……刺芒把乌毒溶化"。

神话中的魔兽与科学中的灾难都处于人类认知能力的边缘。随着现代社会的进步和发展，自然的和技术性的灾难挑战着人的预测与认知能力，而且灾难的发生总是在超越人的预知力（霍夫曼，2013：1～19）。"红魔"带来火灾，"白魔"导致雾灾，"黑魔"布下瘟疫，这些都是破坏人类生存环境、引发人类生命健康受损的灾难。"黄魔"撒出乌毒，这是大地和空气被污染后最严重的后果，直接夺取人类的生命。在茶叶姐妹和茶叶精灵对以上灾难做回应和抵抗的过程中，值得一提的是，其直接表露出了茶叶作为一种常绿植物本身具有健身治疾的自然属性。

7. 茶抗风灾

古歌的第五部分叙述，"黑风横扫大地"，吹散了茶叶兄妹辛苦打造的家园，打破了他们平静快乐的日子。茶叶姐妹飘在空中，是茶叶兄弟"达楞"想出了用青藤编圈的方法，把茶叶小妹"亚楞"从空中套了下来，其他兄弟才纷纷仿效。用藤圈对抗风灾，是茶树神话对合理利用植被资源的阐述。反思今天的风灾，如果避免不了自然因素的影响，栽培和保护植被资源以及禁止乱砍滥伐是人类可以做到的，有了植被的庇护，将减少一些风灾带来的危害。德昂族茶叶神话对灾难的回应，正是体现出人类用本土实践回应物质环境特性的知识和策略。

应对灾难的历史记忆是一个历史与现实的交汇体。有关灾难历史记忆的本真问题涉及了灾难记忆的官方版和民间版（范可，2011：38）。官方版本与国家和英雄有关，而民间版本则与神话等的口传文化密切相关。半山半坝是德昂族分布区域的生态特点，他们以农业耕作为主要生产活动，气候的变化决定着农作物收成的情况。面对气候变化不规律带来的各种灾难，德昂族在长期的生产生活中积累了应对灾难的丰富方法。德昂族的茶叶神话就在说明德昂族用茶叶应对灾难的历史。从古歌中"茶叶是德昂的命脉，有德昂的地方就有茶山"的说法看，茶叶神话不但表达出了该民族维系生存环境和生存安全的地方性知识，更重要的是表达出了用茶维系生命健康的传统生态文明。

前文已述，就人类与自身及周围环境的相处之道来思考生态文明的产生，生态文明其实是一种古老的人类文明形态，与人类生存和发展密切地联系在一起，自人类产生之初就存在了。所以，面对今天的生态危机和环境问题，关注灾难记忆，了解人类应对灾难的知识传统，把传统生态文明与区域可持续发展相结合，有助于思考当今人类面对生存考验的适应与选择。

二　德昂族与环境资源和谐共生共处的文化机制

云南是一个多民族聚居的以农耕为主的文化生态区域，该区域的作物收成和生存安全极大地受到当地环境资源状况的影响。在长期与山地环境共生的过程中，从德昂族与茶的互动中体现出的该民族与环境资源和谐共生共处的生命观和发展观，对区域可持续发展有着重要的文化价值，这可以从农耕文化机制、制度文化机制、传统文化机制以及信仰文化机制来分析。

1. 农耕文化机制

德昂族的农耕文化机制，是德昂族传统生态文明中显示其农耕文化秩序的基础，以农耕活动传统及其区域的生态特点为背景，来显示出他们对传统农耕生计方式的认同与适应。就种茶历史而言，德昂族在长期的农耕生产历史进程中，把粮食作物与茶叶相结合，突出该民族的生命、生存、生产和生活相联系的重要性，反映了德昂族与环境资源之间的互动以及对其的认知。就茶叶种植的内涵而言，德昂族的农耕活动传统具体表现为有着把茶叶种植与生命延续相结合的耕作理念，以此表达该民族以农耕活动传统为基础的生命观和发展观。就茶叶种植的现状而言，德昂族通过规模有限的茶叶种植传承着他们的农耕活动传统，这是该民族实现作物种植多样性以及促进环境资源持续利用的重要途径。这样，德昂族传统生态文明对区域可持续发展的文化价值就在其农耕文化机制的实践中体现出来。

2. 制度文化机制

德昂族的制度文化机制，是德昂族生态文明中显示其制度文化秩序的基础。德昂族在日常生活中把茶叶与馈赠、协调社会关系相结合，在仪式活动中把茶叶和草烟或者盐巴相结合，揭示出了德昂族与非德昂族之间的社会交往、德昂族社会内部个人与家庭交往以及亲属之间交往的民间制度。特别是在仪式祭祀中，德昂族把茶叶和草烟相组合并以此解释社会与人群的内外交往和互相交往保持平衡的重要性。从生存的视野看，茶叶与草烟的组合表露出了德昂族的生存逻辑及其维系生存的秩序规范，它们互相依存和互通有无，在互动中保持平衡，把人类生存的自然性和社会性展现出来。德昂族社会就在与茶叶互动形成的制度文化机制中平衡有序地运转着，德昂族传统生态文明对区域可持续发展的文化价值就在其制度文化机制的实践中体现出来。

3. 传统文化机制

德昂族的传统文化机制，是德昂族生态文明中显示其传统文化秩序的基础，以传统知识为主题，联系着人们的思维模式、行为规范及文化特征。就德昂族对茶叶的分类和认知以及他们用茶的传统知识来看，这表露出了人与自然、人与社会、人与人之间维持平衡和谐的秩序规范的必要性。其中，德昂语对茶叶的表述，不但折射出该民族对茶叶的分类和认知及其用茶的传统知识，而且透视出该民族维系生命、生存和生活的文化秩序规范。德昂族对茶叶的自然属性和社会属性的认知过程，揭示出了该民族对生存环境的适应和选择，而且以饮用、食用、药用和社交用的途径来阐释他们对环境资源的适应和选择。通过生产、交换和消费的循环，德昂族用茶的传统知识又把茶叶的自然属性和社会属性相整合，由此阐释出德昂族对环境资源的自然性与社会性的辨析。于是，德昂族传统生态文明对区域可持续发展的文化价值就在其传统文化机制的实践中体现出来。

4. 信仰文化机制

德昂族的信仰文化机制，是德昂族生态文明中显示其信仰文化秩序的基础。

上文有述，德昂族崇拜和信仰茶，在茶叶信仰中，他们把种茶树当作一种对茶图腾的祭礼仪式，以传递对祖先历史的记忆。特别是德昂族的创世古歌反复强调"茶叶是德昂的命脉"，再一次把茶叶对德昂族生存的重要性体现出来。

在德昂族的信仰文化机制中，种茶和用茶是该民族茶叶信仰的主要内容。德昂族与茶有关的信仰文化机制不但呈现出保护环境资源的生态智慧，而且揭示出该民族维系生命与生存安全的观念。因此，德昂族传统生态文明对区域可持续发展的文化价值就在其信仰文化机制的实践中得以体现。

此外，德昂族传统生态文明对区域可持续发展的文化价值还可以从自然灾害预警的文化机制和农耕知识传统的文化实践两个层面来看。第一是自然灾害预警的文化机制。德昂族生活在山地生态环境中，由于生态环境变迁和降雨的不规律，其生活区域时不时会有旱灾、水灾和泥石流发生，严重地影响着他们的生产和生活。德昂族以生产和生活经验为基础，在农耕活动中，积累了一套自然灾害预警的文化机制，主要体现在对天气变化的预测和对环境资源变化的回应中。从田野调查得知，德昂族对天气的预测一般是通过日常生活中小动物的变化开展的。降雨的征兆可见于"章达达"鸟叫、山中竹鸡叫、飞蚂蚁满天飞等表象，这些来自鸟、竹鸡和飞蚂蚁的异常活动暗示着降雨即将发生。下雨的时候牛跳、蚂蚁飞，这些表象预示着雨要停了，天要晴。这些与动物相关的表征表达出的天气变化有不同的含义，降雨是解除旱情的征兆，也是对预防洪灾的预警，在遭遇洪灾的地方，天晴是解除洪灾的信号；在易发生旱灾的地方，是对预防旱灾的预警（李全敏，2013b：16～20）。这些事项阐释出的德昂族农耕活动中的民间气象知识，是该民族长期与环境资源互动的经验积累，这为目前社会的灾害预防提供了地方应对的文化实践，同时把人类对生态环境的适应性与应对灾变的预警文化机制联系起来，再一次从传统文化机制的层面体现出了德昂族传统生态文明对区域可持续发展的文化价值。

第三节　社会价值

德昂族传统生态文明是一个以人与环境资源和谐共生的发展理念为主题的文化秩序体，其对区域可持续发展不仅有历史价值、文化价值，还有社会价值。德昂族传统生态文明对区域可持续发展的社会价值可以通过德昂族与环境资源和谐共生共处的社会规则和行为规范来分析。

一　德昂族与环境资源和谐共生共处的社会规则

德昂族传统生态文明蕴含着德昂族与环境资源和谐共生共处的规则。上文有述，德昂族尚茶、种茶，在日常生活和仪式活动中大量地用茶，根据不同场合有着不同的用茶规则，协调并建构着德昂族内外的社会关系和社会认同。

1. 用茶规则与德昂族的社会关系

从田野调查得知，德昂族的社会关系分为民族内部的社会关系和民族外部的社会关系。就德昂族内的社会关系而言，德昂族通常使用茶叶与草烟或盐巴的组合，通过日常交往、仪式祭祀和纠纷处理来理顺彼此之间的关系。日常交往主要以闲暇时走亲访友为基本形式，见面会彼此传递装有茶叶与草烟的袋子"ba ge bao"，邀请对方饮茶嚼烟。仪式祭祀可分为生命周期仪式、生命危机仪式、家庭做摆仪式和年度仪式，茶叶与草烟结合为一种重要的仪式信物，在不同的仪式活动中加以运用以表达不同的含义和社会关系。

生命周期仪式是德昂族确认和巩固自己的身份认同与社会地位的仪式，

在给新生儿起名的仪式中，用来邀请老人给新生儿起名的茶叶草烟包是"ba ge liam"；老人给新生儿起名后，新生儿就有了在德昂族社会中的身份。在求婚仪式中，茶叶草烟包"ja lim dib chiu"是求婚的信物，"ja kon son hu"是求婚成功的信物，一旦这两个信物在男女双方间正常流动，就意味着新的家庭关系即将产生。在婚礼仪式中，茶叶草烟包"ba zhe"和"ba ge liam"是举行婚礼的信物，这是在表达家庭关系的稳固和扩展。在丧葬仪式中，请仪式专家主持葬礼和念经要用茶叶草烟包"ba gau"，表示死者个人的社会角色和社会关系的结束。生命危机仪式是德昂族驱病防灾以求平安健康的仪式，主要在家里有人生病或新房刚盖好还没有入住的时候举行。在这类仪式中，有茶叶与草烟组合"guru"和"tu"，与其他的仪式祭品相结合，通过表达对消灾驱病的祈愿，稳定着家庭关系。家庭做摆仪式是德昂族祭祀祖先的仪式，茶叶草烟包"guru"是做摆人家重要的仪式祭品，也是在仪式快结束的时候馈赠仪式专家和仪式参与者、帮忙者的物品，用以表达祭祀人家"心意"的传递，以巩固祖先认同和家族关系的连接。年度仪式几乎都是集体仪式，从烧白柴到泼水节，又到佛诞的进洼、供包和出洼，再到供黄单，这些仪式用到的茶叶草烟包"guru"和"tu"以及祭寨心用到的"tu"，都是集体准备的。这就把集体与个人联系起来，在仪式祭祀中稳定着集体与个人的社会关系。

德昂族在日常生活中会有矛盾和纠纷发生，他们常用茶叶作为道歉的信物，假如用其他物品或金钱作为道歉的信物，矛盾和纠纷不但得不到解决，甚至还会被激化加深。在德昂族的观念中，茶叶比金钱重要，只有用茶叶，才能表达彼此的心意和诚意。

由此看出，德昂族在日常生活和仪式活动中的用茶规则，协调着德昂族的个人、家庭、家族、邻里与外族的社会关系，揭示出德昂族社会中构建和谐社会关系的内涵。

2. 用茶规则与德昂族的社会认同

认同是一个术语，一般用来描述个体作为一个独立的实体对自我的理解，人类学家通常用该术语指称以独特的和个性的假设为基础以区别于他者的自我想法。认同可以被看成一个群体现象，以祖先崇拜和共同生物学特征为标准，用自我意识来表达一个群体的归属（Keyes，1976：202 –

213）；认同可以被看成是民族性的一种形式，它是由主观描述出的某些特征的政治选择造成的，以此解释为区别他人而具有独特意识的自我概念（Barth，1969：54－89）。

德昂族在日常生活和仪式活动中的用茶规则，揭示了德昂族对环境资源和谐共生共处规则的社会认同，主要表现在馈赠认同和关系认同两个方面。馈赠认同是德昂族社会交往的价值体现，就德昂族与非德昂族的交往而言，德昂人家在客人离开前会给客人馈赠些自制的茶叶，并把馈赠的茶叶与自己的心意相联系，通过馈赠行为传递彼此之间对馈赠的认同。关系认同是德昂族社会交往的功能体现，与馈赠认同密切相连。来访的客人接受了德昂人家馈赠的茶叶，就接受了来自德昂人家的心意，如同特纳描述的恩丹布社会组织的代码和价值中牛奶树的作用一样（Turner，1973：21），馈赠茶叶成了一种连接社会关系的信物，非德昂族客人接受了茶叶馈赠，就表达出他们与德昂人家的关系认同。在德昂族之间的交往中，茶叶馈赠发生在彼此的日常交往、仪式活动和纠纷处理中，用法含义多样，超越心意的表达，更多地联系着德昂族个人与家庭、家庭和家族之间的社会关系。在邀请彼此饮茶嚼烟、邀请仪式先生主持仪式活动等范畴中，以茶叶馈赠为主的用茶规则更多显示出的是对彼此间社会关系的认同。

二　德昂族与环境资源和谐共生共处的行为规范

德昂族在日常生活和仪式活动中的用茶规则，揭示了德昂族与环境资源和谐共生共处的行为规范，具有社会治理和社会整合的功能（李全敏，2015a：68～71），外显出德昂族传统生态文明对区域可持续发展的社会价值。

1. 行为规范与社会治理

德昂族与茶关系密切，他们通过与茶的互动把与环境资源和谐共生共处的行为规范体现出来，在德昂族社会中起着社会治理的作用。从技术层面看，德昂族种茶的行为规范联系着农耕文化秩序；从制度层面看，德昂族用茶的行为规范联系着制度文化秩序；从知识层面看，德昂族对茶叶的分类和认知及其相关的传统知识联系着传统文化秩序；从信仰层面看，德昂族对茶叶的信仰联系着信仰文化秩序。这揭示出了德昂族与环境资源和谐共生共处的行为规范，对德昂族的社会治理起着重要的作用。

在德昂族的社会治理中，德昂族与环境资源和谐共生共处的行为规范，显示出了法与传统的并存和交替。法作为社会的一部分与规则密切相连。法的道德由民族性而定，植根于民族的历史之中，如同风俗一样，其来源密切联系着共同的信念和意识（Savigny, 1814: 1 - 10）。德昂族通过与茶叶有关的行为规范，在日常消费、社会交往和仪式活动中表达着对传统和习惯的遵循，及其对社会关系和社会认同的协调与实践。

由此看出，德昂族把茶与他们的行为规范联系在一起，使其成为在国家法之外开展本民族社会治理的一种民间法。德昂族的例子说明，地方社会都有自己开展社会治理的行为规范，尊重和了解这些行为规范对区域可持续发展有着重要的社会价值。

2. 行为规范与社会整合

以与茶的互动为基础，德昂族与环境资源和谐共生共处的行为规范，在社会中不但具有社会治理的作用，还具有社会整合的作用。如前所述，德昂族在农耕生产活动、日常生活消费、仪式祭祀、纠纷解决等方面都要用茶，用茶规则联系着新的社会关系的产生和已有的社会关系的维持，以及以家庭和家族联盟为主的新的社会单位的产生与对已有家庭和家族联盟的维系。

例如，茶叶的仪式性消费，是在结婚仪式、丧葬仪式和祖先祭祀仪式中发生的，联系着德昂族对彼此新的家庭和家族联盟关系的认同（李全敏，2015b: 36~41）。这种关系与边界的过程（外显于结婚仪式和丧葬仪式）有关。这种关系认同可以被看成一个群体现象，以祖先崇拜（外显于祖先祭祀仪式）为标准来表达一个群体的归属。这种关系认同也可以被看成民族性的一种形式，是由主观描述出的某些特征的政治选择造成的（外显于跨境而居），阐释源于区别他人的、具有独特仪式的自我概念。因此，德昂族就用茶显示出与环境资源和谐共生共处的行为规范，把德昂族社会有序地整合起来。

茶叶是当今社会中大众消费的一种饮品，不仅可以用来解读中国社会和西方社会在物质消费中的品位和时尚差异，还能解读消费者之间的关系认同。对于生活在我国西南边疆的德昂族，跨境而居的格局没有影响到该民族的种茶传统和尚茶习俗。该民族除了日常消费外,在仪式活动中也大量用茶。他们对茶叶的仪式性消费不受地缘政治的影响,而是通过互相的亲缘关系,不断凝聚着境内外德昂族彼此之间的关系认同。

区域的可持续发展通常与地缘政治有关。德昂族以茶叶为主线表现着其传统生态文明对区域可持续发展的历史、文化和社会价值,这对开展与区域可持续发展相关的探索、融合和对话具有重要的意义。

与现代工业化对资源的索取已经超出了自然承受能力而引发出的生态危机严重危及人类的生存和发展相比较,人类对自然的农耕生活方式遵循着自然规律,通过一系列相关的技术、制度、知识和信仰来开展,尽管周期长、收获慢,但人与自然的关系是良性互动的。

本书提出的以与茶的互动为主线的德昂族传统生态文明,反映出人类与自然共生理念的历史性和现实性。德昂族的先人可追溯到"濮人",他们是2000多年前生活在中国西南部的一个古老族群,据史料记载,该族群普遍种茶。由此看出,远在2000年前,种茶就是中国西南部的主要生计活动。而且,德昂语对茶叶的称呼的产生就是对茶叶的功能首先是治病救人的写照。德昂族的创世古歌《达古达楞格莱标》记载,茶叶是万物的阿祖,是人类的祖先,天地间的自然万物都是茶叶变的。由此看出,德昂族与茶的关系,不只是某种自然环境影响下的特色文化。从语言到神话都反映出倡导人类与自然共生的理念。在云南"民族团结进步示范区、生态文明建设排头兵、面向东南亚南亚的辐射中心"的建设中,德昂族传统生态文明所体现出来的人与环境资源和谐共生共处的生命观和发展观以及相关的文化秩序,对区域可持续发展有着重要的实践意义。

第四章　德昂族传统生态文明对区域可持续发展的探索

德昂族主要聚居在德宏傣族景颇族自治州、临沧市和保山市。德宏傣族景颇族自治州（以下称为"德宏"）和保山市（以下称为"保山"）位于云南西南部，临沧市（以下称为"临沧"）位于云南南部。德昂族生活在一个山坝交借的区域，这里受亚热带季风气候的影响，主要以农耕为生。在这个区域中，德昂族以村落为单位，主要与傣、汉、景颇、阿昌、傈僳等民族毗邻。本章就以德昂族村落为基础，通过对其生计方式的对比与分析，来讨论当地环境资源的制度与管理、文化变迁的适应与选择，以及民族之间的团结与互助的具体内容和特点。

第一节　生计方式的对比与分析

生计方式是指人类群体在适应环境过程中维系生存的基本手段，不但具有经济性和文化性，而且具有区域性和民族性。生计方式是构成生态环境相似的区域中物质文化的基础，与人们的生产工具种类、搬运重物的方式、居住特点、房屋类型、生活用具、饮食口味、生活习惯以及人们的价值观念和信仰、哲学密切相关。

德昂族村落绝大多数分布在德宏，部分在临沧，少量在保山。从生态环境看，德昂族村落大多位于山区和半山区，少数位于坝子。据田野调查与观察发现，位于山区和坝区的德昂族村落的生计方式主要以作物种植为主，种植项目主要有粮食作物和经济作物。山与坝的村落之间因生态条件、生存方式和发展特点的不同，其作物种植类型较为多样化。

一　德昂族村落的分布

德昂族是我国人口数量在 10 万人以下的人口较少民族之一，主要分布在云南的德宏、临沧和保山。

根据当地民族宗教部门提供的材料及"云南数字乡村"的统计，不包括城市人口，2015 年底，德宏有德昂族 15348 人，德昂族村落 60 个；临沧有德昂族 4226 人，德昂族村落有 14 个；保山有德昂族 866 人，德昂族村落有 3 个。具体分布情况见表 4 - 1。

表 4 - 1　德昂族村落的主要分布

州（地）	市（县）	乡（镇）	人口主要分布的村寨	户数	人口
德宏傣族景颇族自治州（60）	芒市（37）	三台山德昂族乡（21）	勐丹村：勐丹、南虎老寨、南虎新寨、沪东娜、勐么、马脖子一组、马脖子二组、冷水沟、护拉山、帮囊、广纳 出冬瓜村：出冬瓜一组、出冬瓜二组、出冬瓜三组、出冬瓜四组、卢姐萨、早外 帮外村：帮外、上帮、帕当坝 允欠：允欠三组	1088	4484
		芒市镇（2）	河心场：土城 回贤村：芒龙山	22	106
		勐戛镇（4）	勐稳村：香菜塘、风吹坡 勐戛村：茶叶箐 勐旺村：弯手寨	421	1884
		五岔路乡（3）	五岔路村：帮岭三队 梁子街村：老石牛 新寨村：横山	312	1332
		中山乡（3）	芒丙村：小街 赛岗村：等线、波戈	137	678
		遮放镇（4）	弄坎村：芒棒、贺焕 河边寨村：拱撒 拱岭村：拱送	259	1204
	瑞丽市（10）	畹町镇（3）	芒棒村：芒棒、回环 混板村：华我	299	1170
		勐卯镇（1）	姐岗村：贺德	31	119

续表

州（地）	市（县）	乡（镇）	人口主要分布的村寨		户数	人口
德宏傣族景颇族自治州（60）	瑞丽市（10）	勐秀乡（3）	勐秀村：广卡、雷门、南桑		127	497
		户育乡（3）	户育村：户育、雷贡		153	609
			弄贤村：弄贤			
	陇川县（7）	章凤镇（6）	章凤村：云盘		516	2089
			芒弄村：南多			
			户弄村：芒棒、费顺哈、费刚			
			拉勐村：弄模			
		景罕镇（1）	景罕村：景哏		80	238
	梁河县（3）	河西乡（1）	勐来村：二古城		102	414
		九保乡（2）	勐宋村：上白路、下白路		67	238
	盈江县（3）	新城乡（2）	杏坝村：松山一组、松山二组		55	202
		旧城镇（1）	新民村：小辛寨		18	84
临沧市（14）	镇康县（8）	南伞镇（7）	白岩村：白岩、硝厂沟		619	2039
			哈里村：哈里、下寨、中寨、大寨、火石山			
		军赛乡（1）	岔路村：红岩组		76	230
	耿马县（5）	孟定镇（4）	下坝村：红木林		316	1328
			班幸村：班幸、大湾塘、千家寨			
		勐简乡（1）	勐简村：新寨		39	159
	永德县（1）	崇岗乡（1）	团树村：豆腐铺组		113	470
保山市（3）	隆阳区（3）	潞江镇（3）	芒颜村：大中寨、那线寨		217	866
			石梯村：白寨			

二 德昂族村落的生计方式

由表4-1可见，在德昂族村落的总数中，近80%的村落分布在德宏境内，其中以芒市居多；在芒市内，又多集中在三台山德昂族乡（见图4-1）。

73

图 4 - 1　三台山乡德昂族村落一角（李全敏拍摄）

1. 德宏州芒市三台山德昂族乡的德昂族村落

三台山德昂族乡是全国唯一的德昂族乡，是德昂族最集中的聚居区，位于芒市西南部，距芒市市政府所在地 22 公里处，在 320 国道旁，地处北纬 24°14′30″~24°24′05″，东经 98°28′52″~98°28′07″，东临勐戛和风平，南接遮放，西靠五岔路，北接轩岗。乡辖勐丹、出冬瓜、允欠、帮外 4 个村民委员会，36 个自然村，其中德昂族有 21 个村，景颇族有 7 个村，汉族有 8 个村。根据 2015 年统计，德昂族 1088 户 4484 人；景颇族 326 户 1163 人；汉族 381 户 1585 人。勐丹村委会有 11 个德昂族村，分别是勐丹、南虎老寨、南虎新寨、沪东娜、勐么、马脖子一组、马脖子二组、冷水沟、护拉山、帮囊、广纳。出冬瓜村委会有 6 个德昂族村，分别是出冬瓜一组、出冬瓜二组、出冬瓜三组、出冬瓜四组、卢姐萨、早外。帮外村委会有 3 个德昂族村，分别是帮外、上帮、帕当坝。允欠村委会有 1 个德昂族村，即允欠三组。

从田野调查得知，三台山乡的德昂族村落大多位于山区，所有村落的生计方式皆以作物种植为主。勐丹村的作物种植有两类，以稻谷为主的粮食作物种植和以甘蔗、茶叶为主的经济作物种植。在经济作物种植中还包括板栗、八角、香蕉，除了作物种植外，村民还经营养殖业。

南虎老寨的作物种植有两类，以稻谷为主的粮食作物种植和以甘蔗、茶叶为主的经济作物种植，还包括八角和坚果。除了作物种植外，村民还经营养殖业。

沪东娜的作物种植有两类，以稻谷为主的粮食作物种植和以茶叶、甘蔗为主的经济作物种植。在经济作物种植中还包括香蕉和咖啡。除了作物种植外，村民还经营养殖业。

勐么村的作物种植有两类，以稻谷为主的粮食作物种植和以甘蔗为主的经济作物种植。在经济作物种植中还包括茶叶和香蕉。除了作物种植外，村民还经营养殖业。

马脖子一组、二组的作物种植有两类，以稻谷为主的粮食作物种植和以甘蔗为主的经济作物种植。在经济作物种植中还包括茶叶、八角和板栗。除了作物种植外，村民还经营养殖业。

冷水沟村的作物种植有两类，以稻谷为主的粮食作物种植和以甘蔗为主的经济作物种植。在经济作物种植中还包括茶叶和花椒。除了作物种植外，村民还经营养殖业。

护拉山村、帮囊村、广纳村的作物种植有两类，以稻谷为主的粮食作物种植和以甘蔗为主的经济作物种植。在经济作物种植中还包括茶叶和八角。除了作物种植外，村民还经营养殖业。

出冬瓜一组、二组、三组、四组的作物种植有两类，以稻谷为主的粮食作物种植和以甘蔗为主的经济作物种植。在经济作物种植中还包括茶叶和八角。除了作物种植外，村民还经营养殖业。

卢姐萨村的作物种植有两类，以稻谷为主的粮食作物种植和以茶叶、甘蔗为主的经济作物种植。除了作物种植外，村民还经营养殖业。

早外村的作物种植有两类，以稻谷为主的粮食作物种植和以甘蔗为主的经济作物种植。在经济作物种植中还包括茶叶、澳洲坚果和板栗。除了作物种植外，村民还经营养殖业。

帮外村、上帮村的作物种植有两类，以稻谷为主的粮食作物种植和以甘蔗为主的经济作物种植。在经济作物种植中还包括茶叶和咖啡。除了作物种植外，村民还经营养殖业。

帕当坝村的作物种植有两类，以稻谷为主的粮食作物种植和以茶叶、甘蔗为主的经济作物种植。除了作物种植外，村民还经营养殖业。

允欠三组的作物种植有两类，以稻谷为主的粮食作物种植和以甘蔗为主的经济作物种植。在经济作物种植中还包括茶叶和咖啡。除了作物种植外，村民还经营养殖业。

2. 德宏州芒市其他乡镇的德昂族村落

德宏芒市其他乡镇的德昂族村落分散在芒市镇、勐戛镇、五岔路乡、中山乡和遮放镇。其中，芒市镇有 2 个村，勐戛镇有 4 个村，五岔路乡有 3 个村，中山乡有 3 个村，遮放镇有 4 个村。从田野调查得知，这些村落的生计方式都是以作物种植为主。

芒市镇的德昂族村落是土城村和芒龙山村。土城村属于河心场村委会。土城村的作物种植有两类，以水稻为主的粮食作物种植和以茶叶为主的经济作物种植。芒龙山村属于回贤村委会，作物种植有两类，以水稻为主的粮食作物种植和以茶叶为主的经济作物种植。

勐戛镇的德昂族村落是香菜塘村、风吹坡村、茶叶箐村和弯手寨村。香菜塘村属于勐稳村委会，作物种植有两类，以稻谷为主的粮食作物种植和以茶叶为主的经济作物种植，在经济作物种植中还包括甘蔗；风吹坡村属于勐稳村委会，作物种植有两类，以稻谷为主的粮食作物种植和以茶叶、甘蔗为主的经济作物种植；茶叶箐村属于勐戛村委会，作物种植有两类，以稻谷为主的粮食作物种植和以茶叶、甘蔗为主的经济作物种植；弯手寨村属于勐旺村委会，作物种植有两类，以稻谷为主的粮食作物种植和以茶叶为主的经济作物种植，在经济作物种植中还包括咖啡、坚果和竹子。

五岔路乡的德昂族村落是帮岭三队、老石牛村和横山村。帮岭三队属于五岔路村委会，作物种植有两类，以稻谷为主的粮食作物种植和以茶叶为主的经济作物种植；老石牛村属于梁子街村委会，作物种植有两类，以稻谷为主的粮食作物种植和以茶叶为主的经济作物种植；横山村属于新寨村委会，作物种植有两类，以稻谷为主的粮食作物种植和以茶叶为主的经济作物种植，在经济作物种植中还包括甘蔗、坚果和核桃。

中山乡的德昂族村落是小街村、等线村和波戈村。小街村属于芒丙村委会，作物种植有两类，以稻谷为主的粮食作物种植和以茶叶为主的经济作物种植；等线村、波戈村属于赛岗村委会，作物种植有两类，以稻谷为主的粮食作物种植和以茶叶为主的经济作物种植。

遮放镇的德昂族村落是芒棒村、贺焕村、拱撒村和拱送村。芒棒村、贺焕村属于弄坎村委会，作物种植有两类，以稻谷为主的粮食作物种植和以甘蔗为主的经济作物种植；拱撒村属于河边寨村委会，作物种植有两类，以稻谷为主的粮食作物种植和以甘蔗为主的经济作物种植，在经济作物种植中还包括橡胶；拱送村属于该镇拱岭村委会，作物种植有两类，以稻谷为主的粮食作物种植和以甘蔗为主的经济作物种植。

3. 德宏州瑞丽市的德昂族村落

瑞丽的德昂族村落主要分布在畹町镇、勐卯镇、勐秀乡、户育乡。其中，畹町镇有3个村，勐卯镇有1个村，勐秀乡有3个村、户育乡有3个村。

畹町镇的德昂族村落是芒棒村、回环村和华我村。芒棒村、回环村属于芒棒村委会，作物种植有两类，以水稻、玉米为主的粮食作物种植和以甘蔗为主的经济作物种植；华我村属于该镇混板村委会，作物种植有两类，以水稻、玉米为主的粮食作物种植和以甘蔗为主的经济作物种植。

勐卯镇的德昂族村落是贺德村。贺德村属于姐岗村委会，作物种植有两类，以水稻为主的粮食作物种植和以柠檬为主的经济作物种植。

勐秀乡的德昂族村落是广卡村、雷门村、南桑村，都属于该乡勐秀村委会。广卡村的作物种植有两类，以稻谷为主的粮食作物种植和以甘蔗为主的经济作物种植，在经济作物种植中还包括麻竹；雷门村的作物种植有两类，以稻谷为主的粮食作物种植和以甘蔗为主的经济作物种植，在经济作物种植中还包括柚子；南桑村的作物种植有两类，以稻谷为主的粮食作物种植和以甘蔗为主的经济作物种植，在经济作物种植中还包括柠檬。

户育乡的德昂族村落是户育村、雷贡村和弄贤村。户育村和雷贡村属于户育村委会。户育村、雷贡村的作物种植有两类，以稻谷为主的粮食作物种植和以甘蔗为主的经济作物种植，在经济作物种植中还包括橡胶和柠檬；弄贤村属于弄贤村委会，作物种植有两类，以水稻为主的粮食作物种植和以甘蔗为主的经济作物种植，在经济作物种植中还包括橡胶和柠檬。

4. 德宏州陇川县的德昂族村落

陇川的德昂族村落主要分布在章凤镇和景罕镇。其中，章凤镇有6个村，景罕镇有 1 个村。

章凤镇的村落是云盘村、南多村、芒棒村、费顺哈村、费刚村、弄模村。云盘村属于该镇章凤村委会，作物种植有两类，以水稻为主的粮食作物种植和以红土晒烟为主的经济作物种植；南多村属于芒弄村委会，作物种植有两类，以水稻为主的粮食作物种植和以甘蔗、黄土晒烟为主的经济作物种植；芒棒村、费顺哈村、费刚村属于户弄村委会，作物种植有两类，以水稻为主的粮食作物种植和以甘蔗为主的经济作物种植；弄模村属于拉勐村委会，作物种植有两类，以水稻为主的粮食作物种植和以甘蔗为主的经济作物种植，在经济作物种植中还包括烟和西瓜。

景罕镇的村落是景哏村。景哏村属于该镇景罕村委会，作物种植有两类，以水稻为主的粮食作物种植和以甘蔗为主的经济作物种植。

5. 德宏州梁河县的德昂族村落

梁河的德昂族村落主要分布在河西乡和九保阿昌族乡（以下简称"九保乡"）。其中，河西乡有 1 个村，九保乡有 2 个村。

河西乡的村落是二古城村。二古城村属于勐来村委会，作物种植有两类，以水稻为主的粮食作物种植和以甘蔗为主的经济作物种植，在经济作物种植中还包括油菜。

九保乡的村落是上白路村和下白路村。上白路村和下白路村属于勐宋村委会，作物种植有两类，以水稻为主的粮食作物种植和以甘蔗为主的经济作物种植。

6. 德宏州盈江县的德昂族村落

盈江的德昂族村落主要分布在新城乡和旧城镇。其中，新城乡有 2 个村，旧城镇有 1 个村。

新城乡的村落是松山一组和松山二组。松山一组和松山二组属于杏坝村委会。松山一组的作物种植有两类，以水稻为主的粮食作物种植和以甘蔗为主的经济作物种植，在经济作物种植中还包括咖啡；松山二组的作物种植有两类，以水稻为主的粮食作物种植和以甘蔗为主的经济作物种植。

旧城镇的村落是小辛寨。小辛寨属于新民村委会，作物种植有两类，以水稻为主的粮食作物种植和以甘蔗为主的经济作物种植。

7. 临沧市镇康县的德昂族村落

镇康县的德昂族村落主要分布在南伞镇和军赛乡。其中，南伞镇有 7 个村，军赛乡有 1 个村。

南伞镇的村落是白岩村、硝厂沟村、哈里村、下寨村、中寨村、大寨村和火石山村。白岩村和硝厂沟村属于白岩村委会，作物种植有两类，以水稻、玉米为主的粮食作物种植和以甘蔗为主的经济作物种植。

哈里村、下寨村、中寨村、大寨村和火石山村属于哈里村委会。哈里村的作物种植有两类，以水稻、玉米为主的粮食作物种植和以橡胶为主的经济作物种植；下寨村的作物种植有两类，以水稻、玉米为主的粮食作物种植和以甘蔗为主的经济作物种植；中寨村的作物种植有两类，以水稻、玉米为主的粮食作物种植和以膏桐为主的经济作物种植；大寨村的作物种植有两类，以水稻、玉米为主的粮食作物种植和计划以甘蔗为主的经济作物种植，在经济作物种植中计划包括橡胶和核桃；火石山村的作物种植有两类，以水稻和玉米为主的粮食作物种植和计划以甘蔗为主的经济作物种植，在经济作物种植中计划包括橡胶和核桃。

军赛乡的村落是红岩组。红岩组属于岔路村委会，作物种植有两类，以水稻、玉米为主的粮食作物种植和以橡胶为主的经济作物种植。

8. 临沧市耿马县的德昂族村落

耿马的德昂族村落主要分布在孟定镇和勐简乡。其中，孟定镇有 4 个村，勐简乡有 1 个村。

孟定镇的村落是红木林村、班幸村、大湾塘村和千家寨村。红木林村属于下坝村委会，作物种植有两类，以玉米为主的粮食作物种植和以橡胶为主的经济作物种植，班幸村、大湾塘村和千家寨村属于班幸村委会，作物种植有两类，以玉米为主的粮食作物种植和以橡胶为主的经济作物种植。

勐简乡的村落是新寨村。新寨村属于该乡勐简村委会，作物种植有两类，以水稻为主的粮食作物种植和以橡胶为主的经济作物种植。

9. 临沧市永德县的德昂族村落

永德的德昂族村落主要分布在崇岗乡，有 1 个村。

崇岗乡的村落是豆腐铺组。豆腐铺组属于团树村委会，作物种植有两类，以水稻为主的粮食作物种植和以橡胶为主的经济作物种植。

10. 保山市的德昂族村落

保山的德昂族村落主要分布在隆阳区的潞江镇，有 3 个村。

潞江镇的村落是大中寨、那线寨和白寨。大中寨和那线寨属于芒颜村委会。大中寨、那线寨的作物种植有两类，以水稻为主的粮食作物种植和以甘蔗为主的经济作物种植，在经济作物种植中还包括咖啡；白寨属于该镇石梯村委会，作物种植有两类，以水稻为主的粮食作物种植和以甘蔗为主的经济作物种植，在经济作物种植中还有香料烟。

三 德昂族村落生计方式的对比与分析

德昂族村落大多在山区和半山区，少数在坝区。山与坝之间的生态环境不同，生存方式和发展特点各异。据课题组调查，德昂族村落的生计方式主要以作物种植为主，种植内容有粮食作物和经济作物。粮食作物种植旨在提供维持生存的食物。经济作物种植旨在获得经济收入，以购置不能生产的日常生活必需品。

1. 粮食作物的种植

根据田野调查资料统计，德昂族村落的粮食作物种植类型主要以稻谷为主，见表 4 - 2。

表 4 - 2　德昂族村落的粮食作物种植类型

州（地）	市（县）	乡（镇）	村落名称	粮食作物
德宏傣族景颇族自治州	芒市	三台山德昂族乡	勐丹	稻谷 *
			南虎老寨	稻谷
			南虎新寨	稻谷
			沪东娜	稻谷
			勐么	稻谷
			马脖子一组	稻谷
			马脖子二组	稻谷
			冷水沟	稻谷
			护拉山	稻谷
			帮囊	稻谷
			广纳	稻谷
			出冬瓜一组、二组、三组、四组	稻谷
			卢姐萨	稻谷

续表

州（地）	市（县）	乡（镇）	村落名称	粮食作物
德宏傣族景颇族自治州		三台山德昂族乡	早外	稻谷
			帮外	稻谷
			上帮	稻谷
			帕当坝	稻谷
			允欠三组	稻谷
	芒市	芒市镇	土城	水稻
			芒龙山	水稻
		勐戛镇	香菜塘	稻谷
			风吹坡	稻谷
			茶叶箐	稻谷
			弯手寨	稻谷
		五岔路乡	帮岭三队	稻谷
			老石牛	稻谷
			横山	稻谷
		中山乡	小街	稻谷
			等线	稻谷
			波戈	稻谷
		遮放镇	芒棒	稻谷
			贺焕	稻谷
			拱撒	稻谷
			拱送	稻谷
	瑞丽市	畹町镇	芒棒	水稻、玉米
			回环	水稻、玉米
			华我	水稻、玉米
		勐卯镇	贺德	水稻
		勐秀乡	广卡	稻谷
			雷门	稻谷
			南桑	稻谷
		户育乡	户育	稻谷
			雷贡	水稻
			弄贤	水稻

续表

州（地）	市（县）	乡（镇）	村落名称	粮食作物
德宏傣族景颇族自治州	陇川县	章凤镇	云盘	水稻
			南多	水稻
			芒棒	水稻
			费顺哈	水稻
			费刚	水稻
			弄模	水稻
		景罕镇	景哎	水稻
	梁河县	河西乡	二古城	水稻
		九保乡	上白路	水稻
			下白路	水稻
	盈江县	新城乡	松山一组	水稻
			松山二组	水稻
		旧城镇	小辛寨	水稻
临沧市	镇康县	南伞镇	白岩	水稻、玉米
			硝厂沟	水稻、玉米
			哈里	水稻、玉米
			下寨	水稻、玉米
			中寨	水稻、玉米
			大寨	水稻、玉米
			火石山	水稻、玉米
		军赛乡	红岩	水稻、玉米
	耿马县	孟定镇	红木林	玉米
			班幸	玉米
			大湾塘	玉米
			千家寨	玉米
		勐简乡	新寨	水稻
	永德县	崇岗乡	豆腐铺组	水稻
保山市	隆阳区	潞江镇	大中寨	水稻
			那线寨	水稻
			白寨	水稻

＊这里说的"稻谷"指水稻和旱稻，另外有些村寨只种水稻。

表4-2显示，德昂族村落按粮食作物种植类型划分，以玉米为主要种植类型的主要分布在临沧耿马县；以水稻和玉米为主要种植类型的主要分布在临沧镇康县和德宏瑞丽市畹町镇；以水稻为主要种植类型的主要分布在德宏瑞丽市勐卯镇、户育乡，德宏陇川县、梁河县、盈江县，临沧耿马县勐简乡、永德县，以及保山潞江镇；以稻谷为主要种植类型的主要分布在德宏芒市三台山德昂族乡、芒市镇、勐戛镇、五岔路乡、中山乡和遮放镇，瑞丽勐秀乡和户育乡。不难看出，德昂族村落粮食作物种植类型的差异，与当地的气候和生态状况有密切的联系。

2. 经济作物的种植

田野调查资料显示，在德昂族村落的作物种植体系中，经济作物种植与粮食作物种植相比较，种植类型更为多样化，见表4-3。

表4-3 德昂族村落的经济作物种植类型

州（地）	市（县）	乡（镇）	村落名称	经济作物
德宏傣族景颇族自治州	芒市	三台山德昂族乡	勐丹	甘蔗、茶叶 板栗、八角、香蕉
			南虎老寨	甘蔗、茶叶 八角、坚果
			南虎新寨	甘蔗 茶叶、香蕉、菠萝蜜
			沪东娜	茶叶、甘蔗 香蕉、咖啡
			勐么	甘蔗 茶叶、香蕉
			马脖子一组	甘蔗 茶叶、八角、板栗
			马脖子二组	甘蔗 茶叶、八角、板栗
			冷水沟	甘蔗 茶叶、花椒
			护拉山	甘蔗 茶叶、八角
			帮囊	甘蔗 茶叶、八角

州（地）	市（县）	乡（镇）	村落名称	经济作物
德宏傣族景颇族自治州	芒市	三台山德昂族乡	广纳	甘蔗 茶叶、八角
			出冬瓜一组、二组、三组、四组	甘蔗 茶叶、八角
			卢姐萨	茶叶、甘蔗
			早外	甘蔗 茶叶、澳洲坚果、板栗
			帮外	甘蔗 茶叶、咖啡
			上帮	甘蔗 茶叶、咖啡
			帕当坝	茶叶、甘蔗
			允欠三组	甘蔗 茶叶、咖啡
		芒市镇	土城	茶叶
			芒龙山	茶叶
		勐戛镇	香菜塘	茶叶 甘蔗
			风吹坡	茶叶、甘蔗
			茶叶箐	茶叶、甘蔗
			弯手寨	茶叶 咖啡、坚果、竹子
		五岔路乡	帮岭三队	茶叶
			老石牛	茶叶
			横山	茶叶 甘蔗、坚果、核桃
		中山乡	小街	茶叶
			等线	茶叶
			波戈	茶叶
		遮放镇	芒棒	甘蔗 橡胶
			贺焕	甘蔗 橡胶

续表

州（地）	市（县）	乡（镇）	村落名称	经济作物
德宏傣族景颇族自治州	芒市	遮放镇	拱撒	甘蔗 橡胶
			拱送	甘蔗
	瑞丽市	畹町镇	芒棒	甘蔗
			回环	甘蔗
			华我	甘蔗
		勐卯镇	贺德	柠檬
		勐秀乡	广卡	甘蔗 麻竹
			雷门	甘蔗 柚子
			南桑	甘蔗 柠檬
		户育乡	户育	甘蔗 橡胶、柠檬
			雷贡	甘蔗 橡胶、柠檬
			弄贤	甘蔗 橡胶、柠檬
	陇川县	章凤镇	云盘	红土晒烟
			南多	甘蔗、黄土晒烟
			芒棒	甘蔗
			费顺哈	甘蔗
			费刚	甘蔗
			弄模	甘蔗 烟、西瓜
		景罕镇	景哏	甘蔗
	梁河县	河西乡	二古城	甘蔗 油菜
		九保乡	上白路	甘蔗
			下白路	甘蔗
	盈江县	新城乡	松山一组	甘蔗 咖啡

州（地）	市（县）	乡（镇）	村落名称	经济作物
	盈江县	新城乡	松山二组	甘蔗
		旧城镇	小辛寨	甘蔗
临沧市	镇康县	南伞镇	白岩	甘蔗
			硝厂沟	甘蔗
			哈里	橡胶
			下寨	甘蔗
			中寨	膏桐
			大寨	甘蔗（计划）橡胶、核桃（计划）
			火石山	甘蔗（计划）橡胶、核桃（计划）
		军赛乡	红岩	橡胶
	耿马县	孟定镇	红木林	橡胶
			班幸	橡胶
			大湾塘	橡胶
			千家寨	橡胶
		勐简乡	新寨	橡胶
	永德县	崇岗乡	豆腐铺组	橡胶
保山市	隆阳区	潞江镇	大中寨	甘蔗 咖啡
			那线寨	甘蔗 咖啡
			白寨	甘蔗 香料烟

　　表4-3显示，茶叶种植主要分布在德宏芒市三台山德昂族乡、芒市镇、勐戛镇、五岔路乡和中山乡的德昂族村落，茶叶是这些村落一种主要的经济作物种植类型。这里的德昂族村落占中国整个德昂族村落总数的40%以上，较为密集。这些村落中，约80%的村落同时种植甘蔗，除了甘蔗以外，根据各个村落的发展特点，也种植板栗、八角、花椒、坚果、咖啡、香蕉和竹子等。而分散在德宏瑞丽、陇川、梁河、盈江，以及临沧镇康和保山潞江镇的大部分德昂族村落，经济作物种植皆以甘蔗为主，部分村落也在

分别种植橡胶、柠檬、晒烟、西瓜、油菜、咖啡和香料烟等。分散在临沧镇康军赛乡，以及耿马县和永德县的德昂族村落的经济作物种植几乎都以橡胶为主。

德昂族村落经济作物种植的情况体现出几个特点：第一，在德昂族村落密集的区域，经济作物种植类型以茶叶为主，还有甘蔗种植，此外还种有板栗、八角、花椒、坚果、咖啡、香蕉和竹子等；第二，在德昂族村落分散的区域，经济作物种植类型以甘蔗为主，兼种橡胶、柠檬、晒烟、西瓜、油菜、咖啡和香料烟等；第三，在德昂族村落分散的区域中，靠近热带的区域，经济作物种植类型几乎都以橡胶为主。这些特点其实分别表现出云南经济社会发展中作物种植的两种模式：第一种模式是以茶叶和甘蔗并存为代表的传统经济作物与新兴经济作物相融合的种植模式；第二种模式是以甘蔗或橡胶为主的新兴经济作物种植模式。

与甘蔗和橡胶等新兴经济作物种植相比较，茶叶是德昂族主要的传统经济作物种植类型。德昂族在云南西南部被称为"古老的茶农"。前文已述，德昂族的先民可追溯到两千多年前生活在古代西南的"濮人"。据史料记载，濮人善于种茶，且濮人生活的区域属亚热带季风区，该区域的生态条件适宜茶叶生长。茶叶种植被德昂族先民代代相传。甚至，在史料中有记载，"作为金齿后裔之一部分的德昂族，种茶的历史久远，他们当是茶叶的主要出售者，故经济生活比较富裕"（《德昂族简史》编写组，1986：22）。德昂族传承着善于种茶的传统。直到今天，在德昂族村落最为密集的区域，如德宏芒市三台山德昂族乡、芒市镇、勐戛镇、五岔路乡和中山乡等地，一直保持着茶叶种植的传统，同时，受市场经济的影响，也大量地种植甘蔗。然而，在德昂族村落分散的德宏瑞丽、陇川、梁河、盈江，以及临沧诸县和保山的潞江镇，经济作物种植模式则集中于以甘蔗或橡胶为主的新兴经济作物的种植，更多地把作物种植与现代市场经济相联系。

值得一提的是，在云南省的产业发展中，茶叶产业是全省经济发展的支柱产业之一，在云南南部的西双版纳傣族自治州和普洱市有大片人工栽培的茶园以供茶叶生产；而且在茶叶生产线中，以普洱茶为品牌的产品拉动了整个茶叶产业链的发展。德昂族村落密集的德宏傣族景颇族自治州芒市是云南省重要的茶叶生产地之一，以德昂族为代表的当地世居民族一直保留着种茶的传统,尽管其茶叶生产的规模不大,家庭经济收入主要来自甘蔗种植,但是其茶叶生产满足了当地茶厂和外地茶商对茶叶鲜叶的需求。而在德昂族村落分散的德宏其他地区,以及临沧市和保山市,虽然当地德昂族村落的家庭不从事茶叶种植,然而依旧存在德昂族先民的种茶历史痕迹,如盈江铜壁关附近的山丘有成片的老茶树,瑞丽户育雷弄山上也有茶林,陇川班达山右侧山坡曾有茶树种植(桑耀华,1999:28)。保山潞江镇的德昂族村落位于高黎贡山脚下,部分德昂村落的旧址位于高黎贡山上,村落旧址周围有一些老茶树。保山市茶树种质资源调查组在 1992 年至 1994 年间研究调查过这些老茶树,发现这些老茶树可以分为自然生长型和栽培型。在栽培型茶树中,一些茶树的树龄有一千多年,另外一些也都在四百年以上。按当地人的说法,是德昂先民种植了这些茶树(李全敏,2011:50)。这些事例说明,在德昂族村落分散的区域中,尽管目前经济作物种植主要是甘蔗或橡胶,但是这些德昂先民种茶的历史遗迹都在证明茶叶种植不仅是给德昂家户带来经济收入的生产方式,更是一种德昂先民代代相传至今的传统。

综上所述,德昂族村落的生计方式主要分为粮食作物种植和经济作物种植。粮食作物种植主要是生产口粮,经济作物种植是为了生产投入市场交换的物品。在经济作物种植中,与茶叶种植的悠久历史相比,甘蔗和橡胶种植主要出现在 20 世纪 80 年代以后,成为增加单个家庭经济收入的主要作物。即便如此,无论在德昂族村落密集的区域,还是德昂族村落分散的区域,茶叶种植作为德昂族的传统农耕作物种植产生出的茶叶与生命的联结,如同某种文化制衡,已经深深地嵌入该民族的农耕文化、社会生活、婚姻家庭、宗教信仰以及道德伦理体系中,使该民族的行为秩序化,影响着该民族在社会经济发展中的各类关系、对当地环境资源的制度与管理、以农耕文化为基础的文化变迁的适应与选择,以及与周围其他民族之间的团结与互助的关系,突出了农耕传统在现代社会经济产业发展中的重要地位。

第二节　环境资源的制度与管理

在德昂族生活的区域中,以土地耕作为基础,德昂族村落环境资源的制度与管理主要体现为德昂族村落土地使用的制度与管理。在进行具体分析之前，首先阐述德昂族以村落为单位的聚居区环境资源概况。

一 德昂族村落的环境资源概况

根据田野调查资料统计以及"云南数字乡村"提供的数据，德昂族村落的环境资源因海拔、年均气温和年降水量不同有所差异，呈现出受亚热带季风气候影响的山地生态带和山坝交织生态带的特点，适宜种植的作物类型差别不大。

1. 德宏芒市三台山德昂族乡德昂族村落的环境资源

勐丹村位于山区，村落所在地的海拔约 1190 米，年平均气温约 17℃，降水量约 1500 毫米，其生态条件适合稻谷、茶叶、甘蔗等农作物的生长。在常用耕地中，水田面积约占 13%，旱地面积约占 87%。耕地面积与林地面积的比值为 1:0.25。

南虎老寨位于山区，村落所在地的海拔约 1280 米，年平均气温约 17℃，降水量约 1500 毫米，其生态条件适合稻谷、茶叶、甘蔗等农作物的生长。在常用耕地中，水田面积约占 11%，旱地面积约占 89%。耕地面积与林地面积的比值为 1:0.25。

南虎新寨位于山区，村落所在地的海拔约 1170 米，年平均气温约 18℃，降水量约 1500 毫米，其生态条件适合稻谷、茶叶、甘蔗等农作物的生长。在常用耕地中，水田面积不到 5%，旱地面积多于 95%。耕地面积与林地面积的比值为 1:0.45。

沪东娜位于山区，村落所在地的海拔约 1320 米，年平均气温约 16.9℃，降水量约 1650 毫米，其生态条件适合稻谷、茶叶、甘蔗等农作物的生长。在常用耕地中，水田面积约占 17%，旱地面积占 82% 以上。耕地面积与林地面积的比值为 1:0.32。

勐么村属于山区，村落所在地的海拔约 1150 米，年平均气温约 18℃，降水量约 1500 毫米，其生态条件适合稻谷、茶叶、甘蔗等农作物的生长。在常用耕地中，水田面积不到 6%，旱地面积约占 94%。耕地面积与林地面积的比值为 1:0.33。

马脖子一组属于山区，村落所在地的海拔约 1200 米，年平均气温约

18℃，降水量约 1500 毫米，其生态条件适合稻谷、茶叶、甘蔗等农作物的生长。在常用耕地中，水田面积不到 10%，旱地面积占 90% 以上。耕地面积与林地面积的比值为 1:0.16。

马脖子二组属于山区，村落所在地的海拔约 1210 米，年平均气温约 18℃，降水量约 1500 毫米，其生态条件适合稻谷、茶叶、甘蔗等农作物的生长。在常用耕地中，水田面积约占 10%，旱地面积约占 90%。耕地面积与林地面积的比值为 1:0.17。

冷水沟村属于山区，村落所在地的海拔约 1580 米，年平均气温约 16.5℃，降水量约 1500 毫米，其生态条件适合稻谷、茶叶、甘蔗等农作物的生长。在常用耕地中，水田面积约占 20%，旱地面积约占 80%。耕地面积与林地面积的比值为 1:0.20。

护拉山村属于山区，村落所在地的海拔约 1370 米，年平均气温约 17℃，降水量约 1500 毫米，其生态条件适合稻谷、茶叶、甘蔗等农作物的生长。在常用耕地中，水田面积约占 15%，旱地面积约占 85%。耕地面积与林地面积的比值为 1:0.17。

帮囊村属于山区，村落所在地的海拔约 1280 米，年平均气温约 17℃，降水量约 1500 毫米，其生态条件适合稻谷、茶叶、甘蔗等农作物的生长。在常用耕地中，水田面积约占 15%，旱地面积约占 85%。耕地面积与林地面积的比值为 1:0.25。

广纳村属于山区，村落所在地的海拔约 1320 米，年平均气温约 16.9℃，降水量约 1650 毫米，其生态条件适合稻谷、茶叶、甘蔗等农作物的生长。在常用耕地中，水田面积约占 5%，旱地面积约占 95%。耕地面积与林地面积的比值为 1:0.32。

出冬瓜一组、二组和三组属于山区，村落所在地的海拔约 1205 米，年平均气温约 17.5℃，降水量约 1650 毫米，其生态条件适合稻谷、茶叶、甘蔗等农作物的生长。在常用耕地中，水田面积约占 11%，旱地面积约占 89%。耕地面积与林地面积的比值为 0.44:1。

出冬瓜四组属于山区，村落所在地的海拔约 1152 米，年平均气温约 17.5℃，降水量约 1650 毫米，其生态条件适合稻谷、茶叶、甘蔗等农作物的生长。在常用耕地中，水田面积约占 30%，旱地面积约占 70%。耕地面积与林地面积的比值为 0.50:1。

卢姐萨村属于山区，村落所在地的海拔约 1580 米，年平均气温约 16.9℃，降水量约 1650 毫米，其生态条件适合稻谷、茶叶、甘蔗等农作物的生长。在常用耕地中，水田面积约占 13%，旱地面积约占 87%。耕地面积与林地面积的比值为 1:0.15。

旱外村属于山区，村落所在地的海拔约 1209 米，年平均气温约 17.5℃，降水量约 1650 毫米，其生态条件适合稻谷、茶叶、甘蔗等农作物的生长。在常用耕地中，水田面积约占 13%，旱地面积约占 87%。耕地面积与林地面积的比值为 0.48:1。

帮外村属于山区，村落所在地的海拔约 1250 米，年平均气温约 16.9℃，降水量约 1450 毫米，其生态条件适合稻谷、茶叶、甘蔗等农作物的生长。在常用耕地中，水田面积约占 20%，旱地面积约占 80%。耕地面积与林地面积的比值为 1:0.13。

上帮村属于山区，村落所在地的海拔约 1250 米，年平均气温约 16.9℃，降水量约 1450 毫米，其生态条件适合稻谷、茶叶、甘蔗等农作物的生长。在常用耕地中，水田面积约占 17%，旱地面积约占 83%。耕地面积与林地面积的比值为 1:0.12。

帕当坝村属于山区，村落所在地的海拔约 1250 米，年平均气温约 16.9℃，降水量约 1650 毫米，其生态条件适合稻谷、茶叶、甘蔗等农作物的生长。在常用耕地中，水田面积约占 11%，旱地面积约占 89%。耕地面积与林地面积的比值为 1:0.05。

允欠三组属于山区，村落所在地的海拔约 1295 米，年平均气温约 16.4℃，降水量约 1650 毫米，其生态条件适合稻谷、茶叶、甘蔗等农作物的生长。在常用耕地中，水田面积约占 12%，旱地面积约占 88%。耕地面积与林地面积的比值为 1:0.07。

2. 德宏芒市其他乡镇德昂族村落的环境资源

土城村属于山区，村落所在地的海拔约 1100 米，年平均气温约 19℃，降水量约 1476 毫米，其生态条件适合稻谷、茶叶、甘蔗等农作物的生长。在常用耕地中，水田面积约占 90%，旱地面积约占 10%。耕地面积与林地面积的比值为 0.05:1。

芒龙山村属于山区，村落所在地的海拔约 1300 米，年平均气温约 18℃，降水量约 1476 毫米，其生态条件适合稻谷、茶叶、甘蔗等农作物的生长。在常用耕地中，水田面积约占 42%，旱地面积约占 58%。耕地面积与林地面积的比值为 0.40:1。

香菜塘村属于山区，村落所在地的海拔约 1230 米，年平均气温约 18℃，降水量约 1900 毫米，其生态条件适合稻谷、茶叶、甘蔗等农作物的生长。在常用耕地中，水田面积约占 24%，旱地面积约占 76%。耕地面积与林地面积的比值为 0.14:1。

风吹坡村属于山区，村落所在地的海拔约 1100 米，年平均气温约 19℃，降水量约 1800 毫米，其生态条件适合稻谷、茶叶、甘蔗等农作物的生长。在常用耕地中，水田面积约占 3%，旱地面积约占 97%。耕地面积与林地面积的比值为 0.35:1。

茶叶箐村属于山区，村落所在地的海拔约 1450 米，年平均气温约 14.5℃，降水量约 2000 毫米，其生态条件适合稻谷、茶叶、甘蔗等农作物的生长。在常用耕地中，水田面积约占 23%，旱地面积约占 77%。耕地面积与林地面积的比值为 0.25:1。

弯手寨村属于山区，村落所在地的海拔约 1450 米，年平均气温约 14.5℃，降水量约 2000 毫米，其生态条件适合稻谷、茶叶、甘蔗等农作物的生长。在常用耕地中，水田面积约占 22%，旱地面积约占 78%。耕地面积与林地面积的比值为 0.17:1。

帮岭三队属于山区，村落所在地的海拔约 1540 米，年平均气温约 18.2℃，降水量约 1627 毫米，其生态条件适合稻谷、茶叶、甘蔗等农作物的生长。在常用耕地中，水田面积约占 27%，旱地面积约占 73%。耕地面积与林地面积的比值为 1:0.56。

老石牛村属于山区，村落所在地的海拔约 1600 米，年平均气温约 18℃，降水量约 1550 毫米，其生态条件适合稻谷、茶叶、甘蔗等农作物的生长和耕作。在常用耕地中，水田面积约占 33%，旱地面积约占 67%。耕地面积与林地面积的比值为 0.29:1。

横山村属于山区，村落所在地的海拔约 1520 米，年平均气温约 16℃，降水量约 1520 毫米，其生态条件适合稻谷、茶叶、甘蔗等农作物的生长。

在常用耕地中,水田面积约占 12%,旱地面积约占 88%。耕地面积与林地面积的比值为 0.28:1。

小街村属于半山区,村落所在地的海拔约 900 米,年平均气温约 20℃,降水量约 1700 毫米,其生态条件适合稻谷和茶叶等农作物的生长。在常用耕地中,水田面积约占 36%,旱地面积约占 64%。耕地面积与林地面积的比值为 0.04:1。

等线村属于山区,村落所在地的海拔约 1400 米,年平均气温约 15℃,降水量约 1600 毫米,其生态条件适合稻谷和茶叶等农作物的生长。在常用耕地中,水田面积约占 31%,旱地面积约占 69%。耕地面积与林地面积的比值为 0.15:1。

波戈村属于山区,村落所在地的海拔约 1400 米,年平均气温约 15℃,降水量约 1600 毫米,其生态条件适合稻谷和茶叶等农作物的生长。在常用耕地中,水田面积约占 33%,旱地面积约占 67%。耕地面积与林地面积的比值为 0.18:1。

芒棒村属于山区,村落所在地的海拔约 1160 米,年平均气温约 19.8℃,降水量约 1300 毫米,其生态条件适合稻谷和甘蔗等农作物的生长。在常用耕地中,水田面积约占 20%,旱地面积约占 80%。耕地面积与林地面积的比值为 0.70:1。

贺焕村属于山区,村落所在地的海拔约 1160 米,年平均气温约 19.8℃,降水量约 1300 毫米,其生态条件适合稻谷和甘蔗等农作物的生长。在常用耕地中,水田面积约占 35%,旱地面积约占 65%。耕地面积与林地面积的比值为 1:0.70。

拱撒村属于山区,村落所在地的海拔约 1160 米,年平均气温约 19.8℃,降水量约 1300 毫米,其生态条件适合稻谷、茶叶和甘蔗等农作物的生长。在常用耕地中,水田面积约占 35%,旱地面积约占 65%。耕地面积与林地面积的比值为 0.69:1。

拱送村属于山区,村落所在地的海拔约 1160 米,年平均气温约 19.8℃,降水量约 1300 毫米,其生态条件适合稻谷、茶叶和甘蔗等农作物的生长。在常用耕地中,水田面积约占 9%,旱地面积约占 91%。耕地面积与林地面积的比值为 0.30:1。

3. 德宏瑞丽德昂族村落的环境资源

芒棒村属于坝区，村落所在地的海拔约830米，年平均气温约20.7℃，降水量约1522毫米，其生态条件适合水稻、玉米和甘蔗等农作物的生长。在常用耕地中，水田面积约占37%，旱地面积约占63%。耕地面积与林地面积的比值为1:0。

回环村属于坝区，村落所在地的海拔约830米，年平均气温约20.7℃，降水量约1522毫米，其生态条件适合水稻、玉米和甘蔗等农作物的生长。在常用耕地中，水田面积约占39%，旱地面积约占61%。耕地面积与林地面积的比值为1:0。

华我村属于坝区，村落所在地的海拔约830米，年平均气温约20.7℃，降水量约1522毫米，其生态条件适合水稻、玉米和甘蔗等农作物的生长。在常用耕地中，水田面积约占76%，旱地面积约占24%。耕地面积与林地面积的比值为1:0。

贺德村属于坝区，村落所在地的海拔约845米，年平均气温约22.3℃，降水量约1195毫米，其生态条件适合水稻和柠檬等农作物的生长。在常用耕地中，水田面积为0%，旱地面积为100%。耕地面积与林地面积的比值为0.21:1。

广卡村属于山区，村落所在地的海拔约1376米，年平均气温约16℃，降水量约1455毫米，其生态条件适合粮食和甘蔗等农作物的生长。在常用耕地中，水田面积约占38%，旱地面积约占62%。耕地面积与林地面积的比值为0.48:1。

雷门村属于山区，村落所在地的海拔约1376米，年平均气温约16℃，降水量约1455毫米，其生态条件适合粮食和甘蔗等农作物的生长。在常用耕地中，水田面积约占23%，旱地面积约占77%。耕地面积与林地面积的比值为0.37:1。

南桑村属于山区，村落所在地的海拔约1376米，年平均气温约16℃，降水量约1455毫米，其生态条件适合粮食和甘蔗等农作物的生长。在常用耕地中，水田面积约占27%，旱地面积约占73%。耕地面积与林地面积的比值为0.69:1。

户育村属于半山区，村落所在地的海拔约851米，年平均气温约20.5℃，降水量约 1454 毫米，其生态条件适合粮食和甘蔗等农作物的生长。在常用耕地中，水田面积约占 38%，旱地面积约占 62%。耕地面积与林地面积的比值为 0.44∶1。

雷贡村属于山区，村落所在地的海拔约 1160 米，年平均气温约 19.8℃，降水量约 1454 毫米，其生态条件适合水稻和甘蔗等农作物的生长。在常用耕地中，水田面积约占 24%，旱地面积约占 76%。耕地面积与林地面积的比值为 0.32∶1。

弄贤村属于坝区，村落所在地的海拔约 884 米，年平均气温约 20.5℃，降水量约 1454 毫米，其生态条件适合水稻和甘蔗等农作物的生长。在常用耕地中，水田面积约占 16%，旱地面积约占 84%。耕地面积与林地面积的比值为 0.49∶1。

4. 德宏陇川德昂族村落的环境资源

云盘村属于坝区，村落所在地的海拔约 920 米，年平均气温约 20℃，降水量约 1544 毫米，其生态条件适合水稻和红土晒烟等农作物的生长。在常用耕地中，水田面积约占 95%，旱地面积约占 5%。耕地面积与林地面积的比值为 1∶0。

南多村属于坝区，村落所在地的海拔约 900 米，年平均气温约 20℃，降水量约 1544 毫米，其生态条件适合水稻、甘蔗和黄土晒烟等农作物的生长。在常用耕地中，水田面积约占 65%，旱地面积约占 35%。耕地面积与林地面积的比值为 1∶0.49。

芒棒村属于山区，村落所在地的海拔约 1200 米，年平均气温约 18.9℃，降水量约 1544 毫米，其生态条件适合水稻和甘蔗等农作物的生长。在常用耕地中，水田面积约占 44%，旱地面积约占 56%。耕地面积与林地面积的比值为 0.94∶1。

费顺哈村属于半山区，村落所在地的海拔约 1000 米，年平均气温约 19.5℃，降水量约 1544 毫米，其生态条件适合水稻和甘蔗等农作物的生长。在常用耕地中，水田面积约占 75%，旱地面积约占 25%。耕地面积与林地面积的比值为 1∶0。

费刚村属于山区，村落所在地的海拔约 1100 米，年平均气温约 18.9℃，降水量约 1544 毫米，其生态条件适合水稻和甘蔗等农作物的生长。在常用耕地中，水田面积约占 71%，旱地面积约占 29%。耕地面积与林地面积的比值为 1:0。

弄模村属于坝区，村落所在地的海拔约 900 米，年平均气温约 19.4℃，降水量约 1287 毫米，其生态条件适合水稻和甘蔗等农作物的生长。在常用耕地中，水田面积约占 85%，旱地面积约占 15%。耕地面积与林地面积的比值为 1:0。

景恨村属于半山区，村落所在地的海拔约 1000 米，年平均气温约 18.8℃，降水量约 1544 毫米，其生态条件适合水稻和甘蔗等农作物的生长。在常用耕地中，水田面积约占 62%，旱地面积约占 38%。耕地面积与林地面积的比值为 0.84:1。

5. 德宏梁河德昂族村落的环境资源

二古城村属于山区，村落所在地的海拔约 1400 米，年平均气温约 17.5℃，降水量约 1350 毫米，其生态条件适合水稻、油菜和甘蔗等农作物的生长。在常用耕地中，水田面积约占 49%，旱地面积约占 51%。耕地面积与林地面积的比值为 0.12:1。

上白路村属于山区，村落所在地的海拔约 1360 米，年平均气温约 17.7℃，降水量约 1294 毫米，其生态条件适合水稻和甘蔗等农作物的生长。在常用耕地中，水田面积约占 50%，旱地面积约占 50%。耕地面积与林地面积的比值为 0.46:1。

下白路村属于山区，村落所在地的海拔约 1300 米，年平均气温约 17.7℃，降水量约 1294 毫米，其生态条件适合水稻和甘蔗等农作物的生长。在常用耕地中，水田面积约占 57%，旱地面积约占 43%。耕地面积与林地面积的比值为 0.48:1。

6. 德宏盈江德昂族村落的环境资源

松山一组属于山区，村落所在地的海拔约 1300 米，年平均气温约 19.3℃，降水量约 1464 毫米，其生态条件适合水稻和甘蔗等农作物的生长。在常用耕地中，水田面积约占 48%，旱地面积约占 52%。耕地面积与林地面积的比值为 0.17:1。

松山二组属于山区，村落所在地的海拔约 1300 米，年平均气温约 19.3℃，降水量约 1464 毫米，其生态条件适合水稻和甘蔗等农作物的生长。

在常用耕地中，水田面积约占53%，旱地面积约占47%。耕地面积与林地面积的比值为0.11:1。

小辛寨属于坝区，村落所在地的海拔约850米，年平均气温约20.5℃，降水量约1500毫米，其生态条件适合水稻和甘蔗等农作物的生长。在常用耕地中，水田面积约占53%，旱地面积约占47%。耕地面积与林地面积的比值为0.86:1。

7. 临沧镇康德昂族村落的环境资源

白岩村属于山区，村落所在地的海拔约999米，年平均气温约19.5℃，降水量约1300毫米，其生态条件适合水稻和甘蔗等农作物的生长。在常用耕地中，水田面积约占8%，旱地面积约占92%。耕地面积与林地面积的比值为1:0.55。

硝厂沟村属于山区，村落所在地的海拔约1009米，年平均气温约19.5℃，降水量约1300毫米，其生态条件适合水稻、玉米和甘蔗等农作物的生长。在常用耕地中，水田面积约占10%，旱地面积约占90%。耕地面积与林地面积的比值为1:0.75。

哈里村属于山区，村落所在地的海拔约680米，年平均气温约21.5℃，降水量约1800毫米，其生态条件适合水稻和玉米等农作物的生长。在常用耕地中，水田面积约占26%，旱地面积约占74%。耕地面积与林地面积的比值为0.13:1。

下寨村属于山区，村落所在地的海拔约680米，年平均气温约21.5℃，降水量约1800毫米，其生态条件适合水稻、玉米和甘蔗等农作物的生长。在常用耕地中，水田面积约占6%，旱地面积约占94%。耕地面积与林地面积的比值为0.12:1。

中寨村属于山区，村落所在地的海拔约1100米，年平均气温约19℃，降水量约1800毫米，其生态条件适合水稻、玉米和甘蔗等农作物的生长。在常用耕地中，水田面积约占14%，旱地面积约占86%。耕地面积与林地面积的比值为0.28:1。

大寨村属于山区，村落所在地的海拔约1200米，年平均气温约19℃，降水量约1800毫米，其生态条件适合水稻和玉米等农作物的生长。在常用耕地中，水田面积约占31%，旱地面积约占69%。耕地面积与林地面积的比值为 0.12:1。

火石山村属于山区,村落所在地的海拔约 1050 米,年平均气温约 19℃,降水量约 1800 毫米,其生态条件适合水稻和玉米等农作物的生长。在常用耕地中,水田面积约占 10%,旱地面积约占 90%。耕地面积与林地面积的比值为 0.47:1。

红岩村属于坝区,村落所在地的海拔约 700 米,年平均气温约 21.5℃,降水量约 1888 毫米,其生态条件适合水稻和玉米等农作物的生长。在常用耕地中,水田面积约占 60%,旱地面积约占 40%。耕地面积与林地面积的比值为 0.34:1。

8. 临沧耿马德昂族村落的环境资源

红木林村属于坝区,村落所在地的海拔约 481 米,年平均气温约 21℃,降水量约 1600 毫米,其生态条件适合玉米和橡胶等农作物的生长。在常用耕地中,水田面积为 0%,旱地面积为 100%。耕地面积与林地面积的比值为 0.20:1。

班幸村属于坝区,村落所在地的海拔约 580 米,年平均气温约 21℃,降水量约 1600 毫米,其生态条件适合玉米等农作物的生长。在常用耕地中,水田面积为 0%,旱地面积为 100%。耕地面积与林地面积的比值为 0.23:1。

大湾塘村属于坝区,村落所在地的海拔约 600 米,年平均气温约 21℃,降水量约 1600 毫米,其生态条件适合玉米等农作物的生长。在常用耕地中,水田面积约占 1%,旱地面积约占 99%。耕地面积与林地面积的比值为 0.18:1。

千家寨村属于山区,村落所在地的海拔约 1300 米,年平均气温约 19℃,降水量约 1600 毫米,其生态条件适合玉米等农作物的生长。在常用耕地中,水田面积约占 1%,旱地面积约占 99%。耕地面积与林地面积的比值为 0.20:1。

新寨村属于坝区,村落所在地的海拔约 650 米,年平均气温约 27℃,降水量约 1440 毫米,其生态条件适合水稻和橡胶等农作物的生长。在常用耕地中,水田面积约占 74%,旱地面积约占 26%。耕地面积与林地面积的比值为 0.43:1。

9. 临沧永德德昂族村落的环境资源

豆腐铺组属于半山区，村落所在地的海拔约 1100 米，年平均气温约 20.3℃，降水量约 1023 毫米，其生态条件适合水稻和橡胶等农作物的生长。在常用耕地中，水田面积约占 42%，旱地面积约占 58%。耕地面积与林地面积的比值为 0.33:1。

10. 保山隆阳德昂族村落的环境资源

大中寨属于半山区，村落所在地的海拔约 900 米，年平均气温约 26℃，降水量约 1000 毫米，其生态条件适合水稻、甘蔗和咖啡等农作物的生长。在常用耕地中，水田面积约占 72%，旱地面积约占 28%。耕地面积与林地面积的比值为 0.40:1。

那线寨属于半山区，村落所在地的海拔约 900 米，年平均气温约 26℃，降水量约 1000 毫米，其生态条件适合水稻、甘蔗和咖啡等农作物的生长。在常用耕地中，水田面积约占 60%，旱地面积约占 40%。耕地面积与林地面积的比值为 0.50:1。

白寨属于坝区，村落所在地的海拔约 800 米，年平均气温约 27℃，降水量约 1000 毫米，其生态条件适合水稻、甘蔗和香料烟等农作物的生长。在常用耕地中，水田面积约占 42%，旱地面积约占 58%。耕地面积与林地面积的比值为 0.13:1。

二　德昂族村落环境资源的制度与管理

田野调查显示，德昂族村落属于亚热带季风气候影响下的山地和山坝交织的生态系统带，耕地和林地是村落土地使用的两种主要类型。根据田野调查资料并参考"云南数字乡村"提供的数据，我们归纳了德昂族村落土地使用概况，具体见表 4-4。

表 4-4　德昂族村落环境资源概况

州（地）	市（县）	乡（镇）	村落名称	地形	海拔（米）	年均气温（℃）	年降水量（毫米）	耕地面积与林地面积的比值
			勐丹	山区	1190	17	1500	1:0.25
			南虎老寨	山区	1280	17	1500	1:0.25
			南虎新寨	山区	1170	18	1500	1:0.45

州（地）	市（县）	乡（镇）	村落名称	地形	海拔（米）	年均气温（℃）	年降水量（毫米）	耕地面积与林地面积的比值
德宏傣族景颇族自治州	芒市	三台山德昂族乡	沪东娜	山区	1320	16.9	1650	1：0.32
			勐么	山区	1150	18	1500	1：0.33
			马脖子一组	山区	1200	18	1500	1：0.16
			马脖子二组	山区	1210	18	1500	1：0.17
			冷水沟	山区	1580	16.5	1500	1：0.20
			护拉山	山区	1370	17	1500	1：0.17
			帮囊	山区	1280	17	1500	1：0.25
			广纳	山区	1320	16.9	1650	1：0.32
			出冬瓜一组、二组和三组	山区	1205	17.5	1650	0.44：1
			出冬瓜四组	山区	1152	17.5	1650	0.50：1
			卢姐萨	山区	1580	16.9	1650	1：0.15
			早外	山区	1209	17.5	1650	0.48：1
			帮外	山区	1250	16.9	1450	1：0.13
			上帮	山区	1250	16.9	1450	1：0.12
			帕当坝	山区	1250	16.9	1650	1：0.05
			允欠三组	山区	1295	16.4	1650	1：0.07
		芒市镇	土城	山区	1100	19	1476	0.05：1
			芒龙山	山区	1300	18	1476	0.40：1
		勐戛镇	香菜塘	山区	1230	18	1900	0.14：1
			风吹坡	山区	1100	19	1800	0.35：1
			茶叶箐	山区	1450	14.5	2000	0.25：1
			弯手寨	山区	1450	14.5	2000	0.17：1
		五岔路乡	帮岭三队	山区	1540	18.2	1627	1：0.56
			老石牛	山区	1600	18	1550	0.29：1
			横山	山区	1520	16	1520	0.28：1
		中山乡	小街	半山区	900	20	1700	0.04：1
			等线	山区	1400	15	1600	0.15：1
			波戈	山区	1400	15	1600	0.18：1
			芒棒	山区	1160	19.8	1300	0.70：1

州（地）	市（县）	乡（镇）	村落名称	地形	海拔（米）	年均气温（℃）	年降水量（毫米）	耕地面积与林地面积的比值
德宏傣族景颇族自治州	芒市	遮放镇	贺焕	山区	1160	19.8	1300	1:0.70
			拱撒	山区	1160	19.8	1300	0.69:1
			拱送	山区	1160	19.8	1300	0.30:1
	瑞丽市	畹町镇	芒棒	坝区	830	20.7	1522	1:0
			回环	坝区	830	20.7	1522	1:0
			华我	坝区	830	20.7	1522	1:0
		勐卯镇	贺德	坝区	845	22.3	1195	0.21:1
		勐秀乡	广卡	山区	1376	16	1455	0.48:1
			雷门	山区	1376	16	1455	0.37:1
			南桑	山区	1376	16	1455	0.69:1
		户育乡	户育	半山区	851	20.5	1454	0.44:1
			雷贡	山区	1160	19.8	1454	0.32:1
			弄贤	坝区	884	20.5	1454	0.49:1
	陇川县	章凤镇	云盘	坝区	920	20	1544	1:0
			南多	坝区	900	20	1544	1:0.49
			芒棒	山区	1200	18.9	1544	0.94:1
			费顺哈	半山区	1000	19.5	1544	1:0
			费刚	山区	1100	18.9	1544	1:0
			弄模	坝区	900	19.4	1287	1:0
		景罕镇	景哏	半山区	1000	18.8	1544	0.84:1
	梁河县	河西乡	二古城	山区	1400	17.5	1350	0.12:1
		九保乡	上白路	山区	1360	17.7	1294	0.46:1
			下白路	山区	1300	17.7	1294	0.48:1
	盈江县	新城乡	松山一组	山区	1300	19.3	1464	0.17:1
			松山二组	山区	1300	19.3	1464	0.11:1
		旧城镇	小辛寨	坝区	850	20.5	1500	0.86:1

州（地）	市（县）	乡（镇）	村落名称	地形	海拔（米）	年均气温（℃）	年降水量（毫米）	耕地面积与林地面积的比值
临沧市	镇康县	南伞镇	白岩	山区	999	19.5	1300	1:0.55
			硝厂沟	山区	1009	19.5	1300	1:0.75
			哈里	山区	680	21.5	1800	0.13:1
			下寨	山区	680	21.5	1800	0.12:1
			中寨	山区	1100	19	1800	0.28:1
			大寨	山区	1200	19	1800	0.12:1
			火石山	山区	1050	19	1800	0.47:1
		军赛乡	红岩	坝区	700	21.5	1888	0.34:1
	耿马县	孟定镇	红木林	坝区	481	21	1600	0.20:1
			班幸	坝区	580	21	1600	0.23:1
			大湾塘	坝区	600	21	1600	0.18:1
			千家寨	山区	1300	19	1600	0.20:1
		勐简乡	新寨	坝区	650	27	1440	0.43:1
	永德县	崇岗乡	豆腐铺组	半山区	1100	20.3	1023	0.33:1
保山市	隆阳区	潞江镇	大中寨	半山区	900	26	1000	0.40:1
			那线寨	半山区	900	26	1000	0.50:1
			白寨	坝区	800	27	1000	0.13:1

表 4 - 4 显示，约 75% 的德昂族村落属于山区，约 10% 的村落属于半山区，约 15% 的村落属于坝区。属于山区的村落海拔在 680 米到 1600 米之间，年均气温在 16℃ 到 22℃ 之间，年降水量在 1300 毫米到 1800 毫米之间；属于半山区的村落海拔在 851 米到 1100 米之间，年均气温在 19℃ 到 26℃ 之间，年降水量在 1000 毫米到 1600 毫米之间；属于坝区的村落海拔在 580 米到 900 米之间，年均气温在 20℃ 到 27℃ 之间，年降水量在 1000 毫米到 1900 毫米之间。村落的耕地面积与林地面积的比值各有不同。在耕地面积与林地面积的比值中，约 8% 的村落只有耕地，没有林地；约 24% 的村落耕地面积多于林地面积；约 68% 的村落林地面积多于耕地面积。

从统计数据得知，以土地使用为基础，德昂族村落环境资源的制度与管理，可以分为两类：第一，耕地使用的制度与管理；第二，林地使用的制度与管理。

1. 耕地使用的制度与管理

（1）耕地分类是耕地使用的主要制度

德昂族村落把耕地分为两类：水田和旱地。根据田野调查统计，90%以上的村落旱地多，约8%的村落水田比旱地稍多一些，约2%的村落只有旱地没有水田（见表4－5）。

表4－5　德昂族村落的耕地分类

州 （地）	市 （县）	乡 （镇）	村落名称	耕地分类	
				水田（%）	旱地（%）
德宏傣族景颇族自治州	芒市	三台山德昂族乡	勐丹	13	87
			南虎老寨	11	89
			南虎新寨	5	95
			沪东娜	17	82
			勐么	6	94
			马脖子一组	10	90
			马脖子二组	10	90
			冷水沟	20	80
			护拉山	15	85
			帮囊	15	85
			广纳	5	95
			出冬瓜一组、二组和三组	30	70
			出冬瓜四组	30	70
			卢姐萨	13	87
			旱外	13	87
			帮外	20	80
			上帮	17	83
			帕当坝	11	89
			允欠三组	12	88

州（地）	市（县）	乡（镇）	村落名称	耕地分类	
				水田（%）	旱地（%）
德宏傣族景颇族自治州	芒市	芒市镇	土城	90	10
			芒龙山	42	58
		勐戛镇	香菜塘	24	76
			风吹坡	3	97
			茶叶箐	23	77
			弯手寨	22	78
		五岔路乡	帮岭三队	27	73
			老石牛	33	67
			横山	12	88
		中山乡	小街	36	64
			等线	31	69
			波戈	33	67
		遮放镇	芒棒	20	80
			贺焕	35	65
			拱撒	35	65
			拱送	9	91
	瑞丽市	畹町镇	芒棒	37	63
			回环	39	61
			华我	76	24
		勐卯镇	贺德	0	100
		勐秀乡	广卡	38	62
			雷门	23	77
			南桑	27	73
		户育乡	户育	38	62
			雷贡	24	76
			弄贤	16	84
	陇川县	章凤镇	云盘	95	5
			南多	65	35
			芒棒	44	56

续表

州（地）	市（县）	乡（镇）	村落名称	耕地分类	
				水田（%）	旱地（%）
德宏傣族景颇族自治州	陇川县	章凤镇	费顺哈	75	25
			费刚	71	29
			弄模	85	15
		景罕镇	景哏	62	38
	梁河县	河西乡	二古城	49	51
		九保乡	上白路	50	50
			下白路	57	43
	盈江县	新城乡	松山一组	48	52
			松山二组	53	47
		旧城镇	小辛寨	53	47
临沧市	镇康县	南伞镇	白岩	8	92
			硝厂沟	10	90
			哈里	26	74
			下寨	6	94
			中寨	14	86
			大寨	31	69
			火石山	10	90
		军赛乡	红岩	60	40
	耿马县	孟定镇	红木林	0	100
			班幸	0	100
			大湾塘	1	99
			千家寨	1	99
		勐简乡	新寨	74	26
	永德县	崇岗乡	豆腐铺组	42	58

续表

州 （地）	市 （县）	乡 （镇）	村落名称	耕地分类	
				水田（%）	旱地（%）
保 山 市	隆 阳 区	潞 江 镇	大中寨	72	28
			那线寨	60	40
			白寨	42	58

（2）按农耕节令对耕地进行管理

耕地是德昂族村落开展农耕活动的物质基础。德昂族村落按节令对耕地进行管理，并以"大春"和"小春"为标志安排他们的农耕活动。"大春"指的是 5 月到 10 月之间，"小春"指的是 11 月到次年 4 月之间，见表4－6。

表4－6　德昂族村落的农耕节令与耕地管理

公历	节令	主要的农耕活动
1 月	小寒，大寒	没有具体的农耕活动
2 月	立春，雨水	如种春甘蔗，收获头一年的甘蔗，采春茶
3 月	惊蛰，春分	如种春甘蔗，收获头一年的甘蔗，采春茶
4 月	清明，谷雨 "小春"结束	如犁地，修沟，撒秧籽，收获小麦、冬玉米、豆类和油料蔬菜，收获头一年的甘蔗，采春茶
5 月	立夏，小满 "大春"开始	如泡秧田，栽秧苗，采夏茶，种玉米
6 月	芒种，夏至	如栽茶苗，采茶
7 月	小暑，大暑	如薅秧，种芝麻，种玉米
8 月	立秋，处暑	如锄茶地，收玉米，采茶
9 月	白露，秋分	如采秋茶，锄茶地
10 月	寒露，霜降 "大春"结束	如收谷子，收芝麻，采茶，撒茶籽（当村民需要种茶）
11 月	立冬，小雪 "小春"开始	如打谷子，种小麦、冬包谷、豆类、油料作物和甘蔗，采茶
12 月	大雪，冬至	如收玉米，运谷子回家，收甘蔗

注：甘蔗和香蕉在收获前需要一年的成长期；茶叶在被采摘前需要四年的成长期。

2. 林地使用的制度与管理

（1）林地分类是林地使用的主要制度

德昂族村落把林地分为两类：天然林和人工林，其中人工林包括经济林果地。根据田野调查统计，约63%的村落的天然林比人工林多，约28%的村落的人工林比天然林多，约9%的村落既没有天然林也没有人工林。在天然林较多的村落中，约18%的村落只有天然林。在人工林较多的村落中，约6%的村落只有人工林。具体情况见表4-7。

表4-7 德昂族村落的林地分类

州（地）	市（县）	乡（镇）	村落名称	林地分类	
				天然林（%）	人工林（%）
德宏傣族景颇族自治州	芒市	三台山德昂族乡	勐丹	93	7
			南虎老寨	30	70
			南虎新寨	63	37
			沪东娜	12	88
			勐么	0	100
			马脖子一组	62	38
			马脖子二组	62	38
			冷水沟	35	65
			护拉山	49	51
			帮囊	63	37
			广纳	70	30
			出冬瓜一组、二组和三组	94	6
			出冬瓜四组	79	21
			卢姐萨	9	91
			旱外	91	9
			帮外	7	93
			上帮	75	25
			帕当坝	0	100
			允欠三组	0	100
		芒市镇	土城	89	11
			芒龙山	90	10

续表

州 (地)	市 (县)	乡 (镇)	村落名称	林地分类	
				天然林（%）	人工林（%）
德宏傣族景颇族自治州	芒市	勐戛镇	香菜塘	100	0
			风吹坡	100	0
			茶叶箐	100	0
			弯手寨	0	100
		五岔路乡	帮岭三队	18	82
			老石牛	88	12
			横山	99.5	0.5
		中山乡	小街	99	1
			等线	97	3
			波戈	97	3
		遮放镇	芒棒	67	33
			贺焕	56	44
			拱撒	72	28
			拱送	100	0
	瑞丽市	畹町镇	芒棒	0	0
			回环	0	0
			华我	0	0
		勐卯镇	贺德	0	100
		勐秀乡	广卡	95	5
			雷门	98	2
			南桑	42	58
		户育乡	户育	19	81
			雷贡	0	100
			弄贤	0	100
	陇川县	章凤镇	云盘	0	0
			南多	100	0
			芒棒	100	0
			费顺哈	0	0
			费刚	0	0

续表

州（地）	市（县）	乡（镇）	村落名称	林地分类	
				天然林（%）	人工林（%）
德宏傣族景颇族自治州	陇川县	章凤镇	弄模	0	0
		景罕镇	景哏	100	0
	梁河县	河西乡	二古城	99.8	0.2
		九保乡	上白路	100	0
			下白路	99.7	0.3
	盈江县	新城乡	松山一组	100	0
			松山二组	100	0
		旧城镇	小辛寨	99	1
临沧市	镇康县	南伞镇	白岩	94	6
			硝厂沟	100	0
			哈里	99	1
			下寨	89	11
			中寨	97	3
			大寨	100	0
			火石山	100	0
		军赛乡	红岩	98	2
	耿马县	孟定镇	红木林	14	86
			班幸	37	67
			大湾塘	14	86
			千家寨	24	76
		勐简乡	新寨	28	72
	永德县	崇岗乡	豆腐铺组	7	93
保山市	隆阳区	潞江镇	大中寨	83	17
			那线寨	80	20
			白寨	9	91

（2）按植被类型对林地进行管理

林地是德昂族村落除耕地之外的耕作活动场地。德昂族村落按植被类型对其林地进行管理。天然林主要以森林植被为主；人工林包括经济林果地，主要用于经济林果的培植。在德昂族村落中，85%以上的村落有天然林，约77%的村落有人工林，具体见表4-8。

表4-8 德昂族村落林地的植被类型与林地管理

州（地）	市（县）	乡（镇）	村落名称	林地植被类型	
				自然生成的植被	人工种植的植被（已有的和计划种植的种类）
德宏傣族景颇族自治州	芒市	三台山德昂族乡	勐丹	森林植被	八角；甘蔗、茶叶、咖啡
			南虎老寨	森林植被	八角；甘蔗、茶叶、咖啡
			南虎新寨	森林植被	菠萝蜜；茶叶、甘蔗、香蕉
			沪东娜	森林植被	茶叶、甘蔗
			勐么	无	香蕉；茶叶、甘蔗
			马脖子一组	森林植被	八角；茶叶、甘蔗、板栗
			马脖子二组	森林植被	八角；甘蔗、板栗
			冷水沟	森林植被	花椒；核桃、茶叶、甘蔗
			护拉山	森林植被	八角；茶叶、甘蔗
			帮囊	森林植被	八角；茶叶、甘蔗
			广纳	森林植被	八角；茶叶、甘蔗
			出冬瓜一组、二组和三组	森林植被	八角；甘蔗、茶叶

续表

州 （地）	市 （县）	乡 （镇）	村落名称	林地植被类型	
				自然生成的植被	人工种植的植被 （已有的和计划种植的种类）
德宏傣族景颇族自治州	芒市	三台山德昂族乡	出冬瓜四组	森林植被	八角、茶叶
			卢姐萨	森林植被	茶叶、甘蔗
			早外	森林植被	澳洲坚果； 板栗、甘蔗
			帮外	森林植被	茶叶、咖啡； 甘蔗
			上帮	森林植被	茶叶、咖啡； 甘蔗、坚果
			帕当坝	无	茶叶、香蕉； 甘蔗
			允欠三组	无	八角； 甘蔗、香蕉、茶叶
		芒市镇	土城	森林植被	茶叶
			芒龙山	森林植被	茶叶
		勐戛镇	香菜塘	无	甘蔗、茶叶
			风吹坡	无	甘蔗、茶叶
			茶叶箐	无	甘蔗、茶叶
			弯手寨	无	咖啡、坚果、茶叶、竹子
		五岔路乡	帮岭三队	森林植被	茶叶
			老石牛	森林植被	甘蔗、茶叶
			横山	森林植被	茶叶、坚果、核桃； 甘蔗
		中山乡	小街	森林植被	茶叶
			等线	森林植被	茶叶
			波戈	森林植被	茶叶
		遮放镇	芒棒	森林植被	橡胶
			贺焕	森林植被	橡胶
			拱撒	森林植被	橡胶
			拱送	森林植被	无

续表

州（地）	市（县）	乡（镇）	村落名称	林地植被类型	
				自然生成的植被	人工种植的植被（已有的和计划种植的种类）
德宏傣族景颇族自治州	瑞丽市	畹町镇	芒棒	森林植被	无
			回环	森林植被	无
			华我	森林植被	无
		勐卯镇	贺德	无	柠檬
		勐秀乡	广卡	森林植被	麻竹
			雷门	森林植被	柚子
			南桑	森林植被	柠檬
		户育乡	户育	森林植被	橡胶、柠檬
			雷贡	无	橡胶、柠檬
			弄贤	无	橡胶、柠檬
	陇川县	章凤镇	云盘	无	无
			南多	森林植被	无
			芒棒	森林植被	无
			费顺哈	无	无
			费刚	无	无
			弄模	无	无
		景罕镇	景哏	森林植被	无
	梁河县	河西乡	二古城	森林植被	桃、李
		九保乡	上白路	森林植被	无
			下白路	森林植被	橘子
	盈江县	新城乡	松山一组	森林植被	无
			松山二组	森林植被	无
		旧城镇	小辛寨	森林植被	甘蔗
临沧市	镇康县	南伞镇	白岩	森林植被	甘蔗
			硝厂沟	森林植被	无
			哈里	森林植被	橡胶
			下寨	森林植被	甘蔗

州 （地）	市 （县）	乡 （镇）	村落名称	林地植被类型	
				自然生成的植被	人工种植的植被 （已有的和计划种植的种类）
临沧市	镇康县	南伞镇	中寨	森林植被	橡胶、甘蔗
			大寨	森林植被	无
			火石山	森林植被	无
		军赛乡	红岩	森林植被	橡胶
	耿马县	孟定镇	红木林	森林植被	橡胶
			班幸	森林植被	橡胶
			大湾塘	森林植被	橡胶
			千家寨	森林植被	橡胶
		勐简乡	新寨	森林植被	橡胶
	永德县	崇岗乡	豆腐铺组	森林植被	橡胶
保山市	隆阳区	潞江镇	大中寨	森林植被	核桃
			那线寨	森林植被	咖啡
			白寨	森林植被	核桃

综上所述，地形、海拔、气温、降水是自然的环境条件，而德昂族村落环境资源的制度与管理是围绕土地使用开展的。德昂族村落把土地使用分为耕地和林地。其中，把耕地分为水田和旱地是耕地使用的主要制度，按节令开展农耕活动是耕地管理的主要内容；把林地分为天然林和人工林是林地使用的主要制度，按植被类型开展林地耕作活动是林地管理的主要内容。耕作活动都是围绕水田、旱地和人工林开展的。气温、降水对作物生长和收成有很大的影响。天然林的森林植被，受国家环境保护法和森林法以及德昂族民间习惯法保护，不会被随意砍伐和破坏。国家的法律是德昂族村落环境资源保护的主要保障，德昂族民间习惯法是德昂族村落环境资源保护的内在约束。德昂族民间习惯法以万物有灵信仰为基础，认为自然万物皆有灵魂和生命，倡导尊重和敬畏自然，禁止随意破坏环境资源，违者将受到惩罚。因此，在整个德昂族生活的区域，环境资源状况较好，

森林植被覆盖率较高。

第三节　文化变迁的适应与选择

德昂族是一个农耕民族，农耕是德昂族得以生存、传承和发展的物质基础。作物栽培是德昂族村落主要的生计方式，为村落提供着赖以生存的粮食和可投入市场交换的经济作物。近年来，随着人口的增长和市场经济的发展，德昂族村落在土地使用上，如同其他农耕民族村落一样，采用精耕细作，提高作物产出率，土壤肥力靠施化肥来提高，不再使用过去通过土地轮歇的方法进行自然修复。在粮食生产之外，德昂族村落的传统经济作物种植如茶叶种植对家庭经济收入的影响不大，以甘蔗或橡胶为主的新兴经济作物种植逐渐在德昂族村落普及。在大部分德昂族村落中，茶叶种植面积不大，甚至分散在临沧市和保山市的德昂族村落的经济作物已经没有了茶叶。这些都在显示出德昂族生计方式的变化，从而德昂族以农耕为基础的文化也随之发生很大的变迁。德昂族主要以村落为单位聚居，面对文化变迁，他们也有着自己的适应和选择。

一　德昂族村落的文化变迁

文化变迁是指族群社会内部因发展或与其他群体接触引起的文化要素的变异。文化变迁的原因有二：第一是社会内部的变化；第二是自然环境的变化、社会文化环境的变化以及外来文化的影响。文化变迁与生态适应有关（Steward，1955）。

20世纪50年代，新中国组织实地调查开展国内少数民族识别活动和社会历史调查。当时对德昂族（原称"崩龙族"，1985年经国务院批准改称为德昂族）的社会经济文化状况的调查资料，汇集到《德昂族社会历史调查》中，并在1987年由云南民族出版社出版。该书概括了德宏芒市（原称潞西县）、陇川、盈江，临沧镇康和耿马，保山的部分德昂族村落在50年代社会经济文化的情况。通过《德昂族社会历史调查》中的资料与现在德昂族村落的情况相对比得知，围绕生计方式的变化，德昂族村落的文化变迁主要表现在四个层面：作物种植种类的变迁、耕作历法的变迁、耕作方式的变迁、农耕礼仪的变迁。

1. 作物种植种类的变迁

据《德昂族社会历史调查》记载，50 年代德昂族村落的作物种植种类除了赖以生存的稻谷，还有茶叶。茶叶在德昂族生活中有着特殊的意义，成年男女都好饮浓茶，德昂族会在房前屋后或村寨附近种些茶树。茶叶手工加工，主要供自己消费，有剩余的也在当地市场出售。德昂族种茶的历史悠久，云南西南部各民族都赞誉他们是"古老的茶农"（《德昂族社会历史调查》云南省编辑组，1987：5；李全敏，2015b：37；白兴发，1997：53 ~ 58）。

与 50 年代相比，现在德昂族村落的作物种植种类较为丰富。粮食作物主要有水稻、玉米等，其中杂交稻是以前没有现在却被种植的。经济作物种植类型丰富多样，本章第一节列出了德昂族村落的经济作物种植类型，主要有茶叶、甘蔗、橡胶、咖啡、八角、花椒、坚果、板栗、核桃、橡胶、菠萝蜜、柚子、柠檬、竹子、西瓜等。其中，茶叶种植、甘蔗种植和橡胶种植是德昂族家庭经济收入的三种主要来源，茶叶是德昂族传统的经济作物，而甘蔗、橡胶都是八九十年代开始种植的新兴经济作物。

按田野调查资料统计，经济作物种植在德昂族村落的分布见表 4 - 9。

表 4 - 9 经济作物种植在德昂族村落的分布

类型	村落
茶叶种植	德宏芒市三台山德昂族乡的全部德昂族村； 德宏芒市芒市镇的全部德昂族村； 德宏芒市勐戛镇的全部德昂族村； 德宏芒市五岔路乡的全部德昂族村； 德宏芒市中山乡的全部德昂族村
甘蔗种植	德宏芒市三台山德昂族乡和遮放镇的全部德昂族村； 德宏芒市勐戛镇的 3 个德昂族村； 德宏芒市五岔路乡的 1 个德昂族村； 德宏瑞丽畹町镇、勐秀乡、户育乡的全部德昂族村； 德宏陇川章凤镇的 5 个德昂族村，景罕镇的 1 个德昂族村； 德宏梁河和盈江的所有德昂族村； 临沧镇康南伞镇的 5 个德昂族村； 保山的所有德昂族村

续表

类型	村落
橡胶种植	德宏芒市遮放镇的 1 个德昂族村； 德宏瑞丽户育乡的所有德昂族村； 临沧镇康南伞镇的 3 个德昂族村，军赛乡的 1 个德昂族村； 临沧耿马和永德的所有德昂族村
咖啡种植	德宏芒市三台山德昂族乡的 3 个德昂族村规划种植； 德宏芒市勐戛镇的 1 个德昂族村规划种植； 保山隆阳区潞江镇的 2 个德昂族村规划种植
八角种植	德宏芒市三台山德昂族乡的 11 个德昂族村
花椒种植	德宏芒市三台山德昂族乡的 1 个德昂族村
坚果种植	德宏芒市三台山德昂族乡的 2 个德昂族村； 德宏芒市勐戛镇的 1 个德昂族村； 德宏芒市五岔路乡的 1 个德昂族村
板栗种植	德宏芒市三台山德昂族乡的 4 个德昂族村
核桃种植	德宏芒市五岔路乡的 1 个德昂族村； 临沧镇康南伞镇的 2 个德昂族村规划种植； 保山隆阳区潞江镇的 1 个德昂族村
油菜种植	德宏梁河河西乡的 1 个德昂族村
菠萝蜜种植	德宏芒市三台山德昂族乡的 1 个德昂族村
柚子种植	德宏瑞丽勐秀乡的 1 个德昂族村
柠檬种植	德宏瑞丽勐卯镇的 1 个德昂族村； 德宏瑞丽勐秀乡的 1 个德昂族村； 德宏瑞丽户育乡的 3 个德昂族村
竹子种植	德宏芒市勐戛镇的 1 个德昂族村； 德宏瑞丽勐秀乡的 1 个德昂族村
西瓜种植	德宏陇川章凤镇的 1 个德昂族村
其他种植	德宏陇川章凤镇的 1 个德昂族村种红土晒烟（近年开始）； 德宏陇川章凤镇的 1 个德昂族村种黄土晒烟（近年开始）； 德宏陇川章凤镇的 1 个德昂族村种烟（近年开始）； 保山隆阳区潞江镇的 1 个德昂族村种香料烟（近年开始）

就茶叶种植而言，在德昂族村落最为集中的德宏芒市，90%以上的德昂族村落都从事着茶叶种植；在德昂族村落分散的德宏其他县以及临沧和保山，茶叶种植较少，但可以发现德昂先民曾经种茶的遗址。

就甘蔗种植而言，在所有德昂族村落中，近80%的村落都有种植。在不从事甘蔗种植的20%的村落中，有10%的村落仅从事茶叶种植，主要分布在德宏芒市区域；另有 10% 的村落仅从事橡胶种植，主要分布在临沧镇康和耿马区域。

就橡胶种植而言，在所有德昂族村落中，近 20% 的村落有种植，主要集中在德宏瑞丽及临沧镇康、耿马一带。

除茶叶、甘蔗和橡胶外，咖啡、八角、花椒、坚果、板栗、核桃、橡胶、菠萝蜜、柚子、柠檬、竹子、西瓜等经济作物按照村落的特色产业发展而各有侧重，有的已经开始种植，有的还在发展规划中。

2. 耕作历法的变迁

据《德昂族社会历史调查》记载，德昂族过去是采用傣历来安排农业生产以及与之相关的宗教节庆活动的。傣历六月为年首，"每年十二个月。逢单月每月三十天，逢双月每月二十九天，全年共三百五十四天"（《德昂族社会历史调查》云南省编辑组，1987：51）。耕作节令以傣历的时间为准。

现在德昂族村落如同国内的其他村落一样，使用公历，每年 12 个月，逢小月 30 天，大月 31 天，只有 2 月例外，平 2 月有 28 天，闰 2 月有 29 天。耕作节令按"大小春"进行分类。如前所述，"大春"是指阳历 5 月到 10 月，"小春"是指阳历的 11 月到次年 4 月。水稻种植在大春开展，玉米种植在小春进行，经济作物种植大部分在小春开展，收获期几乎都集中在大春末，只有茶叶采摘横跨小春中后期直到大春结束，

德昂 – 傣历、阳历和农历的对照见表 4 – 10。

表 4 – 10　德昂 – 傣历、阳历和农历对照

德昂 – 傣历	傣语名称（国际音标记音）	阳历	农历
一月	leng gi	11 月	十月
二月	leng gam	12 月	十一月
三月	leng san	1 月	十二月
四月	leng si	2 月	一月
五月	leng ha	3 月	二月
六月	leng lin	4 月	三月
七月	leng gie	5 月	四月
八月	leng bie	6 月	五月
九月	leng gao	7 月	六月

德昂-傣历	傣语名称（国际音标记音）	阳历	农历
十月	leng sim	8月	七月
十一月	leng sim e	9月	八月
十二月	leng sim song	10月	九月

3. 耕作方式的变迁

据《德昂族社会历史调查》记载，德昂族主要居住在山区、半山区，在新中国成立以前，该民族没有自己的水田，几乎都是租当地富人的水田耕种。该民族对山地耕作的主要方式是刀耕火种（尹绍亭，2000：43）。刀耕火种曾是云南山地农耕民族常用的一种耕作方式，即焚烧山地上的树林草木，用林木的灰作为作物的肥料，就地挖坑下种，大火烧过后，病虫害也随之消灭。当作物产量开始下降，又开始对另一个区域的树林草木进行焚烧，垦山而植。刀耕火种体现出以游耕为主、通过轮歇自行恢复土壤肥力的特点。随着人口的增长，对农作物种植面积和产量的需求增多，土地资源受限，刀耕火种逐渐消失（尹绍亭，2000：48~69）。以三台山为例，德昂族的旱地分为熟地和轮歇地，"熟地多为固定耕地，有园圃地和常年栽种的旱地；轮歇地只耕种三年即行抛荒，易种新地。轮歇地的耕作是在冬腊月，先用长刀砍除山地中的灌木丛林和杂草，太阳爆（暴）晒一个月后，放火将其烧成炭灰，作为灰肥，再用牛犁三道。一般只能种植三季。……第四年即抛荒休耕15到20年后，又再砍倒烧光轮种"（《德昂族社会历史调查》云南省编辑组，1987：36）。德昂族老人说，以前在山地种下作物后，是粗放管理，全靠天降雨提供作物需要的水分，若逢旱灾或山洪，则作物收成全无；在耕作农具中，主要有牛、犁、锄头等；在收获稻谷后手动打谷。

从田野调查得知，现在的德昂族村落户户有耕地。本章第二节表4-5显示，仅约2%的村落只有旱地，约98%的村落既有水田又有旱地。德昂族村落的耕作方式，如同国内其他农耕村落一样，山地耕作采用定耕。施用化肥是提高耕地肥力的主要方法，除了化肥外，也会使用农家肥。部分山地有了灌溉系统，可以人工调节对作物的水分供应。在耕作收成上，不再完全依靠天然降水。在耕作农具中，除了犁、锄头等传统的手制农具外，还有了拖拉机和打谷机等一系列机械化的农具。耕作方式逐渐从手工化向机械化过渡。

德昂族村落耕作方式的对比见表4－11。

表4－11　德昂族村落耕作方式的对比

类型	20世纪50年代前	现在
耕作模式	游耕、轮歇（刀耕火种）	定耕
耕作管理	粗放管理	精耕细作
耕地肥力	自然恢复	使用化肥、农家肥
耕地灌溉	无	有
耕作农具	手制农具如犁、锄头等	除了手制农具，还有机械农具，如拖拉机和打谷机等

4. 农耕礼仪的变迁

农耕礼仪是德昂族的世界观和自然观在生产生活中的具体表现形式。据《德昂族社会历史调查》记载，20世纪50年代前德昂族村落的耕作活动和农耕礼仪是按傣历开展的。如前所述，傣历以六月为首。与傣历六月相对应的农耕礼仪是泼水节，到了傣历年末就是过年。德昂族老人说，农耕礼仪的开展以村落集体为单位，过去从泼水节开始，相应的主要农耕礼仪依次有进洼、祭寨心、供包、出洼、祭寨心、祭谷魂、供黄单、烧白柴。烧白柴仪式后，天气就变热了，一年的耕作即将开始。泼水节仪式后，就会开始下雨，为一年的耕作提供水源。进洼、供包、出洼是佛教节日。供黄单是给奘房（寺院）的和尚供新袈裟。以上仪式皆佛教礼仪范畴。祭寨心和祭谷魂属于万物有灵信仰礼仪范畴。寨心是指村寨的灵魂，以建寨时在寨神林中心安置的一个尖头木树桩为标志，这个树桩是由村寨长老从寨神林中选择的神树制成。谷魂，又名谷娘，是掌管粮食收成和五谷丰登的最高的女性神。据《德昂族社会历史调查》记载："祭谷魂可以全村祭祀也可以各户单独祭祀。全村祭谷魂时，每户要背上谷种和赆品前往佛寺，供给佛享用，由佛爷念《蛮生干》经，祈求谷魂来年给百姓带来丰收。各户祭谷魂多在春节前，为时二日。"（《德昂族社会历史调查》云南省编辑组，1987：36）

从田野调查获知，与过去相比较，现在德昂族村落的耕作时间使用的是阳历,农耕礼仪举行的时间中只是烧白柴的时间改到过年后,其他礼仪的举行时间没有多大变化,见表4－12。

表4－12　德昂族村落的耕作节令与农耕礼仪对照

德昂－傣历	阳历	农历	耕作节令	农耕礼仪
一月	11月	十月		供黄单
二月	12月	十一月		
三月	1月	十二月	小春	
四月	2月	一月		家户祭谷魂、过年、烧白柴
五月	3月	二月		
六月	4月	三月		
七月	5月	四月		
八月	6月	五月		
九月	7月	六月	大春	进洼、祭寨心
十月	8月	七月		供包
十一月	9月	八月		出洼、祭寨心
十二月	10月	九月		接谷魂回家,集体祭谷魂

由此看出,德昂族长期生活在山地区域,其生存和作物收成深受自然环境变化的影响,无论是过去还是现在,农耕礼仪皆是德昂族集体祈祷期盼用超自然力量来维护其生存安全,是一种集体行为规范,体现着德昂族以农耕为基础的文化核心,建构着德昂族与自然环境互动的伦理道德秩序,制衡着德昂族使用环境资源的行为活动。

二　德昂族村落文化变迁的适应与选择

文化变迁是人类与环境的互动过程。人类对环境变化具有适应性和选择性,无论是被动地适应与选择,还是主动地适应与选择,人类的适应与选择旨在维持人类生存和发展繁衍。如上所述,德昂族村落的文化变迁主要体现在作物种植种类的变迁、耕作历法的变迁、耕作方式的变迁、农耕礼仪的变迁四个方面。在社会发展的进程中,德昂族村落对其文化变迁有着自己的适应和选择,这可以从四个层面来分析:作物种植种类变迁的适应与选择、耕作历法变迁的适应与选择、耕作方式变迁的适应与选择、农耕礼仪变迁的适应与选择。

1. 作物种植种类变迁的适应与选择

从德昂族作物种植类型变迁的情况看，该民族在 20 世纪 50 年代前后的作物种植种类较为单一，现在种植种类相对多样化。种植的稻谷有了杂交稻，经济作物种植类型更为丰富，除了传统的茶叶种植，还种植甘蔗和橡胶等新兴经济作物，以此给家庭经济带来更多的收益，体现出了该民族对社会经济发展带来的作物种植种类变迁的适应与选择。

（1）对作物种植种类变迁的适应

70 年代末 80 年代初，国家推行经济改革政策，市场经济逐渐在国内发展起来。其中，作物种植种类的更新是坝区农村和山区、半山区经济发展的一项重要举措。德昂族村落主要分布在亚热带的山区和半山区，长期以来以自给自足的小农经济为主，如同国内其他村落一样，不但普遍种植杂交稻，而且受国家市场经济发展的影响，在地方经济发展部门的引导下，给家庭经济收入带来更多经济效益的作物种植逐渐普及开来。除了茶叶种植外，部分德昂族村落于 80 年代末开始引入甘蔗种植，到 21 世纪初地处热带和亚热带交界的少部分德昂族村落开始引入橡胶种植。作物种植的目的不再是单纯地满足个人的生存需求，而是更多地产出以增加家庭经济收入，逐步适应作物种植种类的变迁，以此回应地方经济发展给德昂族家庭经济收入带来的影响。

（2）对作物种植种类变迁的选择

德昂族村落分布的德宏、保山和临沧，地处云南西南部和南部，虽然这些区域都处于亚热带季风气候生态带里，但是各个区域的发展有着明显的地方特点。在德昂族村落中，除了少数村落以玉米为主要粮食作物外，绝大多数村落以稻谷为主要粮食作物，稻谷的种植种类大同小异，差别不大。与粮食作物种植种类相比，在当地社会经济发展的影响下，德昂族村落的经济作物种植种类变迁就呈现出更大变化。

德宏芒市是德昂族村落最为集中的区域，三台山德昂族乡、芒市镇、勐戛镇、五岔路乡和中山乡的德昂族村落都继续着茶叶种植传统，保留着茶叶种植，而且，茶叶还是部分德昂族村落的主要经济作物种类，种植面积在一定程度上有所扩展。

与茶叶种植相比，甘蔗是 80 年代末引入德昂族村落种植的经济作物，产量高。绝大多数德昂族村落都有甘蔗种植，而且其家庭经济收入的主要部分来自甘蔗种植，这些村落分别是：德宏芒市三台山德昂族乡和遮放镇的全部德昂族村，勐戛镇、五岔路乡的部分德昂族村，德宏瑞丽畹町镇、勐秀乡、户育乡的全部德昂族村，德宏梁河和盈江的所有德昂族村，德宏陇川章凤镇和景罕镇的部分德昂族村，临沧镇康南伞镇的部分德昂族村，保山的所有德昂族村。

橡胶是 21 世纪初部分德昂族村落引入种植的经济作物，普及面没有甘蔗种植广，主要分布在德宏瑞丽户育乡的德昂族村，德宏芒市遮放镇的部分德昂族村，临沧镇康南伞镇的部分德昂族村、军赛乡的德昂族村，临沧耿马和永德的德昂族村。

茶叶、甘蔗和橡胶是德昂族村落中三种主要经济作物类型。近年来，不少其他经济林果种植也在德昂族村落开展和规划开展，如咖啡种植、八角种植、花椒种植、坚果种植、板栗种植、核桃种植、油菜种植、菠萝蜜种植、柚子种植、柠檬种植、竹子种植、西瓜种植等。

咖啡在德宏芒市三台山德昂族乡和勐戛镇以及保山市的部分德昂族村规划种植；八角种植主要在德宏芒市三台山德昂族乡的大多数德昂族村开展；花椒种植在德宏芒市三台山德昂族乡的少部分德昂族村进行；坚果种植在德宏芒市三台山德昂族乡、勐戛镇和五岔路乡的部分德昂族村进行；板栗种植在德宏芒市三台山德昂族乡的部分德昂族村开展；核桃主要在德宏芒市五岔路乡和保山隆阳区潞江镇的部分德昂族村、临沧镇康南伞镇的部分德昂族村规划种植。

油菜种植主要在德宏梁河河西乡的德昂族村开展；菠萝蜜种植见于德宏芒市三台山德昂族乡的少数德昂族村；柚子种植见于德宏瑞丽勐秀乡的少数德昂族村；柠檬种植见于德宏瑞丽勐卯镇、勐秀乡和户育乡的部分德昂族村；竹子种植见于德宏芒市勐戛镇、瑞丽勐秀乡的部分德昂族村；西瓜种植见于德宏陇川章凤镇的部分德昂族村。近年来，德宏陇川章凤镇有两个德昂族村分别种红土晒烟和黄土晒烟，保山隆阳区潞江镇有一个德昂族村种香料烟。

德昂族对作物种植种类变迁的适应与选择，是以村落为单位体现出来的。目前，各个德昂族村落都有建设主要特色产业的举措和规划。经济作物种植种类的选择就是村落发展特色产业的主要路径。尽管各德昂族村落经济作物种植种类存在不同，但是在德昂族村落最为集中的芒市，茶叶种植依然是这些村落认可的主要经济作物种植类型，特别是部分村落扩展茶叶种植面积，以茶叶种植为基础大力发展传统绿色产业，把种植传统与经济发展密切相连，带动传统产业的发展。

2. 耕作历法变迁的适应与选择

上文已述，德昂族的耕作历法过去是按傣历进行，现在是参照阳历按大春和小春进行农事活动的安排，这反映出了德昂族受外部环境影响并对耕作历法变迁进行适应和选择。

（1）德昂族对耕作历法变迁的适应

德昂族有语言无文字。20 世纪 50 年代前，该民族在社会、政治、经济、文化、语言、宗教等方面深受傣族的影响，耕作和宗教礼仪是按傣历开展的。如前所述，傣历以六月为年首，每年有 12 个月，单月每月有 30天，双月每月有 29 天，全年共 354 天。随着中华人民共和国的成立，50 年代后，德昂族与国内其他群体一样逐渐普遍使用阳历来安排生产生活，同时也保留着过去的参照历法，并且按大小春的节令安排耕作活动。耕作历法的变迁并没有影响德昂族对耕作活动和农耕礼仪的开展，相反，德昂族通过耕作活动和农耕礼仪，适应着耕作历法的变迁。

（2）德昂族对耕作历法变迁的选择

耕作历法变迁，是文化变迁的一种表现形式。德昂族对耕作历法变迁的选择，其实是一种适应文化环境变迁的选择。上文已述，德昂族过去深受傣族的影响，50 年代后，德昂族同国内其他民族一样，在保留本民族传统使用历法的基础上，在耕作安排上逐渐开始使用阳历。表 4 - 10 是德昂 - 傣历、阳历和汉族农历的时间对照。虽然傣历以六月为年首，但是德昂族的耕作活动与农耕礼仪的安排并没有因为历法的不同而改变，即使是按有时间界限的大小春来安排耕作活动，耕作节令也并没有因为时间的界限而产生更多的差异，德昂族依然从事以作物种植为基础的农耕生产。

3. 耕作方式变迁的适应与选择

德昂族主要分布在山区和半山区，虽然有部分水田，但生产劳动主要在山地开展。前文提到，德昂族过去的山地耕作模式主要是游耕或刀耕火种，耕作管理粗放，肥力靠自然恢复，用水全靠天降雨来维持，农具主要是手制农具。德昂族现在的耕作模式主要是定耕，耕作管理精细，肥力恢复使用化肥和农家肥，用水来源除了雨水还有灌溉，农具除了手制农具还有机械农具。这些事项揭示出了德昂族对因社会经济发展环境变化导致的耕作方式变迁进行的适应与选择。

（1）德昂族对耕作方式变迁的适应

在新中国成立前，德昂族没有自己的水田，全靠租用当地富人的水田耕种，在山地开山而植。新中国成立以后，国家实行土地改革政策，德昂族有了自己的水田和耕地。随着农业耕作技术的变革，德昂族如同国内其他农耕民族一样，对农地开展精细管理，增加种植品种，作物产量在不断提高，不但能满足生存生活之需，还能有相当的部分投入市场交易来获取经济收入。由此看出，德昂族对耕作方式变迁的适应，在很大程度上反映出的是对社会经济发展环境变化的适应。

（2）德昂族对耕作方式变迁的选择

刀耕火种是20世纪50年代前云南山地农耕民族普遍使用的一种耕作方式。人口稀少和可使用土地面积多，是开展刀耕火种的前提条件。随着社会经济发展，人口增多，对作物的需求增大，土地资源使用受限，以游耕为特点的刀耕火种耕作方式已经不能适应山地农耕民族生存和发展的需求。德昂族是云南的山地农耕民族之一，同云南其他山地农耕民族一样，在社会经济发展中，人口在增多，耕地资源显得有限，该民族的耕作方式从以游耕为特点的刀耕火种耕作方式变为了以定耕为主的精耕细作，耕作管理从粗放到精细，肥力从缓慢的自然恢复到快速的人工恢复，用水从自然供给到人工调节，耕作农具从手工农具到机械农具。耕作方式变迁在很大程度上缓解了因人口增长而导致的以土地为主的环境资源使用紧张，提高了作物的收成，保障着维系生存的基本口粮。从这个层面看，德昂族对耕作方式变迁的选择，其实是一种对人口增多导致资源使用受限的回应。

4. 农耕礼仪变迁的适应与选择

德昂族的农耕礼仪变迁，主要体现在时间的安排上。德昂族过去参照傣历来安排农耕礼仪，现在根据阳历来说明农耕礼仪发生的时段，但具体到农耕礼仪的时刻，还是按傣历安排。

（1）德昂族对农耕礼仪变迁的适应

德昂族对农耕礼仪变迁的适应，主要体现在用阳历安排农耕礼仪举行的时段。从表4-12可见，傣历六月是阳历的4月，也是农历的三月，是欢度泼水节的时刻。德昂族不但是万物有灵信仰者，也是南传佛教信徒。泼水节是信仰南传佛教的人群过的节日，是一年中最隆重的农耕礼仪活动，旨在通过泼水迎来一个吉祥平安的新年。德昂族认为，泼水节后，雨水就来了，可以为春耕提供水分。傣历九月是阳历的7月，也是汉族农历的六月，开始进洼，这是南传佛教信仰中佛诞节日的开始，也称"关门节"。在进洼的最后一天，要祭寨心，即村落寨神所在之处。傣历十月就是阳历的8月，也是农历的七月，举行佛诞中的供包仪式。傣历十一月就是阳历的9月，也是农历的八月，举行出洼，也称"开门节"。在出洼的最后一天，同样要祭寨心，佛诞节日就结束了。在佛诞节日期间，和尚不能出奘房（寺院）。老人说，这是为了避免伤害土地中的昆虫，是为了维持农耕作物顺利生长。之后一个月，作物开始收割，要举行接谷魂回家和祭谷魂的农耕仪式。谷魂，即谷娘，是掌管作物收成的女神。进洼、供包、出洼、祭寨心、祭谷魂都是为了祈祷超自然神灵保佑农耕作物顺利生长和收获，从而五谷丰登、人畜平安、人丁兴旺。傣历一月是阳历的11月，即农历的十月，举行供黄单仪式。这是作物收获后，给奘房（寺院）的和尚献新袈裟的仪式，是一种作物有收成的象征。到了傣历四月，就是阳历的2月，即农历一月，会举行家户祭谷魂、过年和烧白柴的仪式。过年是汉族农历的新年，烧白柴一般在农历正月十五举行。老人说，烧白柴后，天气逐渐升温变热，就要为一年的耕作活动做准备了。

（2）德昂族对农耕礼仪变迁的选择

德昂族过去用傣历来安排农耕礼仪，现在按阳历来划分农耕礼仪举行的时段，其中烧白柴在农历一月中旬举行。此外，该民族也把汉族农历新年列入农耕礼仪范畴。汉族是国内人口最多的民族。新中国成立后，德昂族学汉语、识汉字，大量地接触汉族的文化。德昂族保留傣族历法对农耕礼仪时间安排的影响，同时也参照汉族的农历，并且接受了世界通用的阳历，体现出多元文化整合的特点。文化整合，是文化变迁的一种表现形式，是不同文化之间相互影响的体现，尤其是不同文化的群体相邻聚居，文化会相互吸收、融合、涵化，发生内容或形式上的变化。引发文化整合的有环境的因素、人口流动的因素、时间的因素和文化自身的因素。由此，德昂族对农耕礼仪变迁的选择，其实是一种对以多元文化并存为基础的文化整合的认可。

第四节　民族之间的团结与互助

德昂族主要分布的德宏傣族景颇族自治州、临沧市和保山市，地处中国云南与缅甸交界，是云南多民族聚居的区域之一。在这片区域中，生活着傣族、汉族、景颇族、傈僳族、阿昌族、佤族等民族。尽管各民族都有着自己的历史文化语言和风俗习惯，但是各民族在生存与发展过程中，你中有我、我中有你，互相扶持，共生共融，共同构建着民族团结进步和边疆繁荣稳定的氛围。田野调查显示，在德昂族分布区内，与其他民族交错而居是德昂族的主要居住模式，以此为基础，民族之间的团结与互助，主要从三个方面体现出来：第一，农耕生产的团结与互助；第二，产业发展的团结与互助；第三，社会生活的团结与互助。

一　德昂族与其他民族交错而居的分布状况

德昂族是德宏傣族景颇族自治州的五个人口较多的民族之一，是临沧市和保山市的世居民族之一。根据田野调查资料统计，在德昂族村落的人口分布中，有的村落人口全是德昂族，有的村落人口以德昂族为主，有的村落是德昂族与其他民族兼而有之。

1. 德宏芒市三台山德昂族乡德昂族与其他民族交错而居的分布状况

三台山德昂族乡辖勐丹、出冬瓜、允欠、帮外4个村民委员会，36个自然村，其中德昂族村有21个，景颇族村有7个，汉族村有8个。其中，勐丹村委会有11个德昂族村，人口全为德昂族，分别是勐丹、南虎老寨、南虎新寨、沪东娜、勐么、马脖子一组、马脖子二组、冷水沟、护拉山、帮囊、广纳；有3个汉族村，分别是四家寨、常新寨、上芒岗。出冬瓜村委会有6个人口全是德昂族的村落，分别是出冬瓜一组、二组、三组、四组，以及卢姐萨、旱外；有3个汉族村，分别是旱内、兴隆寨、毕家寨。帮外村委会有 3 个人口全是德昂族的村落，分别是帮外、上帮、帕当坝；有 2 个景颇族村，分别是拱别和帮外三组；有 2 个汉族村，分别是光明社和帮滇。允欠村委会有 1 个人口全是德昂族的村落，即允欠三组；有 4 个景颇族村，分别是允欠、拱岭、帮弄、下芒岗。

2. 德宏芒市其他德昂族村落德昂族与其他民族交错而居的分布状况

前文提到，芒市其他乡镇的德昂族村落分散在芒市镇、勐戛镇、五岔路乡、中山乡和遮放镇。其中，芒市镇有 2 个村，勐戛镇有 4 个村，五岔路乡有 3 个村，中山乡有 3 个村，遮放镇有 4 个村。

芒市镇的土城村属于该镇河心场村委会，是一个以德昂族为主兼有阿昌族的村落，与傣族村和景颇族村相邻。

芒市镇的芒龙山村属于该镇回贤村委会，是一个有德昂族、汉族、傈僳族、傣族、景颇族的村落，与傣族村、景颇族村和傈僳族村相邻。

勐戛镇的香菜塘村属于该镇勐稳村委会，是一个以德昂族为主兼有少量汉族的村落，与汉族村、傣族村和景颇族村相邻。

勐戛镇的风吹坡村属于该镇勐稳村委会，是一个以德昂族为主兼有少量汉族的村落，与汉族村、傣族村和景颇族村相邻。

勐戛镇的茶叶箐村属于该镇勐戛村委会，是一个全村人口为德昂族的村落，与汉族村相邻。

勐戛镇的弯手寨村属于该镇勐旺村委会，是一个全村人口为德昂族的村落，与汉族村相邻。

五岔路乡帮岭三队属于该乡五岔路村委会，是一个全村人口为德昂族的村落，与汉族村相邻。

五岔路乡老石牛村属于该乡梁子街村委会，是一个全村人口为德昂族的村落，与汉族村相邻。

五岔路乡横山村属于该乡新寨村委会，是一个以德昂族为主兼有少量汉族的村落，与汉族村相邻。

中山乡小街村属于该乡芒丙村委会，是一个全村人口德昂族与汉族各为一半的村落，与景颇族村和汉族村相邻。

中山乡等线村属于该乡赛岗村委会，是一个全村人口为德昂族的村落，与汉族村和傈僳族村相邻。

中山乡波戈村属于该乡赛岗村委会，是一个全村人口为德昂族的村落，与汉族村和傈僳族村相邻。

遮放镇芒棒村属于该镇弄坎村委会，是一个以德昂族为主兼有少量汉族和景颇族的村落，与汉族村和傣族村相邻。

遮放镇贺焕村属于该镇弄坎村委会，是一个以德昂族为主兼有少量汉族和景颇族的村落，与汉族村和傣族村相邻。

遮放镇拱撒村属于该镇河边寨村委会，是一个以德昂族为主兼有少量汉族和傣族的村落，与汉族村和景颇族村相邻。

遮放镇拱送村属于该镇拱岭村委会，是一个以德昂族为主兼有少量景颇族和汉族的村落，与景颇族村和汉族村相邻。

3. 德宏瑞丽德昂族村落德昂族与其他民族交错而居的分布状况

畹町镇芒棒村属于该镇的芒棒村委会，是一个以德昂族为主兼有汉族的村落，与傣族村和汉族村相邻。

畹町镇回环村属于该镇芒棒村委会，是一个以德昂族为主兼有少量汉族的村落，与傣族村和汉族村相邻。

畹町镇华我村属于该镇混板村委会，是一个以德昂族为主兼有少量汉族的村落，与傣族村和汉族村相邻。

勐卯镇贺德村属于该镇姐岗村委会，是一个以德昂族为主兼有少量汉族的村落，与傣族村和汉族村相邻。

勐秀乡广卡村属于该乡勐秀村委会，是一个以德昂族为主兼有少量汉族的村落，与汉族村和景颇族村相邻。

勐秀乡雷门村属于该乡勐秀村委会，是一个以德昂族为主兼有少量汉族和景颇族的村落，与汉族村和景颇族村相邻。

勐秀乡南桑村属于该乡勐秀村委会，是一个以德昂族为主兼有少量汉族、傈僳族和景颇族的村落，与汉族村和景颇族村相邻。

户育乡户育村属于该乡户育村委会，是一个以德昂族为主兼有景颇族和少量汉族的村落，与汉族村和景颇族村相邻。

户育乡雷贡村属于该乡户育村委会，是一个以德昂族为主兼有少量景颇族和汉族的村落，与汉族村和景颇族村相邻。

户育乡弄贤村属于该乡弄贤村委会，是一个以德昂族为主兼有少量汉族的村落，与汉族村和景颇族村相邻。

4. 德宏陇川德昂族村落德昂族与其他民族交错而居的分布状况

章凤镇云盘村属于该镇章凤村委会，是一个以德昂族为主兼有景颇族和汉族的村落，与汉族村和傣族村相邻。

章凤镇南多村属于该镇芒弄村委会，是一个以德昂族和傣族为主兼有少量汉族的村落，与汉族村、傣族村和景颇族村相邻。

章凤镇芒棒村属于该镇户弄村委会，是一个以德昂族和傣族为主的村落，与汉族村、傣族村和景颇族村相邻。

章凤镇费顺哈村属于该镇户弄村委会，是一个以德昂族、汉族和傣族为主的村落，与汉族村、傣族村和景颇族村相邻。

章凤镇费刚村属于该镇户弄村委会，是一个以德昂族、汉族和傣族为主的村落，与汉族村、傣族村和景颇族村相邻。

章凤镇弄模村属于该镇拉勐村委会，是一个以德昂族和傣族为主兼有少量汉族的村落，与汉族村、傣族村和景颇族村相邻。

景罕镇景哏村属于该镇景罕村委会，是一个以德昂族和景颇族为主兼有少量汉族和傣族的村落，与汉族村、傣族村和景颇族村相邻。

5. 德宏梁河德昂族村落德昂族与其他民族交错而居的分布状况

河西乡二古城村属于该乡勐来村委会，是一个以德昂族为主兼有少量阿昌族、傣族和汉族的村落，与阿昌族村、汉族村和傣族村相邻。

九保乡上白路村属于该乡勐宋村委会，是一个以德昂族为主兼有少量汉族的村落，与阿昌族村、汉族村和傣族村相邻。

九保乡下白路村属于该乡勐宋村委会，是一个以德昂族为主兼有少量傣族的村落，与阿昌族村、汉族村和傣族村相邻。

6. 德宏盈江德昂族村落德昂族与其他民族交错而居的分布状况

新城乡松山一组属于该乡杏坝村委会，是一个以德昂族为主兼有少量汉族的村落，与汉族村和傣族村相邻。

新城乡松山二组属于该乡杏坝村委会，是一个以德昂族为主兼有少量汉族的村落，与汉族村和傣族村相邻。

旧城镇小辛寨属于该镇新民村委会，是一个全村人口皆为德昂族的村落，与汉族村和傣族村相邻。

7. 临沧镇康的德昂族村落德昂族与其他民族交错而居的分布状况

南伞镇白岩村属于该镇白岩村委会，是一个以德昂族和汉族为主的村落，与汉族村相邻。

南伞镇硝厂沟村属于该镇白岩村委会，是一个以德昂族为主兼有少量汉族的村落，与汉族村相邻。

南伞镇哈里村属于该镇哈里村委会，是一个以德昂族为主兼有少量汉族的村落，与汉族村相邻。

南伞镇下寨村属于该镇哈里村委会，是一个以德昂族为主兼有少量汉族的村落，与汉族村相邻。

南伞镇中寨村属于该镇哈里村委会，是一个以德昂族为主兼有少量汉族的村落，与汉族村相邻。

南伞镇大寨村属于该镇哈里村委会，是一个以德昂族为主兼有少量汉族的村落，与汉族村相邻。

南伞镇火石山村属于该镇哈里村委会，是一个以德昂族为主兼有少量汉族的村落，与汉族村相邻。

军赛乡红岩组属于该乡岔路村委会，是一个以德昂族为主兼有少量汉族的村落，与汉族村和佤族村相邻。

8. 临沧耿马德昂族村落德昂族与其他民族交错而居的分布状况

孟定镇红木林村属于该镇下坝村委会，是一个人口全是德昂族的村落，与傣族村和汉族村相邻。

孟定镇班幸村属于该镇班幸村委会，是一个人口全是德昂族的村落，与汉族村相邻。

孟定镇大湾塘村属于该镇班幸村委会，是一个人口全是德昂族的村落，与汉族村相邻。

孟定镇千家寨属于该镇班幸村委会，是一个人口全是德昂族的村落，与汉族村相邻。

勐简乡新寨村属于该乡勐简村委会，是一个人口全是德昂族的村落，与傣族村、汉族村和佤族村相邻。

9. 临沧永德德昂族村落德昂族与其他民族交错而居的分布状况

崇岗乡豆腐铺组属于该乡团树村委会，是一个以德昂族为主兼有少量汉族的村落，与汉族村相邻。

10. 保山隆阳德昂族村落德昂族与其他民族交错而居的分布状况

潞江镇大中寨属于该镇芒颜村委会，是一个人口全是德昂族的村落，与汉族村和傣族村相邻。

潞江镇那线寨属于该镇芒颜村委会，是一个人口全是德昂族的村落，与汉族村和傣族村相邻。

潞江镇白寨属于该镇石梯村委会，是一个以德昂族为主兼有少量汉族的村落，与汉族村和傣族村相邻。

二 德昂族村落的民族分布

从田野调查得知，在德昂族村落内部的民族分布中，约42%的村落人口全为德昂族，约48%的村落人口多数为德昂族，约10%的村落人口部分为德昂族，见表4-13。

表 4-13 德昂族村落的民族分布

州（地）	市（县）	乡（镇）	村落名称	民族分布			
				德昂族			其他民族
				全部人口	多数人口	部分人口	
德宏傣族景颇族自治州	芒市	三台山德昂族乡	勐丹	是			
			南虎老寨	是			
			南虎新寨	是			
			沪东娜	是			
			勐么	是			
			马脖子一组	是			
			马脖子二组	是			
			冷水沟	是			
			护拉山	是			
			帮囊	是			
			广纳	是			
			出冬瓜一组、二组、三组、四组	是			

续表

州（地）	市（县）	乡（镇）	村落名称	民族分布			
				德昂族			其他民族
				全部人口	多数人口	部分人口	
德宏傣族景颇族自治州	芒市	三台山德昂族乡	卢姐萨	是			
			早外	是			
			帮外	是			
			上帮	是			
			帕当坝	是			
			允欠三组	是			
		芒市镇	土城		是		阿昌族
			芒龙山			是	汉族、傈僳族、傣族、景颇族
		勐戛镇	香菜塘		是		汉族
			风吹坡		是		汉族
			茶叶箐	是			
			弯手寨	是			
		五岔路乡	帮岭三队	是			
			老石牛	是			
			横山		是		汉族
		中山乡	小街		是		汉族
			等线	是			
			波戈	是			
		遮放镇	芒棒		是		汉族、景颇族
			贺焕		是		汉族、景颇族
			拱撒		是		汉族、傣族
			拱送		是		景颇族、汉族
	瑞丽市	畹町镇	芒棒		是		汉族
			回环		是		汉族
			华我		是		汉族
		勐卯镇	贺德		是		汉族

州（地）	市（县）	乡（镇）	村落名称	民族分布			
				德昂族			其他民族
				全部人口	多数人口	部分人口	
德宏傣族景颇族自治州	瑞丽市	勐秀乡	广卡		是		汉族
			雷门		是		汉族、景颇族
			南桑		是		汉族、傈僳族、景颇族
		户育乡	户育		是		景颇族、汉族
			雷贡		是		景颇族、汉族
			弄贤		是		汉族
	陇川县	章凤镇	云盘		是		景颇族、汉族
			南多			是	傣族、汉族
			芒棒			是	傣族
			费顺哈			是	汉族、傣族
			费刚			是	汉族、傣族
			弄模			是	傣族、汉族
		景罕镇	景哏			是	景颇族、汉族、傣族
	梁河县	河西乡	二古城		是		阿昌族、傣族、汉族
		九保乡	上白路		是		汉族
			下白路		是		傣族
	盈江县	新城乡	松山一组		是		汉族
			松山二组		是		汉族
		旧城镇	小辛寨	是			
临沧市	镇康县	南伞镇	白岩			是	汉族
			硝厂沟		是		汉族
			哈里		是		汉族
			下寨		是		汉族
			中寨		是		汉族
			大寨		是		汉族
			火石山		是		汉族

续表

州（地）	市（县）	乡（镇）	村落名称	民族分布			
				德昂族			其他民族
				全部人口	多数人口	部分人口	
临沧市	镇康县	军赛乡	红岩		是		汉族
	耿马县	孟定镇	红木林	是			
			班幸	是			
			大湾塘	是			
			千家寨	是			
		勐简乡	新寨	是			
	永德县	崇岗乡	豆腐铺组		是		汉族
保山市	隆阳区	潞江镇	大中寨	是			
			那线寨	是			
			白寨		是		汉族

与德昂族村落相邻的其他民族村寨有汉族村、傣族村、景颇族村、阿昌族村、傈僳族村、佤族村等，见表4-14。

表4-14　与德昂族村落相邻的其他民族村落分布

州（地）	市（县）	乡（镇）	德昂族村落	相邻的其他民族村落
德宏傣族景颇族自治州	芒市	三台山德昂族乡	勐丹	汉族村
			南虎老寨	
			南虎新寨	
			沪东娜	
			勐么	
			马脖子一组	
			马脖子二组	
			冷水沟	
			护拉山	
			帮囊	
			广纳	

州(地)	市(县)	乡(镇)	德昂族村落	相邻的其他民族村落
德宏傣族景颇族自治州	芒市	三台山德昂族乡	出冬瓜一组、二组、三组、四组	汉族村
			卢姐萨	
			早外	
			帮外	景颇族村、汉族村
			上帮	
			帕当坝	
			允欠三组	景颇族村
		芒市镇	土城	傣族村、景颇族村
			芒龙山	傣族村、景颇族村、傈僳族村
		勐戛镇	香菜塘	汉族村、傣族村、景颇族村
			风吹坡	汉族村、傣族村、景颇族村
			茶叶箐	汉族村
			弯手寨	汉族村
		五岔路乡	帮岭三队	汉族村
			老石牛	汉族村
			横山	汉族村
		中山乡	小街	景颇族村、汉族村
			等线	汉族村、傈僳族
			波戈	汉族村、傈僳族
		遮放镇	芒棒	汉族村、傣族村
			贺焕	汉族村、傣族村
			拱撒	汉族村、景颇族村
			拱送	景颇族村、汉族村
	瑞丽市	畹町镇	芒棒	傣族村、汉族村
			回环	傣族村、汉族村
			华我	傣族村、汉族村
		勐卯镇	贺德	傣族村、汉族村
		勐秀乡	广卡	汉族村、景颇族村
			雷门	汉族村、景颇族村
			南桑	汉族村、景颇族村

续表

州（地）	市（县）	乡（镇）	德昂族村落	相邻的其他民族村落
德宏傣族景颇族自治州	瑞丽市	户育乡	户育	汉族村、景颇族村
			雷贡	汉族村、景颇族村
			弄贤	汉族村、景颇族村
	陇川县	章凤镇	云盘	汉族村、傣族村
			南多	汉族村、傣族村、景颇族村
			芒棒	汉族村、傣族村、景颇族村
			费顺哈	汉族村、傣族村、景颇族村
			费刚	汉族村、傣族村、景颇族村
			弄模	汉族村、傣族村、景颇族村
		景罕镇	景哏	汉族村、傣族村、景颇族村
	梁河县	河西乡	二古城	阿昌族村、汉族村、傣族村
		九保乡	上白路	阿昌族村、汉族村、傣族村
			下白路	阿昌族村、汉族村、傣族村
	盈江县	新城乡	松山一组	汉族村、傣族村
			松山二组	汉族村、傣族村
		旧城镇	小辛寨	汉族村、傣族村
	镇康县	南伞镇	白岩	汉族村
			硝厂沟	汉族村
			哈里	汉族村
			下寨	汉族村
			中寨	汉族村
			大寨	汉族村
			火石山	汉族村
		军赛乡	红岩	汉族村、佤族村
	耿马县	孟定镇	红木林	傣族村、汉族村
			班幸	汉族村
			大湾塘	汉族村
			千家寨	汉族村
		勐简乡	新寨	傣族村、汉族村、佤族村

州（地）	市（县）	乡（镇）	德昂族村落	相邻的其他民族村落
临沧市	永德县	崇岗乡	豆腐铺组	汉族村
保山市	隆阳区	潞江镇	大中寨	汉族村、傣族村
			那线寨	汉族村、傣族村
			白寨	汉族村、傣族村

三　德昂族与其他民族之间的团结与互助

德昂族与当地其他民族之间的居住格局表现为交错而居。上文显示，几乎所有的德昂族村落都与其他民族村寨相邻，而且一半多的德昂族村落内部都有其他民族人口的分布。如前所述，德昂族主要分布的德宏、临沧和保山属于亚热带季风区，气候湿热，山坝相间，适宜农耕。在这片区域中的各民族村落的生计方式几乎都以农耕为主，从事着相似的作物种植。近年来，各个村落逐步开始发展特色产业，在农耕生产、产业发展、社会生活中都体现出了民族之间的团结与互助。

1. 德昂族与其他民族之间在农耕生产中的团结互助

农耕生产是农耕民族生产维系其生存的粮食的活动。从田野调查得知，德昂族村落如同其他农耕村落一样，其农耕生产有两个最繁忙的时期：一个是播种时期，一个是收获时期。在这两个繁忙时期，村民会频繁地开展生产团结互助活动，以应对因生产劳动力、畜力或耕作工具紧缺而导致的农耕活动困难，体现出群体团结克服困难的力量。根据对德宏、临沧和保山的部分德昂族村落调查得知，在农耕生产上各民族不分彼此、齐心合力，农耕生产没有民族之分，特别在农忙期间较能体现出德昂族与其他民族之间的团结互助。

（1）德宏芒市三台山德昂族乡的农耕生产与民族之间的团结互助

三台山德昂族乡有 21 个德昂族村，7 个景颇族村，8 个汉族村。根据对部分德昂族农户、景颇族农户和汉族农户的调查与访谈得知，在农耕生产繁忙时期，在保障自己的农耕生产不受影响的情况下，几乎所有农户都愿意互相支持，开展农耕生产团结互助活动，而且农耕生产互助活动中没有民族之分。

（2）德宏芒市其他乡镇德昂族村落的农耕生产与民族之间的团结互助

除了三台山德昂族乡，芒市有德昂族村落的乡镇还有勐戛镇、芒市镇、五岔路乡、中山乡和遮放镇。在这些乡镇中，有的德昂族村落人口全为德昂族，有的德昂族村落还有其他民族人口。

通过对这几个乡镇中的部分农户的调查和访谈得知，在农忙时节，各民族都会开展团结互助生产，相互支持彼此的农耕活动，以应对家庭劳动力短缺、畜力和耕作农具缺乏给农耕生产带来的不便，不会因民族之间的差别而终止团结互助。

（3）德宏瑞丽德昂族村落的农耕生产与民族之间的团结互助

在德宏，除了芒市，瑞丽也是一个德昂族村落分布较为密集的区域。在这片区域中，德昂族村落主要分布在畹町镇、勐卯镇、勐秀乡和户育乡。

与芒市的德昂族村落相比，瑞丽的德昂族村落更能体现出德昂族与其他民族交错而居的特点。田野调查显示，德昂族村落与周围的其他民族村落之间一直和睦共处；在德昂族村落内部，德昂族与其他民族之间也是互相帮助，尤其在农忙时节，互帮互助更是在各民族之间广泛开展。

（4）德宏陇川、梁河、盈江德昂族村落的农耕生产与民族之间的团结互助

类似瑞丽的情况，陇川、梁河和盈江德昂族村落的人口主要以德昂族为主，村落内部也有其他民族。

陇川有德昂族的村落主要分布在章凤镇和景罕镇。梁河德昂族村主要分布在河西乡和九保乡。盈江德昂族村主要分布在新城乡和旧城镇。

由田野调查得知，这些村落在农忙时节，民族之间在农耕生产中的团结与互助是比较明显的。

（5）临沧德昂族村落的农耕生产与民族之间的团结互助

除了德宏，临沧是德昂族的又一分布区，德昂族主要分布在镇康、耿马和永德三县。

在临沧镇康和永德的德昂族村落中，村落人口主要以德昂族为主，同时也有其他民族，与德宏的瑞丽、陇川、梁河和盈江的情况类似。临沧耿马的德昂族村落人口全是德昂族，这类似于德宏芒市三台山德昂族乡和勐

戛镇、五岔路乡、中山乡的部分德昂族村落的情况。根据对临沧德昂族村落的调查发现，各民族之间和睦为邻，在农忙时节都会互帮互助。

（6）保山德昂族村落的农耕生产与民族之间的团结互助

保山的德昂族村落集中在隆阳区的潞江镇，大中寨、那线寨是人口全是德昂族的村落，与汉族村和傣族村相邻而居；白寨是一个德昂族为主兼有少量汉族的村落，与汉族村和傣族村相邻而居。根据对保山德昂族村落的调查，德昂族与其他民族之间团结和睦，在农耕生产中，特别是农忙期间都会开展生产互助。

2. 德昂族与其他民族之间在产业发展中的团结互助

产业发展是以市场经济为背景，发展能给农户、村落或区域带来较大经济效益的活动。产业发展与集体脱贫、共同致富是相连的。德昂族主要分布在亚热带季风区，皆以亚热带经济作物种植为主开展产业发展，根据作物的种植特点及其带来的经济效益，开展特色产业。产业发展不会影响德昂族与其他民族之间的团结与互助。

（1）德宏三台山德昂族乡的产业发展与民族之间的团结互助

三台山德昂族乡是一个以德昂族为主兼有汉族和景颇族的多民族乡。该乡的产业发展主要以茶叶和甘蔗为主。其中，辖11个德昂族村和3个汉族村的勐丹村，除茶叶和甘蔗之外还种植板栗。辖6个德昂族村和3个汉族村的出冬瓜村，辖3个德昂族村、2个景颇族村和3个汉族村的帮外村，辖1个德昂族村和4个景颇族村的允欠村，其产业发展除了茶叶和甘蔗外，还种植香蕉、咖啡、坚果等。对部分德昂族农户、景颇族农户和汉族农户的抽样调查显示，几乎所有农户都认为本村的产业发展是不会破坏民族之间的团结与互助的；相反，产业发展导致农耕活动繁忙的时候，德昂族与其他民族之间都会加强团结互助。

（2）德宏芒市其他乡镇德昂族村落的产业发展和民族之间的团结互助

芒市镇土城村和芒龙山村的产业发展以茶叶为主。茶叶同样是勐戛镇香菜塘村、风吹坡村、茶叶箐村和弯手寨的主要产业发展项目，除了茶叶，风吹坡村和茶叶箐村也发展甘蔗产业。五岔路乡帮岭三队、老石牛村和横山村的产业发展也以茶叶为主。茶叶也是中山乡小街村、等线村和波戈村的主要产业。遮放镇芒棒村、贺焕村、拱撒村和拱送村发展的产业主要是甘蔗,其中拱撒村还有橡胶。田野调查显示,茶叶发展和甘蔗发展是这一区域的主要产业,生活在这里的各民族,在产业发展导致农耕活动繁忙的时候,不同民族之间都会互帮互助。

(3)德宏瑞丽德昂族村落的产业发展和民族之间的团结互助

瑞丽畹町镇芒棒村、回环村、华我村的主要产业是甘蔗。勐卯镇贺德村的主要产业是柠檬。勐秀乡广卡村、雷门村和南桑村的主要产业是甘蔗。户育乡户育村、雷贡村和弄贤村的主要产业是甘蔗,此外还种植橡胶和柠檬。与芒市德昂族村落对比,瑞丽德昂族村落的产业发展以甘蔗为主。从田野调查得知,德昂族与周围相邻的其他民族在因产业发展而农耕活动繁忙的时候,都会团结互助,使生产顺利开展。

(4)德宏陇川、梁河和盈江德昂族村落的产业发展和民族之间的团结互助

陇川章凤镇云盘村的主要产业是红土晒烟,南多村的主要产业是甘蔗和黄土晒烟,芒棒村、费顺哈村、费刚村、弄模村和景罕镇景眼村的主要产业都是甘蔗。

梁河河西乡二古城村,九保乡上白路村、下白路村,以及盈江新城乡松山一组、松山二组,旧城镇小辛寨的主要产业也是甘蔗。据调查,因产业发展而导致农耕活动繁忙时,各民族之间都会开展团结与互助。

(5)临沧德昂族村落的产业发展和民族之间的团结互助

镇康南伞镇白岩村、硝厂沟村、下寨村、大寨村和火石山村的主要产业是甘蔗,哈里村的主要产业是橡胶,中寨村的主要产业是膏桐,军赛乡红岩组的主要产业是橡胶。耿马孟定镇红木林村、班幸村、大湾塘村、千家寨村,勐简乡新寨村以及永德崇岗乡豆腐铺组村的主要产业也是橡胶。据对当地部分农户的访谈,产业发展是不会影响当地各民族之间的团结与互助的。

(6)保山德昂族村落的产业发展和民族之间的团结互助

保山的德昂族村落最少,全部分布在隆阳区潞江镇。大中寨和那线寨的产业发展以甘蔗和咖啡为主;白寨的产业有甘蔗和香料烟。据调查,因产业发展致使农事活动忙碌的时候,德昂族与相邻的其他民族之间还是会团结与互助。

3. 德昂族与其他民族在社会生活中的团结互助

如前所述，德昂族主要分布的德宏、临沧和保山都是多民族聚居的区域。田野调查显示，在这些区域中，各民族交错而居，不但在农耕生产和产业发展中，而且在社会生活中也能体现出彼此之间的和睦相处、团结互助。

（1）德宏三台山德昂族乡德昂族在社会生活中与其他民族之间的团结互助

三台山德昂族乡德昂族的社会生活不仅在本民族内部开展，而且与周围其他民族都保持着密切的联系，除了农耕生产和产业发展，在日常交往、婚丧嫁娶、宗教节庆等方面都有其他民族参与。其中，德昂族与其他民族开展和保持日常交往的最常用方式是馈赠茶叶。在德昂族家庭中，一旦有其他民族的客人到访，总会先给客人敬茶喝；在客人离开时，会送给客人一些自家制作的干茶。在德昂族的世界观和生命观中，茶叶是万物的阿祖，与生命和自然相联系，人与茶叶和谐共生是德昂族传统生态文明的基础。德昂族认为，送茶叶给客人是德昂族的传统礼仪，最能表达他们对客人的敬意，表达彼此之间和睦共处、团结互助的期望。德昂族人家有婚丧嫁娶和盖新房活动时，会有其他民族的村民参与和帮忙。德昂族村落举行集体的农耕礼仪和宗教节庆时，也会邀请其他民族村落参与。而且，据调查，在三台山德昂族乡中，也有少量的德昂族人家与其他民族（主要是汉族）通婚，德昂族与其他民族之间除了团结与互助外也有了亲属联系。

（2）德宏芒市其他乡镇德昂族在社会生活中与其他民族之间的团结互助

除了三台山德昂族乡，德宏芒市的德昂族主要分散在芒市镇、勐戛镇、五岔路乡、中山乡和遮放镇。芒市镇主要有傣族、景颇族、阿昌族、德昂族、汉族和傈僳族。勐戛镇主要有德昂族、汉族、傣族、景颇族。五岔路乡主要有德昂族和汉族。中山乡主要有德昂族、汉族、景颇族、傈僳族。遮放镇主要有德昂族、汉族、景颇族、傣族。据了解，与三台山德昂族乡的德昂族相比，德昂族在这些乡镇中更能体现出与其他民族交错而居的特点，在日常交往、婚丧嫁娶、宗教节庆等社会生活中与其他民族的团结互助比较明显，也有少量德昂族人家与其他民族通婚。值得一提的是，德昂族给其他民族敬茶和送茶叶的传统礼仪一直存在于德昂族与其他民族的交往中。

（3）德宏瑞丽德昂族在社会生活中与其他民族之间的团结互助

德宏瑞丽德昂族主要分布在畹町镇、勐卯镇、勐秀乡和户育乡。畹町镇主要有德昂族、汉族、傣族；勐卯镇主要有德昂族、汉族和傣族；勐秀乡主要有德昂族、汉族、景颇族、傈僳族；户育乡主要有德昂族、景颇族、汉族。从田野调查得知，瑞丽德昂族与其他民族交错而居的状况，类似于芒市除三台山德昂族乡外的其他乡镇，虽然瑞丽德昂族聚居的情形没有三台山德昂族乡集中，但是在日常交往、婚丧嫁娶、宗教节庆等社会生活中，德昂族保持着给其他民族送茶敬茶的传统礼仪；逢有事需要帮忙的时候，德昂族与其他民族都会彼此团结与互助。同时德昂族也存在与其他民族通婚的现象。

（4）德宏陇川、梁河、盈江德昂族在社会生活中与其他民族之间的团结互助

德宏陇川的德昂族主要分布在章凤镇和景罕镇，章凤镇主要有德昂族、景颇族、汉族、傣族；景罕镇主要有德昂族、景颇族、汉族和傣族。梁河的德昂族主要分布在河西乡和九保阿昌族乡，河西乡主要有德昂族、阿昌族、傣族和汉族；九保阿昌族乡主要有阿昌族、德昂族、汉族和傣族。盈江的德昂族主要分布在新城乡和旧城镇，新城乡主要有德昂族、汉族和傣族；旧城镇主要有德昂族、汉族和傣族。

德宏陇川、梁河和盈江德昂族与其他民族交错而居的状况，类似于瑞丽。据调查，在日常交往、婚丧嫁娶、宗教节庆等社会生活中，德昂族与其他民族之间的往来不但实践着茶叶馈赠的传统礼仪，而且和睦为邻、团结互助，也有通婚的情况。

（5）临沧德昂族在社会生活中与其他民族之间的团结互助

临沧德昂族主要分布在镇康县、耿马县和永德县。镇康的德昂族主要集中在南伞镇和军赛乡，南伞镇主要有德昂族和汉族；军赛乡主要有德昂族、汉族和佤族。耿马的德昂族主要集中在孟定镇和勐简乡，孟定镇主要有德昂族、傣族和汉族；勐简乡主要有德昂族、傣族、汉族和佤族。永德的德昂族主要集中在崇岗乡，崇岗乡主要有德昂族和汉族。据调查，在这

片区域中，德昂族与汉族的接触较多，也有与傣族和佤族的接触。各民族之间和睦相处，团结互助，在日常交往、婚丧嫁娶、宗教节庆等活动中，德昂族依旧保持着茶叶馈赠的传统礼仪，也有与其他民族通婚的现象。

（6）保山德昂族在社会生活中与其他民族之间的团结互助

保山德昂族主要集中在隆阳区的潞江镇。潞江镇主要有傣族、汉族和德昂族三个民族。据了解，在日常交往、婚丧嫁娶、宗教节庆等活动中，各民族之间会互通有无，团结互助。保山德昂族保持着与其他民族在交往中馈赠茶叶的传统礼仪，也有与其他民族通婚的现象。

由上看出，德昂族与其他民族之间的团结与互助主要从农耕生产、产业发展和社会生活的交往中体现出来，尤其是在社会生活的交往中。无论在聚居的区域，还是在散居的区域，德昂族都在用茶叶调节和建构着与其他民族和睦为邻的共居关系。尽管茶叶作为一种传统经济作物在部分德昂族分布区已经被甘蔗或橡胶之类的新兴经济作物所替代，但是在整个德昂族分布区的各类社会交往中，德昂族都在大量地使用着茶叶，并认同茶叶能使德昂族内外交往平衡。这种认同作为某种文化制衡机制，调节着德昂族的社会行为规范和伦理道德秩序，实践着人与自然和谐共生共处。

本章的主题是德昂族传统生态文明对区域可持续发展的探索，以德昂族村落为基础，主要阐述了四个方面的内容：生计方式的对比与分析、环境资源的制度与管理、文化变迁的适应与选择、民族之间的团结与互助。德昂族作为一个农耕民族，以农耕为主的生计方式是维持其生存和发展的基础。整个德昂族村落的生计方式主要分为粮食作物种植和经济作物种植，虽然近年来在德宏芒市三台山德昂族乡也开始发展养殖业。粮食作物的种类主要有稻谷和玉米；经济作物的种类较为多样，主要有茶叶、甘蔗、橡胶等。茶叶是德昂族传统的经济作物，为德昂先民代代传承；甘蔗和橡胶是近年来才开始种植的。聚居在德宏芒市的德昂族村落几乎都传承着祖辈留下的茶叶种植传统，与当地茶厂相联系，有的村落的茶叶种植面积还有所扩大。分散在德宏其他县份、临沧和保山的德昂族村落的经济作物种植以甘蔗或橡胶为主。即使如此，德宏盈江、陇川仍留着德昂先民种茶的遗址，保山德昂族村落旧址的茶树部分年代久远，已成为高黎贡山森林植被的一部分。虽然不是所有的德昂族村落都有茶叶种植，但是与甘蔗和橡胶种植相比，茶叶种植除了经济性外，还具有历史性、社会性和文化性。究其原因，茶叶已经融入了德昂族的社会生活中，不只是单纯满足自我消费或者给家庭带来经济收益的传统经济作物，更是一种德昂族与自然、社会、自我和其他群体的连接，这种连接在没有茶叶种植的德昂族村落依然存在，规范着德昂族的行为，包含着德昂族的伦理道德和文化秩序，体现着德昂族传统生态文明的实质与内涵。这是甘蔗、橡胶或其他经济作物不能相比的。

再看德昂族对环境资源的制度与管理，以土地为基础，粮食、经济作物和森林植被被有序地管理着。伴随着社会经济环境的变化，德昂族村落以生计方式为基础的农耕文化也在发生变迁，具体有作物种植种类的变迁、耕作历法的变迁、耕作方式的变迁和农耕礼仪的变迁。德昂族面对诸多以农耕为基础的文化变迁，也展现出了对变迁的适应与选择。德昂族生活在一个多民族交错而居的环境中，与其他民族之间一直和睦为邻。德昂族用茶叶构建了其传统生态文明，并在传统生态文明的影响下，与其他民族团结互助以维系共同的生存和发展，这对区域可持续发展与云南"民族团结进步、边疆繁荣稳定"示范区建设具有重要的推动作用。

第五章 德昂族传统生态文明与区域可持续发展的融合

前文已述，德昂族村落最为密集的区域是德宏芒市。在这片德昂族村落最为密集的区域中，有的村落人口全是德昂族，有的以德昂族为主兼有少部分汉族、景颇族或傣族，与之相邻的其他民族村落主要有汉族村、景颇族村、傣族村、阿昌族村和傈僳族村。而且，绝大部分村落都保留茶叶种植传统，并把茶叶种植发展为本村落的主要特色产业之一，在这些村落中茶叶与德昂族社会生活各方面的联系都非常明显。本章将以德宏芒市德昂族村落为主要研究对象，从生态环境的保护、传统产业的发展、文化传统的传承和民族关系的和谐四个方面来探讨德昂族传统生态文明与区域可持续发展相融合的情况。

第一节 生态环境的保护

生态环境是指影响人类生存与发展的自然资源的数量与质量的复合生态系统，与社会经济持续发展密切相关。生态这一词语来源于古希腊语，原指所有生物的状态、不同生物个体之间及生物与环境的关系。德国生物学家 E. 海克尔 1866 年首次提出"生态学"这一概念，是指关于生物与其外部世界环境关系的全部科学（Haeckel, 1866）。"环境"指围绕人类的外部世界，生态与环境相结合即构成了人类赖以生存和发展的生态环境。生态环境在国内的提出要追溯到 1982 年全国人民代表大会五届五次会议对"保护生态平衡"提法的讨论，会议采纳了用"保护生态环境"替代"保护生态平衡"的建议，"生态环境"开始普及开来（陈百明，2012）。

芒市是德宏傣族景颇族自治州的州府所在地，位于东经 98°01′～98°44′，北纬 24°05′～24°39′，东与保山龙陵相连，西南与瑞丽毗邻，西北接梁河、陇川，南与缅甸交界。从生态环境看，芒市地处低纬高原，受南亚热带季风气候的影响，气候温和、热量充足、干湿季分明。就气候特征而言，芒市年平均气温为 19.6℃，其中 6 月是最热月，月均温为 24.1℃；1 月是最冷月，月均温为 12.3℃。从降水量看，芒市一年的平均降水量为 1654.6 毫米，5 月到 10 月的降水占全年降水量的 89%。芒市的德昂族村落分布在山区，海拔 800～1600 米，各个村落的生态环境各有特色。

一　德昂族村落的生态环境状况

芒市的德昂族村落主要分布在三台山德昂族乡、芒市镇、勐戛镇、五岔路乡、中山乡和遮放镇。据调查，目前三台山乡的森林覆盖率为 59.1%，芒市镇、勐戛镇、五岔路乡、中山乡和遮放镇的森林覆盖率均在 55% 以上。森林植被主要有栎树、桦树等；适应性较强、经济价值高的树种主要有杉树、桦树和松树等；生活在森林中的动物有野猪、刺猬、山鸡等和各类昆虫；经济林果主要有板栗、香蕉、坚果等；主要的经济作物有茶叶和甘蔗等。芒市各乡镇德昂族村落的生态环境状况如下。

1. 三台山德昂族乡德昂族村落的生态环境状况

三台山德昂族乡（以下简称"三台山乡"）是全国唯一的德昂族乡，是德昂族最集中的聚居区，位于芒市西南部，通往瑞丽的 320 国道横穿乡境。三台山乡东临勐戛镇和风平镇，南接遮放镇，西靠五岔路乡，北接轩岗乡。乡政府所在地为紫胶园。辖勐丹、出冬瓜、允欠、帮外 4 个村民委员会，36 个村民小组，其中有 21 个德昂族村民小组，有 7 个景颇族村民小组，有 8 个汉族村民小组。

据乡政府提供的材料，三台山德昂族乡地处北纬 24°14′30″～24°24′05″，东经 98°28′52″～98°28′07″，受南亚热带低热丘陵气候的影响，年平均温度 16.9℃，年降雨量在 1300～1700 毫米，5 月到 10 月为雨季，11 月到次年 4 月为旱季。三台山的地貌属中切割中山区，地形起伏较大，全乡平均海拔 1400 多米，最高海拔达 1580 米，最低海拔为 800.5 米，属于亚热带浅切山地经作、经林、粮、牧区。三台山乡的土壤类型以砖红壤性红壤和紫色土为主。砖红壤性红壤土层深厚，肥力中等以上，质地较为适中，偏酸性；紫色土表土含有机质，土质偏黏，含钾丰富，磷不足，pH 值为酸性或中性，保水肥力强，适宜种茶叶等。三台山乡的水系均属芒市河流域，芒市河自东北向西南流经乡域北部边界，其支流邦滇河亦从东北向西南横贯乡域中部，乡域南部有芒市河的另一条支流黑鱼洞河经过。三台山乡有大岗坝水库、允欠水库等水库坝塘及一批输水管渠等水利设施。三台山乡尽管水资源还为丰富，但因属于石灰岩地区，山空洞多，地表水、地下水利用难度较大。按降雨季节来算，三台山的丰水季节为 5 月到 10 月，径流量占全年总量的 70% 以上，11 月至次年 4 月是旱季，部分水流无水，其中 3 月到 5 月是缺水期。在旱季时，有的寨子只能勉强维持人畜饮水，农田灌溉收益很小。

三台山乡德昂族村落的生态环境状况见表 4 - 4。

2. 芒市镇德昂族村落的生态环境状况

芒市镇位于芒市北部，是德宏州和芒市两级政府所在地。该镇北接保山龙陵，西面和南面连风平和轩岗，境内 320 国道贯穿南北。境内河流众多，芒市大河沿西而过，板过河、南秀河穿镇而过。芒市镇是城区、坝区、山区结合的多民族乡镇，有傣族、汉族、德昂族、景颇族、傈僳族、阿昌族等民族。全镇辖 10 个村委会，有 172 个村民小组，其中有两个德昂族村落。

芒市镇为南亚热带低热盆地气候，最高海拔 2377 米，最低海拔 807 米，夏无酷热，冬无严寒，年平均气温 19.5℃，历年极端最高温度 36.2℃，极端最低温度零下 0.6℃，年降雨量在 1300 毫米到 1653 毫米之间，干湿季分明，5 月到 10 月为雨季，11 月到次年 4 月为旱季。

芒市镇德昂族村落的生态环境状况见表 4 - 4。

3. 勐戛镇德昂族村落的生态环境状况

勐戛镇位于芒市南部，距市府芒市 33 公里，东北西三面分别与中山乡、风平乡、三台山德昂族乡、遮放镇、芒海乡 5 个乡镇相连，南与缅甸捧线接壤，国境线长 4.5 公里。该镇辖 9 个村民委员会，有 108 个村民小组。德昂族是当地世居少数民族之一，有 4 个村落。

勐戛镇地处东经 98°30′38″ ~ 98°38′45″，北纬 24°07′30″ ~ 24°24′24″，属中切割中山区，山地多陡坡，平均海拔 1370 米，年平均气温 14℃，年最低温约零下 2℃。干湿季分明，5 月到 10 月为雨季，11 月到次年 4 月为旱季，年均降水量 1200 ~ 2000 毫米。

勐戛镇德昂族村落的生态环境状况见表 4 - 4。

4. 五岔路乡德昂族村落的生态环境状况

五岔路乡位于德宏州潞西市西南部，距州首府芒市 44 公里，地处北纬 24°28′30″，东经 98°40′07″，东与轩岗接壤，南与三台乡、西山相接，西与龙江为邻，北与江东接壤。该乡辖 6 个村委会，63 个村民小组。有汉族、景颇族和德昂族，其中有 3 个村落是德昂族村。

五岔路乡平均海拔 1600 米，最高海拔 1850 米，最低海拔 885 米，属低纬度亚热带山地气候，常年平均气温 18℃。干湿季分明，5 月到 10 月为雨季，11 月到次年 4 月为旱季，年均降水量 1600 毫米。

五岔路乡德昂族村落的生态环境状况见表 4 - 4。

5. 中山乡德昂族村落的生态环境状况

中山乡地处芒市东南部，东与龙陵县木城乡相邻，北与风平镇平河村相邻，西与勐戛镇相邻，南与缅甸毗邻，国境线长 32.8 公里，有汉族、景颇族、傈僳族、德昂族、满族等。全乡辖 5 个村委会，有 59 个村民小组，其中有 3 个德昂族村落。

中山乡地势高低起伏突出，该乡位于北纬 24°05′ ~ 24°09′，东经 98°11′ ~ 98°44′，属深切割山区，最高海拔 2836 米，最低海拔 528 米，平均海拔 1682 米。南亚季风气候明显，年平均气温 19℃，年降雨量 1600 毫米，干湿季分明，5 月到 10 月为雨季，11 月到次年 4 月为旱季，年均降水量 1600 毫米。

中山乡德昂族村落的生态环境状况见表 4 - 4。

6. 遮放镇德昂族村落的生态环境状况

遮放镇位于芒市西南部，东与三台山乡、勐戛镇相连，南与芒海镇及缅甸接壤，北与西山乡交界，西与瑞丽市相通，国境线长 8.1 公里，距市政府所在地 39 公里，320 国道横贯全镇。全镇辖 13 个村委会，有 120 个村民小组，居住着傣族、景颇族、德昂族、傈僳族等少数民族，有 4 个德昂族村落。

遮放镇平均海拔 1160 米，属南亚热带季风气候，年平均气温为 19.8℃，无霜期 300 天以上，年平均降雨量 1300 ~ 1653 毫米，干湿季分明，5 月到 10 月为雨季，11 月到次年 4 月为旱季。

遮放镇德昂族村落的生态环境状况见表4－4。

二　德昂族村落生态环境的保护

在生态环境中，地形、海拔、气候、土地皆为自然形成的外在资源，人类生活直接影响到植被资源的使用。一旦植被资源被过度地开发，超过了环境承载力，生态环境就会遭到直接破坏。从田野调查得知，受社会环境变迁的影响，芒市德昂族村落的部分森林植被曾遭到滥砍滥伐，缺乏植被保护的土地表层容易发生干旱、水土流失和洪涝灾害，生态环境遭到破坏。近年来，各村落的生态环境得到有效的保护，这可以从以下四个层面来看。

1. 技术层面

芒市的德昂族村落皆分布在亚热带季风区的山区和半山区。这里的生态条件适宜生长带有亚热带特征的稻谷、茶叶、甘蔗和香蕉等植被。据调查，芒市德昂族村落主要有三类植被资源：森林、农作物和经济林果。森林属于林地植被；农作物属于耕地植被；多数村落的经济林果地属于人工林范畴，经济林果是林地植被中的一部分，少数村落的经济林果种在耕地上，是耕地植被的一部分。林地植被和耕地植被的保护按植被的特点进行：林地植被的保护分为天然林保护和人工林保护；耕地植被的保护遵节令按大小春的顺序开展，对农作物进行有规律的轮作。芒市各德昂族村落对植被资源的分类与保护见表5－1。

表5－1　芒市德昂族村落对植被资源的分类与保护

乡（镇）	村落名称	植被资源		
		耕地植被	林地植被	
			自然生成的植被	人工种植的植被（已有的和计划种植的种类）
三台山德昂族乡	勐丹	稻谷、甘蔗	森林	八角；茶叶、咖啡
	南虎老寨	稻谷、甘蔗	森林	八角；甘蔗、茶叶、咖啡
	南虎新寨	稻谷	森林	茶叶；甘蔗、茶叶
	沪东娜	稻谷	森林	茶叶、甘蔗；

乡（镇）	村落名称	植被资源		
		耕地植被	林地植被	
			自然生成的植被	人工种植的植被（已有的和计划种植的种类）
三台山德昂族乡	勐么	稻谷	无	香蕉；茶叶、甘蔗
	马脖子一组	稻谷	森林	八角；甘蔗、板栗
	马脖子二组	稻谷	森林	八角；甘蔗、板栗
	冷水沟	稻谷	森林	花淑；核桃、茶叶、甘蔗
	护拉山	稻谷	森林	八角；茶叶、甘蔗
	帮囊	稻谷	森林	八角；茶叶、甘蔗
	广纳	稻谷	森林	八角；茶叶、甘蔗
	出冬瓜一组、二组和三组	稻谷	森林	八角；甘蔗、茶叶、澳洲坚果
	出冬瓜四组	稻谷	森林	八角；茶叶
	卢姐萨	稻谷	森林	茶叶、甘蔗
	旱外	稻谷	森林	澳洲坚果；板栗、甘蔗
	帮外	稻谷	森林	茶叶、咖啡；甘蔗
	上帮	稻谷	森林	茶叶、咖啡；甘蔗、坚果
	帕当坝	稻谷	无	茶叶、香蕉；甘蔗
	允欠三组	稻谷	无	八角；甘蔗、香蕉、茶叶
芒市镇	土城	稻谷	森林	茶叶
	芒龙山	稻谷	森林	茶叶

续表

乡（镇）	村落名称	植被资源		
		耕地植被	林地植被	
			自然生成的植被	人工种植的植被（已有的和计划种植的种类）
勐戛镇	香菜塘	稻谷	森林	甘蔗、茶叶
	风吹坡	稻谷	森林	甘蔗、茶叶
	茶叶箐	稻谷	森林	甘蔗、茶叶
	弯手寨	稻谷	无	咖啡、坚果、茶叶、竹
五岔路乡	帮岭三队	稻谷	森林	茶叶
	老石牛	稻谷	森林	甘蔗、茶叶
	横山	稻谷	森林	茶叶、坚果、核桃；甘蔗
中山乡	小街	稻谷	森林	茶叶
	等线	稻谷	森林	茶叶
	波戈	稻谷	森林	茶叶
遮放镇	芒棒	稻谷	森林	橡胶
	贺焕	稻谷	森林	橡胶
	拱撒	稻谷	森林	橡胶
	拱送	稻谷	森林	无

表5-1显示，稻谷是芒市所有德昂族村落的耕地植被，森林以及茶叶、甘蔗、香蕉、咖啡、坚果、八角、橡胶等属于德昂族村落的林地植被。其中，约10%的村落没有经济林果地，而是把经济林果在耕地上培植，使之成为耕地植被的一部分。由此看出，德昂族村落把传统农耕作物、现代经济林果与自然生长的树木相结合，通过对植被进行有序的耕作和保护，来避免对植被过度采伐而导致的山体滑坡和水土流失，从技术层面有效地保护着当地的生态环境。

2. 制度层面

芒市德昂族村落的生态环境，受《中华人民共和国环境保护法》和《中华人民共和国森林法》的保护，同时受德昂族村落的村规民约和民间习惯法的保护。

《中华人民共和国环境保护法》（以下简称《环境法》）明确规定，在生态功能区、生态环境敏感区以及脆弱区等区域划定生态保护红线，合理开发利用自然资源，保护生物多样性，保障生态安全，依法制定有关生态保护和恢复治理方案并予以实施。《中华人民共和国森林法》（以下简称《森林法》）对于森林的经营与管理、森林保护、植树造林、森林采伐和法律责任等都有着明确的规定。芒市德昂族村落的生态环境，如同国内其他村落，在《环境法》和《森林法》的实施中，明确了集体林权关系，承包者应对林地倍加珍惜，护林爱林，遏制盗砍滥伐林木，因此减少了森林火灾的发生，植被资源得到有效保护，实现了"山有其主、主有其权、权有其责、责有其利"的目标。

芒市的德昂族村落，如同其他区域的德昂族村落一样都有着自己的村规民约保护着生态环境。对田地和森林资源保护的村规民约基本上都规定：保护好现有的各种资源，特别是森林资源。森林资源中较为重要的是水源林、风景林、防护林。对毁林开垦和乱砍滥伐者，轻者进行批评教育和罚款，重者送有关部门按国家法律严肃处理（《云南民族村寨调查·德昂族》调查组，2001：119~122）。

芒市的德昂族在生产生活中或多或少都会遇到旱涝和饮用水缺乏等难题，村寨和个人的生存安全时不时地会受到威胁，也在应对生态灾害中，积淀了不少与生态环境保护有关的民间习惯法。例如，保护与生产生活息息相关的一切生态资源；禁止在保护区内乱扔脏物及挖掘、采集或砍伐花草树木；禁止破坏水源地；禁止污染水井水沟；等等。这些习惯法作为德昂族日常生产和生活习俗的一部分，保护着德昂族各村落的生态环境。

3. 知识层面

芒市的德昂族村落主要分布在山区和半山区，生态环境的状况极大地影响着村落的生产安全和生活安全。长期以来，依靠降雨是山地植被补充水分的主要方式。一旦降雨不规律，或旱或涝都会影响生态环境。从田野调查得知，在长期与自然的互动中，德昂族积累着对自然灾害预警、水资源保护、土地资源保护以及生命健康维系的传统知识，这些知识保护着德昂族村落的生态环境。

（1）自然灾害预警的传统知识

德昂族关于自然灾害预警的传统知识可以从两个方面来阐释：用动物的反应预测天气的变化，通过祭祀仪式预测天气的冷热和干湿。

第一，德昂族从动物的反应来预测天气的变化。牛跳、飞蚂蚁飞、鸟和竹鸡叫都是天气有变化的征兆，如果下雨时牛跳或者飞蚂蚁飞，说明雨将过天将晴；如果天晴的时候竹鸡叫和飞蚂蚁飞，说明天会下雨（《德昂族社会历史调查》云南省编辑组，1987：51）。其实，德昂族通过动物的反应预测天气变化，是他们在长期的山地生活中积累下来的对自然灾害预警的传统知识。从洪灾预警来看，天晴时的竹鸡叫和飞蚂蚁飞预示着降雨即将发生，在易发生洪灾的区域，这是预防洪灾的信号；从旱灾预警来看，下雨时牛跳和飞蚂蚁飞预示着雨要停了，在易发生旱情的区域，这是预防旱灾的提示。德昂族会就此采取相应的防御措施，保障生命的安全。

第二，德昂族通过祭祀仪式来预测天气的冷热和干湿。在德昂族的祭祀仪式中，烧白柴是一年中第一个集体仪式，举行时间是农历正月。德昂族认为，烧白柴仪式后，天气会逐渐变热，这是对天气干旱的预示。泼水节是一年中最隆重的集体仪式，举行时间是每年阳历四月。德昂族认为，这个仪式结束后，降雨会逐渐增多，这是对雨季到来后久雨成涝的提醒（李全敏，2013b：16～20）。

（2）水资源保护的传统知识

德昂族水资源保护的传统知识可以从其日常生活习俗来得知。德昂族是讲南亚语系孟高棉语族语言的濮人的后裔，属于历史悠久的农业民族，水的多少决定着作物的生长收获和人畜的生存。然而，雨水并不能适时适量而降，多则涝、少则旱。不能掌握降雨知识的德昂先民们，认为冥冥之中有某种神灵在操纵雨水，祈求风调雨顺和生存安全使他们产生出对水的敬畏。

对水的敬畏使德昂族积累了保护水和合理运用水的传统知识。德昂族非常珍视水资源，把饮用水与生活用水分开，禁止污染和破坏水源地，如有违犯，将会受到各种处罚。德昂族村落通过水资源保护的传统知识来应对因气候变化带来的水资源匮乏问题。

（3）土地资源保护的传统知识

德昂族是生活在半山半坝的农耕民族，在长期的生产劳动中总结出树木茂盛与土地保护有密切关系。保护树木就是在保护土地。树木是土地的外衣，能够在一定程度上预防气候变化带来的水土流失和山体滑坡等，也能够保持土壤的水分和使水源不枯竭。德昂族保护大青树，就是在保护孕育大青树的土地。大青树郁郁葱葱，四季常青，繁茂的枝叶保护着树下土壤。德昂族认为，围绕寨心的树林，不能砍伐和摘捡其中的一草一木，否则是对寨心的不敬，会遭惩罚。这其实是德昂族保护生态环境的习惯法，维护生态系统的自我循环，让落下的草木自然成为土壤的天然养料，土壤蓄养水分，有助于树木更好地生长。而且，树木呼出的是氧气，吸收的是二氧化碳，对净化空气和调节气候变化都有一定的帮助。德昂族村落在这些传统知识的影响下保护着生态环境。

（4）生命健康维系的传统知识

德昂族维系人体健康的传统知识可以从其在日常生活中对茶叶的消费和认知表现出来。首先，德昂族创世古歌把茶叶与德昂族生命的创造者相联系，德昂语把茶叶与治愈疾病相关联，神话和语言都在突出茶叶对德昂族维系生命健康的知识结构的影响。然而，神话和语言通常是在人类历史某个时期生存状况的体现，不难推测，茶叶对德昂族祖先在远古时代的某个时期的生命健康维系起过关键性的作用，而且可以想到在历史进程中的某个时段，德昂族祖先是用茶叶战胜病魔的。

茶叶在德昂族的生产和生活中占有非常重要的地位。从德昂族的神话和语言可以推测，德昂族发现茶叶是从药用开始的。德昂族与茶的互动，首先反映的是对茶叶药性的认同，对茶叶能预防、治疗疾病和有益于人体的健康功效的认可。目前德昂族常用茶叶治疗一些常见病和多发病，突出了该民族用茶表达人与环境资源和谐共生共处的传统生态文明的内涵。

德昂族有关自然灾害预警、水资源保护、土地资源保护和生命保健维系的传统知识，是该民族在长期与生态环境互动中积累出的传统知识，不但揭示出生产生活经验对生存安全的重要性，而且揭示出人类对环境的适应性和选择性。这些知识融科学性、知识性和地方性为一体，保护着德昂族村落的生态环境。

4. 信仰层面

德昂族信仰万物有灵和南传上座部佛教，崇拜并敬畏着与其生产生活息息相关的自然资源。芒市德昂族村落如同其他分布在山区和半山区的村落一样，在生产生活中会遇到旱涝等自然灾害，这些灾害威胁着村寨和个人的生存。每个村落都会通过自然崇拜和禁忌，表达出其维系生存和生命安全的期盼，以此保护生态环境。

芒市德昂族村落的自然崇拜大致包括谷物崇拜、水崇拜、树木崇拜和茶崇拜四类。

第一，谷物崇拜。谷物崇拜最主要的表现形式是谷娘祭祀活动。德昂族认为，谷娘是谷物的魂，祭祀谷娘是为了让谷穗长得饱满。在稻谷种植中，从种子变成新米，要经历犁地、播种、薅铲、尝新、收割、打谷的过程，每一个过程都与谷娘祭祀有关。犁地叫谷娘：每当清明节后开始犁田耕地，德昂妇女们站在耕地边"叫"谷娘，旨在请谷娘来保护耕地。播种祭谷娘：播种之日，德昂村民牵着耕牛，带着鸡、米、蔬菜、粑粑等食品及炊具，由祭祀主持人带领向谷地跪拜，餐毕，妇女向谷地撒种，旨在请谷娘使谷物成长良好，谷粒饱满。在薅铲之时，各家各户在自家竹楼供台上摆祭品祭谷娘，并"叫"谷娘的兄弟姐妹到家里来。在收割前有尝新仪式，先摘下几束谷穗做成新饭，献给谷娘尝新，之后又献给牛、狗等。收割祭谷娘，每家都编扎一间长 1～2 尺以茅草铺顶、白纸裱糊的小竹篾房作为谷娘的居室，在收割堆谷之间，妇女要准备祭品祭谷娘。打谷祭谷娘，妇女提着祭品登上谷垛，"叫"谷娘享用祭品，之后丢下一些谷穗，由男子带到打谷场。打谷结束，男子驮着谷子，妇女提着竹篮，"叫"谷娘一起回家。

第二，水崇拜。水崇拜在德昂族生活中最主要的表现在两个方面：一是德昂族民间文学中的"龙的传人说"；二是德昂族每年在特定时段的祭水活动。在德昂族的民间文学"龙的传人说"中，德昂族认为他们的祖先是龙女和大鸟的后代，现在德昂族妇女裙子上的花纹象征着水的波纹（《德昂族社会历史调查》云南省编辑组，1987：54）。德昂族一年中祭水活动的特定时段是正月初一早晨和泼水节期间泼水仪式前。在正月初一早晨，德昂族带着祭品到离家最近的水潭或小河边向水祭拜，接"净水"回家，希望该年风调雨顺、五谷丰登和人畜平安（李全敏，2006：105～108）。在泼水仪式开始前，德昂族面对龙槽集体祭拜，请求龙保佑来年风调雨顺、收成好和人畜安康（李全敏，2003：265～276）。

第三，树木崇拜。树木崇拜最典型的活动有两个：崇拜大青树和寨心。在德昂族的居住地，大青树是最显眼的绿色植物。其体型庞大、树干粗壮、枝繁叶茂，具有蓬勃的生命力。德昂族说，每新建一个寨子都要栽种一些大青树，因为大青树会给村寨带来吉祥，使村寨兴旺。在德昂族的观念中，大青树是不能砍的，即使被风刮倒、被雷击倒，也不能带回家，否则会很不吉利。此外，如果家中有人生了病，或者是有人要出远门，德昂族就会去祭大青树，祈求健康平安。德昂族认为，寨心就是寨子的中心，是寨子的心脏，保护好心脏，人才会平安健康，寨子也是这样。德昂族在建寨时选一棵树，用其树干制成一根高约2米、直径约15厘米的木柱，木柱顶端呈锥形，然后把木柱放到寨子中心的指定位置，底部用竹篱笆围起并填上沙土，这就是寨心。围绕寨心的树林是寨神林。在德昂族的信仰体系中，大青树和神林中的树木不能被砍伐和破坏，否则会带来灾难。

第四，茶崇拜。如前所述，德昂族有"古老茶农"的称呼。德昂族善于种茶，好饮浓茶。茶叶在德昂族的生产生活中扮演着重要的角色，德昂族不但把茶叶频繁地运用到市场交换中，而且其所有的社交活动和祭祀活动都会用茶。在德昂族的民间文学和德昂语中，对茶叶的记述和说明充分体现出他们对茶的崇拜。

除了自然崇拜，芒市德昂族村落都有不少与生态环境保护有关的禁忌习俗。这些禁忌主要有：禁止破坏神林中的生态资源；禁止在神林乱扔脏物、挖掘、采集或砍伐花草树木；禁止对神林出言不逊；禁止一切触犯神林的言行举止；禁止破坏村寨中的水井水沟；禁止污染水井水沟；大青树是德昂族村落的神树，禁止砍伐，如果触犯禁忌，将会受到惩罚，引发灾害。

自然崇拜和禁忌从信仰层面反映出了德昂族村落对生态环境的保护，揭示出了人类在长期与自然互动过程中应对自然灾变的文化机制。其中，德昂族把自然崇拜通过信仰体系和口传神话表达出来，体现出该民族对生态环境变化带来不利影响的不安和对生存安全的期盼。有研究指出，自然崇拜主要是先民以神灵的名义进行的一种生态保护方式，从中能体现出先民早期的生态文明（张桥贵，2000：44～45）。借用这一观点来分析自然崇拜与德昂族生态环境保护的关系，不难看出，德昂族把谷物、水、树木和茶作为有生命、有威力的对象加以崇拜，一方面反映他们崇拜和敬畏自然的态度，另一方面反映出他们处理人与自然关系的方式，更重要的是反映出他们实现人与自然和谐共生的愿望。

三　德昂族村落生态环境的保护对区域可持续发展的意义

人类的生存与其生态环境状况密切相关。德昂族是一个农耕民族，与其农业生产生活密切相关的自然资源决定着农作物的生长和生存。然而，这些自然资源在很大程度上受气候变化的影响，如水资源取决于季节性规律降雨，如果按季节规律地降雨，农耕作物用水就有保证；如果降雨不规律，会造成洪灾或旱灾，那么将极大地威胁农耕作物的种植和生产。而且，如果不保护好土地，乱砍滥伐树木，在气候变化的时候，就很容易造成水土流失、山体滑坡等自然灾害，严重威胁着德昂族的居住环境。

本节前文提到芒市德昂族村落的森林植被曾遭到滥砍滥伐，生态环境遭到破坏。近年来，德昂族村落的生态环境受到了有效的保护，这可以从技术层面、制度层面、知识层面和信仰层面看出。德昂族通过对植被资源的分类与保护，从技术层面保护着生态环境；《环境保护法》和《森林法》，加之德昂族村落已有的民间习惯法，从制度层面保护着生态环境；德昂族是一个山地民族，在长期与生态环境的互动中，积累下了对自然灾害预警、水资源保护、土地资源保护以及维系人体健康的传统知识，这些知识也有效地保护着德昂族村落的生态环境。德昂族是南传上座部佛教信徒，也信仰万物有灵，有谷物崇拜、水崇拜、树木崇拜和茶崇拜等自然崇拜，并有相应的禁忌习俗，这从信仰层面保护着德昂族村落的生态环境。德昂族村落不但都有自己的神林和神树，而且广泛流传着有关宇宙和人类起源的神话传说，并通过茶叶与生命健康的联系，展现出德昂族传统生态文明中人与环境资源和谐共生共处的内涵和实质，以及尊重自然、顺应自然和保护自然的行为规范和伦理道德。

由上可知，芒市德昂族村落的生态环境保护，其实体现出了德昂族传统生态文明与区域可持续发展的融合。德昂族村落把自然崇拜和相关禁忌作为他们的行为规范，实质上体现出的是他们对当地生态环境的保护。值得一提的是，当从信仰层面用自然崇拜和禁忌来解释人与环境之间关系的时候，自然崇拜和禁忌作为适应生存环境的产物，就体现出人类社会文化的唯物性。另外，德昂族在其生产生活中应对环境变化积累出的自然灾害预警知识、与其生产生活相关的祭祀仪式、保护生态环境的民间习惯法、人体抗病的保健知识等，都在显示着德昂族与环境资源和谐共生共处的内容和法则，这些对区域可持续发展具有重要的价值和意义。

第二节　传统产业的发展

产业发展是地方经济发展的一个重要方式。产业发展以社会互动为前提，根据地方的特点确定发展目标和发展定位。芒市位于云南西南部，是一个典型的发展亚热带作物经济的区域。从田野调查获知，分布在该区域的德昂族村落的产业都具有发展亚热带作物经济的特征，各村落不但根据各乡镇的产业发展特点各有侧重，而且也没有忽视以茶叶为主的传统产业发展。本节首先概述芒市德昂族村落产业发展的状况，然后揭示德昂族村落传统产业发展的情况，最后分析德昂族村落传统产业的发展对区域可持续发展的意义。

一　德昂族村落产业发展的状况

农业产业化是芒市各乡镇产业发展的主要内容，分布在芒市各乡镇的德昂族村落也根据所在乡镇的产业发展情况各有特色。

1. 三台山德昂族乡德昂族村落的产业发展

从乡政府提供的资料得知，三台山乡的农业产业化以培育优势特色产业为重点，创新产业经营机制，全面提高农业产业化经营水平。以此为基础，三台山乡所辖的4个村委会：勐丹村委会、出冬瓜村委会、帮外村委会和允欠村委会都有各自的产业发展特点。而且，每个村委会所辖的德昂族村落的产业发展与该村委会的产业发展特点密切相关。

（1）勐丹村委会德昂族村落的产业发展

勐丹村委会的主要产业为粮食、茶叶、甘蔗、板栗以及养殖，产品主要销往芒市本地。该行政村目前正在发展的特色产业有咖啡、板栗，计划大力发展的产业有粮食、茶叶、甘蔗、板栗、养殖等。勐丹村委会产业发展的思路主要包括巩固粮食、甘蔗生产，扩大茶叶、香蕉、板栗、核桃、养殖业等产业发展等。按勐丹村委会产业发展的思路，所辖各德昂族村落的产业发展各有侧重。

勐丹村的主要产业是粮食、甘蔗、茶叶、咖啡等，产品主要销往芒市本地。该村的产业发展思路是：巩固粮食和甘蔗生产，扩大茶叶、新种澳洲坚果种植，扩大养殖业。该村目前正在发展的特色产业有咖啡、茶叶，计划大力发展的产业包括粮食、甘蔗、茶叶、咖啡等。

南虎老寨的主要产业是茶叶和甘蔗，产品主要销往芒市本地。该村的产业发展思路是：巩固粮食和甘蔗生产，扩大茶叶种植和养殖业。该村目前正在发展的特色产业主要是茶叶，计划大力发展的产业包括茶叶和甘蔗。

南虎新寨的主要产业是茶叶和甘蔗，产品主要销往芒市本地。该村的产业发展思路是：巩固粮食和甘蔗生产，扩大茶叶种植和养殖业。该村目前正在发展的特色产业是茶叶，计划大力发展的产业包括茶叶、甘蔗。

沪东娜的主要产业是茶叶和甘蔗，产品主要销往芒市本地。该村的产业发展思路是：巩固粮食和甘蔗生产，扩大茶叶种植和养殖业。该村目前正在发展的特色产业有甘蔗、香蕉、咖啡，计划大力发展的产业包括茶叶、甘蔗、养殖业。

勐么的主要产业是茶叶和甘蔗，产品主要销往芒市本地。该村的产业发展思路是：巩固粮食和甘蔗生产，扩大种植业和养殖业。该村目前正在发展的特色产业有香蕉等，计划大力发展的产业以茶叶和甘蔗为主。

马脖子一组的主要产业是甘蔗和茶叶，产品主要销往芒市本地。该村的产业发展思路是：巩固粮食和甘蔗生产，扩大坚果和甘蔗种植业。该村目前正在发展的特色产业主要有八角等，计划大力发展的产业包括茶叶、甘蔗、坚果等。

马脖子二组的主要产业为甘蔗和茶叶，产品主要销往芒市本地。该村的产业发展思路是：巩固粮食和甘蔗生产，扩大种植业和养殖业。该村目前正在发展的特色产业主要是八角等，计划大力发展的产业主要包括甘蔗和茶叶。

冷水沟的主要产业为甘蔗和茶叶，产品主要销往芒市本地。该村的产业发展思路是：巩固粮食和甘蔗生产，扩大种植业和养殖业。该村目前正在发展的特色产业有花椒等，计划大力发展的产业有甘蔗和茶叶。

护拉山的主要产业为甘蔗和茶叶，产品主要销往芒市本地。该村的产业发展思路是：巩固粮食和甘蔗生产，扩大种植业和养殖业。该村目前正在发展的特色产业有八角等，计划大力发展的产业有甘蔗和茶叶。

帮囊的主要产业为甘蔗和茶叶，产品主要销往芒市本地。该村的产业发展思路是：巩固粮食和甘蔗生产，扩大种植业和养殖业。该村目前正在发展的特色产业主要有茶叶等，计划大力发展的产业主要有甘蔗和茶叶。

广纳的主要产业为甘蔗和茶叶，产品主要销往芒市本地。该村的产业发展思路是：巩固粮食和甘蔗生产，扩大种植业和养殖业。该村目前正在发展的特色产业是茶叶，计划大力发展的产业主要包括甘蔗和茶叶。

（2）出冬瓜村委会德昂族村落的产业发展

出冬瓜村委会的主要产业为粮食、茶叶、甘蔗、澳洲坚果、板栗等，产品主要销往芒市本地。该行政村目前正在发展茶叶和甘蔗特色产业，计划大力发展种植业和养殖业。出冬瓜村委会产业发展的思路主要包括巩固粮食、甘蔗生产，扩大茶叶、澳洲坚果、香蕉和咖啡等产业。按出冬瓜村委会产业发展的思路，所辖的德昂族村落出冬瓜一组、二组、三组、四组及卢姐萨、早外的产业发展各有侧重。

出冬瓜一组、二组和三组的主要产业为甘蔗和茶叶，产品主要销往芒市本地。三村的产业发展思路是：巩固粮食和甘蔗生产，扩大澳洲坚果种植，加大林业生产和养殖业。三村目前正在发展的特色产业主要有茶叶和澳洲坚果等，计划大力发展的产业包括甘蔗、茶叶、澳洲坚果、香蕉和咖啡等。

出冬瓜四组的主要产业为甘蔗和茶叶，产品主要销往芒市本地。该村的产业发展思路是：巩固粮食和甘蔗生产，扩大澳洲坚果种植，加大林业生产和养殖业。该村目前正在发展的特色产业主要是茶叶和八角等，计划大力发展的产业有甘蔗、茶叶、澳洲坚果、香蕉和咖啡等。

卢姐萨的主要产业为甘蔗和茶叶，产品主要销往芒市本地。该村的产业发展思路是：巩固粮食和甘蔗生产，扩大种植业和养殖业。该村目前正在发展的特色产业主要是甘蔗、香蕉、咖啡，计划大力发展的产业主要包括茶叶和甘蔗等。

早外的主要产业为甘蔗，产品主要销往芒市本地。该村的产业发展思路是：巩固粮食和甘蔗生产，扩大澳洲坚果种植业和养殖业。该村目前正在发展的特色产业是澳洲坚果，计划大力发展的产业包括茶叶、甘蔗和澳洲坚果等。

（3）帮外村委会德昂族村落的产业发展

帮外村委会的主要产业为茶叶与甘蔗，产品主要销往芒市本地。该行政村目前正在发展茶叶等特色产业。帮外村委会产业发展的思路主要包括：巩固粮食、甘蔗生产，大力发展茶叶、香蕉、澳洲坚果等产业。按帮外村委会产业发展的思路，所辖的德昂族村落帮外、上帮和帕当坝的产业发展各有侧重。

帮外的主要产业为甘蔗和茶叶，产品主要销往芒市本地。该村的产业发展思路是：巩固粮食、甘蔗生产，大力发展茶叶、香蕉、澳洲坚果及养殖业。该村目前正在发展的特色产业主要有茶叶和咖啡等，计划大力发展的产业主要包括甘蔗和茶叶等。

上帮的主要产业为甘蔗和茶叶，产品主要销往芒市本地。该村的产业发展思路是：巩固粮食、甘蔗生产，大力发展茶叶、香蕉、澳洲坚果及养殖业。该村目前正在发展的特色产业主要有茶叶和咖啡等，计划大力发展的产业主要包括茶叶、甘蔗、坚果等。

帕当坝的主要产业为甘蔗和茶叶，产品主要销往芒市本地。该村的产业发展思路是：巩固粮食、甘蔗生产，大力发展茶叶、甘蔗及养殖业。该村目前正在发展的特色产业有甘蔗、香蕉和咖啡等，计划大力发展的产业主要包括茶叶和甘蔗等。

（4）允欠村委会德昂族村落的产业发展

允欠村委会的主要产业为甘蔗，产品主要销往芒市本地。该行政村目前正在发展香蕉和甘蔗等特色产业。允欠村委会产业发展的思路主要包括：巩固粮食、甘蔗生产，大力发展香蕉、咖啡等产业。按允欠村委会产业发展的思路，所辖德昂族村落允欠三组的产业发展有自己的特色。

允欠三组的主要产业为甘蔗和茶叶，产品主要销往芒市本地。该村的产业发展思路是：巩固粮食、甘蔗生产，大力发展茶叶、香蕉等产业。该村目前正在发展的特色产业主要是八角和茶叶等，计划大力发展的产业主要有甘蔗、茶叶、香蕉等。

三台山德昂族乡德昂族村落的产业发展状况见表 5 - 2。

表 5 - 2　三台山德昂族乡德昂族村落的产业发展状况

村落名称	产业发展		
	已有主要产业	现有特色产业	计划大力发展的产业
勐丹	粮食、甘蔗、茶叶、咖啡等	咖啡、茶叶	粮食、甘蔗、茶叶、咖啡等
南虎老寨	茶叶、甘蔗	茶叶	茶叶、甘蔗
南虎新寨	茶叶、甘蔗	茶叶	茶叶、甘蔗
沪东娜	茶叶、甘蔗	甘蔗、香蕉、咖啡	茶叶、甘蔗、养殖业
勐么	茶叶、甘蔗	香蕉等	茶叶、甘蔗
马脖子一组	甘蔗、茶叶	八角等	甘蔗、茶叶、坚果等
马脖子二组	甘蔗、茶叶	八角等	甘蔗、茶叶
冷水沟	甘蔗、茶叶	花椒等	甘蔗、茶叶
护拉山	甘蔗、茶叶	八角等	甘蔗、茶叶
帮囊	甘蔗、茶叶	茶叶等	甘蔗、茶叶
广纳	甘蔗、茶叶	茶叶	甘蔗、茶叶
出冬瓜一组、二组和三组	甘蔗、茶叶	茶叶、澳洲坚果等	甘蔗、茶叶、澳洲坚果、香蕉和咖啡等
出冬瓜四组	甘蔗、茶叶	茶叶、八角等	甘蔗、茶叶、澳洲坚果、香蕉和咖啡等
卢姐萨	甘蔗、茶叶	甘蔗、香蕉、咖啡	茶叶、甘蔗等
早外	甘蔗	澳洲坚果	茶叶、甘蔗、澳洲坚果等
帮外	甘蔗、茶叶	茶叶、咖啡等	甘蔗、茶叶等
上帮	甘蔗、茶叶	茶叶、咖啡等	茶叶、甘蔗、坚果等
帕当坝	甘蔗、茶叶	甘蔗、香蕉、咖啡等	茶叶、甘蔗
允欠三组	甘蔗、茶叶	茶叶、八角等	茶叶、甘蔗、香蕉等

2. 芒市镇德昂族村落的产业发展

从田野调查得知，芒市镇坚持"围绕增收调结构，突出特色闯市场，依靠科技产效益"的发展思路，以市场为依托，发挥区位优势和资源优势，以发展特色产业为主线，各种产业发展正逐步走上规模化的道路，在山区、半山区重点发展茶叶、甘蔗和经济林果。以此为基础，芒市镇所辖的各村委会都有各自的产业发展特点，而且其所辖村落的产业发展与村委会的产业发展特点密切相关。芒市镇所辖的德昂族村落分布在河心场村委会和回贤村委会。

（1）河心场村委会德昂族村落的产业发展

河心场村委会的主要产业为种植业，产品主要销往云南省内各地。该行政村目前正在发展茶叶等特色产业。河心场村委会产业发展的思路主要包括：发展无公害茶叶和养殖业，发展种植西南桦、杉等。按河心场村委会产业发展的思路，所辖德昂族村落土城村的产业发展有自己的特色。

土城的主要产业为茶叶，产品主要销往云南省内各地。该村的产业发展思路是：发展无公害茶叶，发展养殖业等产业。该村目前正在发展的特色产业是茶叶，计划大力发展茶叶产业。

（2）回贤村委会德昂族村落的产业发展

回贤村委会的主要产业为种植业，产品主要销往云南省内各地。该行政村目前正在发展茶叶和草果等特色产业。回贤村委会产业发展的思路主要包括：发展茶叶和草果等种植业，发展种植西南桦、杉等。按回贤村委会产业发展的思路，所辖德昂族村落芒龙山村的产业发展有自己的特色。

芒龙山的主要产业为茶叶，产品主要销往云南省内各地。该村的产业发展思路是：利用资源优势，引进先进技术，发展茶叶和水稻等种植业。该村目前正在发展的特色产业是茶叶，计划大力发展茶叶产业。

芒市镇德昂族村落的产业发展状况见表5－3。

表5－3　芒市镇德昂族村落的产业发展状况

村落名称	产业发展		
	已有主要产业	现有特色产业	计划大力发展的产业
土城	茶叶	茶叶	茶叶
芒龙山	茶叶	茶叶	茶叶

3. 勐戛镇德昂族村落的产业发展

从田野调查得知，勐戛镇制定了"科技教育兴镇，粮食产业稳镇，文化旅游活镇，蔗、茶、林、畜富镇，非公经济强镇"的发展思路，期望形成以甘蔗、茶叶、林业、畜牧业四大支柱为主，经济林果为辅的产业结构体系，推动该镇的产业发展。以此为基础，勐戛镇所辖的各村委会都有各自产业发展的特点，而且所辖村落的产业发展与村委会的产业发展特点密切相关。勐戛镇所辖的德昂族村落分布在勐稳村委会、勐戛村委会和勐旺村委会。

（1）勐稳村委会德昂族村落的产业发展

勐稳村委会的主要产业有甘蔗、茶、咖啡、坚果、烤烟、核桃等，产品主要销往芒市本地。该行政村目前正在发展的特色产业主要有咖啡、坚果和核桃等。勐稳村委会产业发展的思路主要包括：发展林业，提高林业产值；发展优质稻种植；发展茶叶种植，提高加工技术；发展甘蔗种植；发展畜牧业，大力养殖奶水牛；发展种桑养蚕；发展核桃产业；发展咖啡种植；发展坚果种植；种植烤烟；等等。按勐稳村委会产业发展的思路，所辖德昂族村落香菜塘和风吹坡的产业发展有自己的特色。

香菜塘的主要产业包括甘蔗、茶叶和咖啡，产品主要销往芒市本地。该村的产业发展思路是：不但要发展林业以增加林业产值，而且要发展茶叶、甘蔗、核桃、咖啡和坚果等产业。该村目前正在发展的特色产业主要有咖啡、坚果和核桃等，计划大力发展的产业主要有甘蔗、茶叶、咖啡等。

风吹坡的主要产业为甘蔗和茶叶，产品主要销往芒市本地。该村的产业发展思路一方面强调林业发展，另一方面大力发展茶叶、甘蔗和坚果等产业。该村目前正在发展的特色产业主要是坚果等，计划大力发展的产业主要包括坚果、茶叶等。

（2）勐戛村委会德昂族村落的产业发展

勐戛村委会的主要产业为甘蔗和茶叶，产品主要销往芒市本地。该行政村目前正在发展的特色产业主要有咖啡、坚果、核桃等。勐戛村委会产业发展的思路主要包括：大力发展林业，增加林业产值；发展优质稻种植；发展茶叶种植，提高加工技术；发展甘蔗种植；等等。按勐戛村委会产业发展的思路，所辖德昂族村落茶叶箐的产业发展有自己的特色。

茶叶箐的主要产业为甘蔗、茶叶和咖啡，产品主要销往芒市本地。该村的产业发展思路是：发展茶叶、甘蔗、咖啡和坚果等产业。该村目前正在发展的特色产业主要是茶叶等，计划大力发展的产业主要包括甘蔗、茶叶和咖啡等。

（3）勐旺村委会德昂族村落的产业发展

勐旺村委会的主要产业为甘蔗、茶叶、竹子和咖啡，产品主要销往芒市本地。该行政村目前正在发展咖啡、坚果等特色产业。勐旺村委会产业发展的思路主要包括：发展咖啡、坚果、茶叶、蔬菜、优质稻、甘蔗种植等。按勐旺村委会产业发展的思路，所辖德昂族村落弯手寨的产业发展有自己的特色。

弯手寨的主要产业为茶叶，产品主要销往芒市本地。该村的产业发展思路是：发展茶叶、咖啡、坚果、蔬菜、优质稻种植等。该村目前正在发展的特色产业主要包括茶叶等，计划大力发展的产业主要也是茶叶。

勐戛镇德昂族村落的产业发展状况见表5-4。

表5-4　勐戛镇德昂族村落的产业发展状况

村落名称	产业发展		
	已有主要产业	现有特色产业	计划大力发展的产业
香菜塘	甘蔗、茶叶、咖啡	咖啡、坚果、核桃等	甘蔗、茶叶、咖啡等
风吹坡	甘蔗、茶叶	坚果等	坚果、茶叶等
茶叶箐	甘蔗、茶叶、咖啡	茶叶等	甘蔗、茶叶、咖啡等
弯手寨	茶叶	茶叶等	茶叶

4. 五岔路乡德昂族村落的产业发展

从田野调查得知，五岔路乡的发展思路为：一是提高民族素质，狠抓教育改革；二是抓民族文化特色乡建设，启动民族文化和旅游产业开发；三是推动甘蔗、茶叶、林果、畜牧等绿色产业发展，最终以民族文化旅游产业为龙头，全面带动第三产业和绿色产业的发展，形成产业发展一体化，带动全乡致富。以此为基础，五岔路乡所辖的各村委会都有各自产业发展的特点，而且所辖村落的产业发展与村委会的产业发展特点密切相关。五岔路乡所辖的德昂族村落分布在五岔路村委会、梁子街村委会和新寨村委会。

（1）五岔路村委会德昂族村落的产业发展

五岔路村委会的主要产业为甘蔗，所出的产品主要销往芒市本地。该行政村目前正在发展咖啡、坚果等特色产业。五岔路村委会产业发展的思路主要包括：发展甘蔗、茶叶种植等产业。按五岔路村委会产业发展的思路，所辖德昂族村落帮岭三队的产业发展有自己的特色。

帮岭三队的主要产业为甘蔗和茶叶，产品主要销往芒市本地。该村的产业发展思路是：发展茶叶、甘蔗等产业。该村目前正在发展的特色产业主要包括甘蔗和茶叶，计划大力发展的产业主要有甘蔗和茶叶。

（2）梁子街村委会德昂族村落的产业发展

梁子街村委会的主要产业为甘蔗，产品主要销往芒市本地。该行政村目前正在发展咖啡、坚果等特色产业。梁子街村委会产业发展的思路主要包括：发展甘蔗、茶叶种植等产业。按梁子街村委会产业发展的思路，所辖德昂族村落老石牛的产业发展有自己的特色。

老石牛的主要产业为甘蔗和茶叶，产品主要销往芒市本地。该村的产业发展思路是：发展种植业和林业。该村目前正在发展的特色产业主要涉及茶叶和甘蔗，计划大力发展的产业主要包括甘蔗和茶叶等。

（3）新寨村委会德昂族村落的产业发展

新寨村委会的主要产业为甘蔗，产品主要销往芒市本地。该行政村目前正在发展甘蔗等特色产业。新寨村委会产业发展的思路主要包括：发展甘蔗、茶叶种植等产业。按新寨村委会产业发展的思路，所辖德昂族村落横山的产业发展有自己的特色。

横山的主要产业为甘蔗和茶叶，产品主要销往芒市本地。该村的产业发展思路是：发展茶叶和甘蔗等产业。甘蔗和茶叶是该村目前正在发展的特色产业，也是该村计划大力发展的产业。

五岔路乡德昂族村落的产业发展状况见表 5 - 5。

表 5 - 5　五岔路乡德昂族村落的产业发展状况

村落名称	产业发展		
	已有的主要产业	现有特色产业	计划大力发展的产业
帮岭三队	甘蔗、茶叶	甘蔗、茶叶	甘蔗、茶叶
老石牛	甘蔗、茶叶	甘蔗、茶叶	甘蔗、茶叶等
横山	甘蔗、茶叶	甘蔗、茶叶	甘蔗、茶叶

5. 中山乡德昂族村落的产业发展

从田野调查得知，中山乡的发展思路是：以农业产业发展为中心，围绕农民增收、农业增效、农村稳定的目标，深入农业产业结构调整，推广和运用科学技术，因地制宜，以粮食生产为基础，促进甘蔗、茶叶、木薯、畜牧业、林业等产业的共同发展。以此为基础，中山乡所辖的各村委会都有各自的产业发展特点，而且所辖村落的产业发展与村委会的产业发展特点密切相关。中山乡所辖的德昂族村落分布在芒丙村委会和赛岗村委会。

（1）芒丙村委会德昂族村落的产业发展

芒丙村委会的主要产业为种植业，产品主要销往芒市本地。该行政村目前正在发展茶叶、橡胶和木薯等特色产业。芒丙村委会产业发展的思路主要包括：稳定粮食生产，大力发展茶叶、橡胶、甘蔗、木薯等产业。按芒丙村委会产业发展的思路，所辖德昂族村落小街的产业发展有自己的特色。

小街的主要产业为茶叶，产品主要销售往芒市本地。该村的产业发展思路是：发展茶叶产业。茶叶是该村目前正在发展的特色产业，也是该村计划大力发展的产业。

（2）赛岗村委会德昂族村落的产业发展

赛岗村委会的主要产业为水稻和木薯，产品主要销往芒市本地。该行政村目前正在发展木薯等特色产业。赛岗村委会产业发展的思路主要包括：稳定粮食生产，大力发展茶叶、橡胶、甘蔗、木薯等产业。按赛岗村委会产业发展的思路，所辖德昂族村落等线和波戈的产业发展有自己的特色。

等线的主要产业为茶叶，产品主要销往芒市本地。该村的产业发展思路是：发展以茶叶为主的种植产业。茶叶是该村目前正在发展的特色产业，也是其计划大力发展的产业。

波戈的主要产业为茶叶，产品主要销往芒市本地。该村的产业发展思路是：发展以茶叶为主的种植产业。该村目前正在发展以茶叶为主的特色产业，计划大力发展的产业主要也是茶叶。

中山乡德昂族村落的产业发展状况见表 5-6。

表5-6　中山乡德昂族村落的产业发展状况

村落名称	产业发展		
	已有主要产业	现有特色产业	计划大力发展的产业
小街	茶叶	茶叶	茶叶
等线	茶叶	茶叶	茶叶
波戈	茶叶	茶叶	茶叶

6. 遮放镇德昂族村落的产业发展

从田野调查得知，遮放镇产业发展思路是：以农为本，巩固粮食，做强甘蔗，培育橡胶、茶叶，发展新兴旅游服务业，坝区重点发展粮食、甘蔗、橡胶、晾晒烟，兼顾发展养畜、山区种茶、林竹等。以此为基础，遮放镇所辖的各村委会都有各自的产业发展特点，而且所辖村落的产业发展与村委会的产业发展特点密切相关。遮放镇所辖的德昂族村落分布在弄坎村委会、河边寨村委会和拱岭村委会。

（1）弄坎村委会德昂族村落的产业发展

弄坎村委会的主要产业为粮食和甘蔗，产品主要销往云南省内。该行政村目前正在发展橡胶等特色产业。弄坎村委会产业发展的思路主要包括：结合实际发展特色产业，大力发展水稻、甘蔗、橡胶、茶叶和养殖业等。按弄坎村委会产业发展的思路，所辖德昂族村落芒棒和贺焕的产业发展有自己的特色。

芒棒的主要产业为粮食和甘蔗，产品主要销往芒市本地。该村的产业发展思路是：大力发展水稻、甘蔗、橡胶、茶叶、玉米、养殖业等产业。橡胶是该村目前正在发展的特色产业，该村计划发展的产业主要有水稻、甘蔗、橡胶、茶叶等。

贺焕的主要产业为粮食和甘蔗，产品主要销往芒市本地。该村的产业发展思路是：大力发展水稻、甘蔗、橡胶、茶叶、玉米、养殖业等产业。橡胶是该村目前正在发展的特色产业，该村计划发展的产业包括水稻、甘蔗、橡胶、茶叶等。

（2）河边寨村委会德昂族村落的产业发展

河边寨村委会的主要产业为粮食和甘蔗，产品主要销往云南省内。该行政村目前正在发展橡胶等特色产业。河边寨村委会产业发展的思路主要包括：结合实际发展特色产业，加大力度发展水稻、甘蔗、橡胶、茶叶和养殖业等。按河边寨村委会产业发展的思路，所辖德昂族村落拱撒的产业发展有自己的特色。

拱撒的主要产业为粮食和甘蔗，产品主要销往芒市本地。该村的产业发展思路是：大力发展水稻、甘蔗、橡胶、茶叶、玉米、养殖业等产业。该村目前正在发展以橡胶为主的特色产业，计划发展的产业主要有水稻、甘蔗、橡胶、茶叶等。

（3）拱岭村委会德昂族村落的产业发展

拱岭村委会的主要产业为甘蔗和玉米，产品主要销往云南省内各地。该行政村目前正在发展甘蔗等特色产业。拱岭村委会产业发展的思路主要是以甘蔗、茶叶、杉木、养殖业为发展重点。按拱岭村委会产业发展的思路，所辖德昂族村落拱送的产业发展有自己的特色。

拱送的主要产业为甘蔗和玉米，产品主要销往芒市本地。该村的产业发展思路主要是以甘蔗、茶叶、杉木、养殖业为发展重点。该村目前正在发展以甘蔗和玉米为主的特色产业，甘蔗、茶叶、杉木等是计划发展的产业。

遮放镇德昂族村落的产业发展状况见表5-7。

表5-7 遮放镇德昂族村落的产业发展状况

村落名称	产业发展		
	已有主要产业	现有特色产业	计划大力发展的产业
芒棒	粮食、甘蔗	橡胶	水稻、甘蔗、橡胶、茶叶等
贺焕	粮食、甘蔗	橡胶	水稻、甘蔗、橡胶、茶叶等
拱撒	粮食、甘蔗	橡胶	水稻、甘蔗、橡胶、茶叶等
拱送	甘蔗、玉米	甘蔗、玉米	甘蔗、茶叶、杉木等

二 德昂族村落传统产业的发展

茶叶是芒市德昂族村落的传统产业，芒市德昂族村落传统产业的发展主要表现为茶叶产业的发展。在芒市德昂族村落的产业发展中，茶叶是各村落产业发展的内容之一。从芒市德昂族村落的状况看，各村落的产业发展主要分为三类：一是已有主要产业；二是现有特色产业；三是计划大力发展的产业。由此，以茶叶为主的传统产业发展在各村落产业发展中体现出三个特点：第一，茶叶产业是大多数村落已有的主要产业；第二，茶叶产业是大多数村落现有的特色产业；第三，茶叶产业是大多数村落计划大力发展的产业。

1. 茶叶产业是已有的主要产业

如前所述，芒市德昂族村落主要分布在三台山德昂族乡、芒市镇、勐戛镇、五岔路乡、中山乡和遮放镇。在这些乡镇的德昂族村落中，茶叶是各村落已有的主要产业。

三台山德昂族乡是芒市的一个重要产茶区，其所辖的德昂族各村落皆有茶叶种植和生产。每逢采茶季节，各家各户繁忙地在茶地采摘茶叶。采下的鲜叶，除了留少量的供家用外，其余的都出售给外地来的收购商或者当地的茶厂。茶叶收购价以春季茶为最高，其次是秋季茶，再次是夏季茶。

芒市镇是芒市有名的产茶区，其所辖的德昂族村落的产业发展皆以茶叶为主。采茶季节是各农户最为繁忙的时候，采下的茶叶留下少部分家用外，其余的都销给当地的茶厂或外地的茶叶收购商。

勐戛镇是芒市主要的产茶区，茶叶产业是其所辖的德昂族村落已有的主要产业之一。农户在采茶季节非常忙碌，一方面要管理其他作物的生长，另一方面要采摘鲜叶。同样，采下的茶叶部分留为家用，其余的出售给当地的茶厂或者外地的茶商。

五岔路乡是芒市重要的产茶区，茶叶产业也是其所辖的德昂族村落已有的主要产业之一。采摘季节，德昂族农户如同其他茶叶采摘者一样，在繁忙地采摘鲜叶的同时，还要兼顾对其他作物的管理。采下的鲜叶少部分留为家用，其余的全出售给茶叶收购商或者当地的茶厂。

中山乡是芒市的一个重要产茶区，类似芒市镇的情形，其所辖的德昂族村落的产业发展皆以茶叶为主。在采茶季节，农户最为繁忙。采下的鲜叶有少部分留为家用，其余的销往当地的茶厂或出售给茶叶收购商。

2. 茶叶产业是村落现有的特色产业

在芒市德昂族村落中，茶叶产业不但是三台山德昂族乡、芒市镇、勐戛镇、五岔路乡和中山乡的德昂族村落已有的主要产业，而且是这些区域大部分德昂族村落现有的特色产业。

三台山德昂族乡的德昂族村落中，勐丹村委会的勐丹、南虎老寨、帮囊、广纳，出冬瓜村委会的出冬瓜一组、二组、三组、四组、卢姐萨，帮外村委会的帮外、上帮，允欠村委会的允欠三组，都把茶叶产业定为村落现有的特色产业。

芒市镇的德昂族村落，有河心场村委会的土城村和回贤村委会的芒龙山村，茶叶产业是两个村落现有的特色产业。

勐戛镇的德昂族村落，有勐戛村委会的茶叶箐和勐旺村委会的弯手寨，茶叶产业是两个村落现有的特色产业。

五岔路乡的德昂族村落，有五岔路村委会的帮岭三队、梁子街村委会的老石牛和新寨村委会的横山，这些村落都把茶叶产业定为现有的特色产业。

中山乡的德昂族村落，有芒丙村委会的小街、赛岗村委会的等线和波戈，茶叶产业都是这些村落现有的特色产业。

3. 茶叶产业是村落计划大力发展的产业

在芒市的德昂族村落中，茶叶产业大都被列为村落大力发展的产业。

在三台山德昂族乡，勐丹村委会的勐丹、南虎老寨、南虎新寨、沪东娜、勐么、马脖子一组、马脖子二组、冷水沟、护拉山、帮囊、广纳，出冬瓜村委会的出冬瓜一组、二组、三组、四组及卢姐萨、早外，帮外村委会的帮外、上帮、帕当坝，允欠村委会的允欠三组，茶叶产业都是计划大力发展的产业之一。

在芒市镇，河心场村委会的土城村和回贤村委会的芒龙山村，茶叶产业都是计划大力发展的产业。

在勐戛镇，勐稳村委会的香菜塘和风吹坡、勐戛村委会的茶叶箐和勐旺村委会的弯手寨，茶叶产业都是计划大力发展的产业之一。

在五岔路乡，五岔路村委会的帮岭三队、梁子街村委会的老石牛和新寨村委会的横山，茶叶产业都是计划大力发展的产业之一。

在中山乡，芒丙村委会的小街以及赛岗村委会的等线和波戈，茶叶产业都是计划大力发展的产业。

在遮放镇，茶叶产业尽管在该镇的德昂族村落中既不是已有的主要产业，也不是现有的特色产业，但是芒棒、贺焕、拱撒计划大力发展的产业之一。

三 德昂族村落传统产业的发展对区域可持续发展的意义

从田野调查得知，传统产业的发展是农业产业化的一部分。上文显示，在芒市德昂族村落的产业发展中，茶叶产业发展展现出了三种发展进程：村落已有的主要产业、村落正在发展的特色产业、村落计划大力发展的产业。这体现出了芒市德昂族村落在农业产业化进程中对传统产业存在价值的认可和实践。然而，由于甘蔗和橡胶等新兴经济作物给农户家庭带来的收入比茶叶之类的传统经济作物高，在村落产业发展中，茶叶的种植面积和规模不一，以茶叶为主的传统产业发展面临着市场经济带来的巨大挑战。即便如此，通过对芒市德昂族农户的抽样调查和入户访谈获悉，虽然来自茶叶的收入没有来自甘蔗或橡胶的高，但是每家每户无论如何都会种些茶。究其原因主要在于德昂族的生活离不开茶，这不是家庭经济收入的高低所能衡量的；而且，茶叶产业在德昂族村落的发展，不仅仅是为了获得经济收入，更是与日常生活之需相联系，这是甘蔗或橡胶等较高收益的经济作物不能比拟的。由此看出，芒市德昂族村落的茶叶产业发展不仅仅是为了产业的发展，更是体现出了一种超越纯市场经济而带有德昂族传统生态文明意义的生态经济发展的地方性。这对区域可持续发展具有重要的意义，可以从两个层面来分析：第一，对传统经济作物文化性的了解；第二，对传统产业发展地方性的认识。

1. 对传统经济作物文化性的了解

德昂族是古老的茶农，茶叶是德昂族的传统经济作物，进入市场交换的历史久远。茶叶也是德昂族日常生活中的必需物品，日常消费、社会交往、婚姻家庭、宗教礼仪、信仰文化、民间传说等都与茶叶有关。茶叶对德昂族而言，不仅具有经济性，而且具有文化性。

对德昂族农户的访谈资料显示，在德昂族农户的生活中，茶叶不仅是一种经济作物，而且是一种食物、一种草药、一种饮料和一种特殊物品。茶叶被采摘后，村民们留一些鲜叶以供家庭使用，把剩余的卖出。他们通常把这些鲜叶加工成酸茶和干茶。酸茶用于做菜食用。干茶通常被作为一种草药、一种饮料和一种用于交换的物品。德昂族村民把茶叶用作草药，头痛时常饮茶以缓解痛感；眼睛发炎的时候，常用茶水做药洗眼。

所有的成年德昂族村民每天都会饮茶，而且会携带浓茶在农地劳作歇息时饮用。完成一天的农作回家后，村民互相串门或者在家里休息时都会在客厅内围着火塘喝茶，聊聊或想想当天的事情。此外，德昂族农户在社会交流中使用茶叶，会送茶来赔礼道歉，会用茶来做祭祀仪式的物品等，德昂族用茶的具体意义在第二章已有详述。

从田野资料看出，茶叶的使用可显示其在德昂族家庭领域和公共领域的社会意义和力量。茶叶不但对德昂族参与市场交换很重要，而且对德昂族农户构建社会关系和遵循秩序规范很重要。

德昂族村落传唱的创世古歌《达古达楞格莱标》把茶叶与德昂族联系在一起，指出茶叶是万物的阿祖，也是德昂族的祖先，认为茶叶不但创造了大地万物和人类，还拯救了人类，并且帮助人类战胜各种灾难，维系人类的生存繁衍，表达出该民族与环境和谐共生的生命观。茶叶在德昂族村落中是日常和仪式生活中的必备食物、药材、饮料和仪式用品。茶叶的饮用和日常使用联系着德昂族家庭对安全、健康、繁衍和家庭团结的祈愿。因为茶叶不仅是一种礼物也是一种财富的象征，德昂族村民把茶叶作为礼物来发展他们的社会网络。村民的茶叶馈赠在社会生活中是一个表达性的行为，能说明德昂族与其他民族之间的关系、德昂族之间的关系以及德昂族村落的和尚与村民之间的关系。当村民把茶叶作为一种仪式物品用于做功德的时候，茶叶表达了村民与超自然物之间以及僧俗之间的精神联系。当德昂族村民给外族客人敬茶喝的时候，不仅表达出他们对外来者的礼貌，也表达出他们对自己的认同。

值得一提的是，德昂族村民曾形象地将茶叶与草烟的搭配比喻为两侧平衡驮货的马匹，一边是金钱，一边是物品，来表达他们对经济生活中的交换平衡重要性的认知。德昂族农户没有忽视茶叶的经济性，他们把茶叶与草烟或盐巴联系在一起，作为仪式生活中的一种重要祭品，来表达他们对日常生活中平衡观的认知，其意出现在性别之间、金钱与货物之间、商业与非商业之间等。

另外，茶叶成为食物、饮料和日常消费品之前或许是一种草药。唐代的陆羽著《茶经》中就指出茶叶可以成为一种药品。陆羽提出，茶叶作为饮料起源于神农——医药和治疗艺术的神话创始者。根据《神农本草》的记载，茶叶作为解毒的药物在当时已经被认可。茶叶为药在云南的产茶区也是较为普遍的。

德昂族是云南西南部的茶农群体之一，人口较少，茶叶种植规模有限，所产茶叶一般是销往本地的茶厂和卖给外地的茶叶收购商，尽管甘蔗或橡胶的收益在家庭经济收入中所占的比重比茶叶大，芒市德昂族村落仍然把茶叶产业作为村落主要的传统产业来发展，这似乎体现不了该民族的茶叶产业发展对区域发展的作用。然而，云南的产茶区的群体和云南省外产茶区的群体中，唯有德昂族把茶叶视为万物的阿祖和人类的祖先，用茶叶体现出自己对生存、生命和生活的适应与选择，勾勒出德昂族传统生态文明中以人与环境资源和谐共生为主的文化内涵。德昂族把茶叶投入市场交换，揭示出了该民族了解茶叶在人类以生存为基础展开的交换活动中的经济性；把茶叶融入日常生活，展示出了该民族认知茶叶在人类对生命和生活的适应与选择中的文化性。通过芒市德昂族农户的入户访谈得知，村落茶叶产业的发展，增加收入是一个原因，更多的是他们的生活离不开茶。这种以茶为主对传统经济作物文化性的了解，对云南其他产茶区，甚至对云南省外产茶区的可持续发展都具有重要的意义。

2. 对传统产业发展地方性的认识

芒市德昂族村落的茶叶产业发展，是一个在市场经济的环境中传统经济作物市场化的过程。据史料记载，德昂先民曾富有的主要原因之一就是茶叶市场化，"作为金齿后裔之一部分的德昂族，种茶的历史久远，他们当是茶叶的主要出售者，故经济生活比较富裕，以致在人们的观念中德昂人很有钱，银子也很多"（《德昂族简史》编写组，1986：22）。这说明德昂族对茶叶商业价值的认知和实践已经有很长的历史了。

在近代，由于战乱和生产生活方式变迁等原因，德昂先民频繁地迁徙，居住地逐渐分散，使得德昂先民曾经因茶叶交易而富有的时代成为历史。新中国成立后，德昂族社会经济的发展环境得到了改变，特别是随着市场经济的发展，德昂族村落以茶叶为主的传统经济作物的商业价值在村落的产业发展中不断体现出来，尽管其给农户家庭带来的收入没有甘蔗或橡胶等新兴经济作物高。

　　中国的茶叶贸易历史悠久，在传统的小农经济中，茶叶是茶农参与市场交换的一种物品。不仅如此，茶叶还是国家倡导与支持的传统经济作物，从历史上的"茶马互市"到近现代的"茶马古道"①，茶叶一直是市场交换的重要物品。然而，在目前中国的茶叶产业发展中，由于东西部地区的经济发展差距，西部地区作为中国古老的和主要的茶叶产地，其茶叶产业的发展与东部地区的相比还存在很大差距。云南是中国主要的产茶区之一，茶叶生产是云南大力发展的产业。在云南西南部和南部的产业发展中，发展茶叶产业是较为普遍的一种产业发展模式。德昂族是云南西南部的茶农群体之一，人口较少，茶叶种植规模有限，所产茶叶一般是销往本地的茶厂和卖给外地的茶叶收购商。尽管甘蔗或橡胶的收益在家庭经济收入中所占的比重比卖给茶叶多，芒市德昂族村落仍然把茶叶产业列为村落主要的传统产业来发展。如前所述，芒市德昂族村落以茶叶为主的传统产业的发展，其实描述出了一种超越纯市场经济的、带有德昂族传统生态文明意义的生态经济发展形式。

　　前文提过，经济的发展会影响作物的种植类型和种植规模。但是，作物种植者的农耕传统以及由此形成的一系列的认同、伦理和禁忌，在实践中会依然存在，并会成为协调因外部发展导致的环境承载力失控的主导力量。在市场经济中，芒市德昂族村落发展茶叶产业，虽然种植面积和规模有限，但是揭示出了德昂族种茶的农耕传统及相关的伦理和禁忌，以及产生的人与环境资源和谐共生的发展观，这对区域的可持续发展同样具有重要的意义。

第三节　文化传统的传承

　　文化传统的传承，是传承传统生态文明的主要形式。与区域可持续发

---

　　① 茶叶作为一个国家的商业产品能追溯到中原王朝与藏区之间的"茶马贸易"，这大概始于宋王朝。宋王朝需要来自吐蕃的大量战马来抵御北方游牧民族辽、金和西夏的入侵。于是，宋王朝就使用茶叶与吐蕃交换战马。到了元朝，元廷不再需要从吐蕃采购战马，故放弃了茶马贸易，但依旧保持着与吐蕃的茶叶交易。到了明朝，云南、四川和吐蕃之间的茶马贸易再度复兴，茶叶交易不仅在皇权之下进行，而且也在商人中开展。到民国时期，茶叶贸易仍在持续。中华人民共和国成立后，特别是市场经济时代，茶叶贸易得到进一步深化和扩展。

展相联系，文化传统的传承维护着区域发展的可持续性。德昂族的文化传统是德昂族传统生态文明的核心，为德昂族分布区域发展的可持续性提供着保障。德昂族主要生活在山区和半山区，以农耕为生，自然环境对作物的生产影响很大。该民族长期处于山地环境中，积累了丰富的以农耕文化为基础的文化传统来适应环境的变化。这种文化传统汇聚着大量的德昂族与茶叶和谐共生的传统知识，从物质、制度、知识和信仰等方面保障和管理着德昂族生存、生产和生活的安全。本节首先概述德昂族的文化传统，然后围绕芒市德昂族农户的生产生活详述德昂族农户在日常生产生活中对文化传统的传承，最后分析德昂族农户的文化传统传承对区域可持续发展的意义。

一 德昂族的文化传统

德昂族是一个农耕民族，以农耕生产和生活为基础，其文化传统可以分为四类：第一，种植文化传统；第二，制度文化传统；第三，传统知识文化传统；第四，信仰文化传统。

1. 种植文化传统

从田野调查得知，德昂族认为茶叶种植是他们祖先留下的农耕文化遗产，开展茶叶种植就是在传承其祖先的种植文化传统。如前所述，德昂族世居在亚热带季风区的山地区域，这里的生态条件适宜种茶。茶叶是德昂族的传统经济作物，种植历史悠久。受市场经济的影响，甘蔗和橡胶等新兴经济作物在德昂族农户家庭经济收入中比重增加，来自茶叶种植的经济收入明显少于来自甘蔗和橡胶种植的，但德昂族仍然传承着茶叶种植的文化传统。前文已提到，甘蔗和橡胶对德昂族而言仅为投入市场交换获得收入而种植，而茶叶除了一部分投入市场交换外，更多的是为了满足该民族自身在社会生活和仪式生活中的需要，这是其他经济作物不能替代的。德昂族采摘茶叶按季节开展，春季开始，秋季结束。茶叶手动加工是德昂族加工茶叶的传统，由农户在家里完成。

随着近年来甘蔗或橡胶等新兴经济作物在德昂族聚居区不断扩大种植，茶叶在家庭经济中的经济地位被弱化了，茶叶种植规模不大。即便如此，德昂族一直仍保留着他们茶叶种植的传统。当然，德昂族的茶叶种植不仅仅局限在小农经济中。当茶厂作为现代市场经济的一个标志出现后，在茶叶收购需求增加的时候，德昂族茶叶种植的规模也有一定幅度的提高。不论变迁情况如何，德昂族自始至终都保持着他们的茶叶种植传统，正如德昂族的创世古歌所言，茶叶是德昂的命脉，有德昂的地方就有茶山。作为反映农耕作物种植传统与变迁的主要载体，茶叶种植不仅联系着德昂族的传统农耕生计方式，而且联系着该民族农耕生产的过程。

2. 制度文化传统

前文已述，德昂族不但有古老茶农之称，而且在日常生活中好饮浓茶，在社交礼仪、生老病死、婚丧嫁娶、仪式活动、处理个人矛盾和社会纠纷中都会用茶，在社会管理和民间组织运转中也要用茶。茶叶密切联系着该民族的风俗习惯、伦理道德、文化价值等。德昂族说，没有茶，他们的社会就没有了秩序。

由此看出，德昂族在社会生活中对茶叶的使用，是在传承德昂族社会管理民间制度的文化传统。这具体体现在三个方面。

第一，传承德昂族社会交往的民间制度。茶叶在德昂族社会中是一种可以使用在社会交往中以表达心意和构建和谐社会关系的馈赠物品。德昂族长期以来与傣族、汉族、景颇族、傈僳族等民族毗邻而居，用茶待客、备茶赠客是德昂族的礼节。第二，传承德昂族个人与家庭交往的民间制度。在德昂族社会中，几乎家家都有饮茶嚼烟的习俗，而且通常把茶叶与草烟结合起来用于彼此的交往中。德昂族认为，茶叶是他们自产自制的，他们传统上不种草烟，草烟是从市场上购买来的，把茶叶与草烟相结合才能表达互相之间的祝福（李全敏，2012a：9~12）。在日常生活中，他们都会传递装有茶叶与草烟的袋子"ba ge bao"，邀请对方饮茶嚼烟。与日常交往不同，德昂族在仪式生活中有着细致的用茶分类。德昂族按不同的仪式类别，把茶叶与草烟的组合做成不同的形状，赋予相应的术语，以阐释出其对身份的认同和对社会的认可，以及对防灾祛病和保障健康的祈愿，表达对家庭团结和家族和谐的祝福，以反映茶对社会凝聚与社会整合的作用。第三，传承德昂族亲属交往的民间制度。除了与草烟组合以外，德昂族会把茶叶与盐巴相结合，如作为出嫁的女儿参与娘家上新房仪式所带的礼物，以表达对家人平安健康的祝福。

值得一提的是，一旦德昂族社会内部个人之间发生了矛盾，彼此馈赠茶叶表示道歉就成为化解矛盾的唯一途径。德昂族围绕着对茶叶的实践进行着社会的自我管理，这就突出了德昂族制度文化传统的内涵。

3. 传统知识文化传统

德昂族长期以来以农耕为生，在对环境的适应中积累了以生产生活经验为基础的丰富传统知识。这些知识作为重要的文化传统一直在德昂族的农耕生产和日常生活中被传承着。以下列举几个较为典型的例子。

在作物种植上，德昂族遵节令开展作物种植，按春播夏种秋收的顺序安排农事活动，农耕时间的管理过去是按傣历开展，现在是按阳历开展。按现在的说法，德昂族的作物种植按"大春"和"小春"进行。此外，德昂族按动物表征来进行自然灾害预警，这在前文已提到过。

在日常生活中，德昂族积累了丰富的用茶知识，这些传统知识体现出德昂族与环境的互动。如前所述，德昂族居住环境的生态特点造就了其对的酸茶的喜好。酸茶皆为德昂人家手工制作。德昂族男女好饮浓茶，而且习惯把茶叶用于各种社会交流活动。当赔礼道歉时，送一小包茶叶给对方表示道歉。当有客来访时，送茶叶给客人带走以示礼节。在仪式中使用茶叶，寄意于身份认同和社会身份、祛病防灾和健康保障、家庭团结和家族和谐、社会凝聚和社会整合。

传统知识作为文化传统联系着德昂族的世界观、思维模式、行为规范及文化特征。德昂族源于茶的传统知识，透视出该民族对其生存环境的适应和选择，而且，他们源于茶的传统知识把自然性和社会性整合起来。无论环境如何变迁，德昂族依然用他们的语言和实践保留着对传统知识的认知，表达着他们对生存环境的适应（李全敏，2015c：102~106）。

4. 信仰文化传统

德昂族的农耕生产和日常生活深受其信仰文化传统的影响。德昂族是南传上座部佛教信徒和万物有灵信仰者，有丰富的自然崇拜活动。以德昂族与茶叶的互动为例，德昂族认为茶叶是万物的始祖，是茶叶创造了自然万物、创造了人类的祖先。德昂族崇拜茶、信仰茶，相信茶叶密切联系着人类的起源，认为本族的祖先与茶叶之间有血缘关系，相信茶叶有超自然力，并认为自己与茶叶之间存在着某种联盟关系。德昂族会种植茶树，培植茶叶，并用社会交往、礼物馈赠、商品交换和宗教仪式等表达其与茶叶的亲密关系。茶崇拜能体现出该民族在长期与自然互动过程中对环境变化影响其生存安全的回应，而且该民族生活的自然环境和所从事经济活动在生态上的特点，会通过茶崇拜表达出来。

前文已述，茶叶信仰是德昂族的一种主要的民间信仰，茶叶信仰表现在生产、婚姻、交往、仪式等领域，茶叶信仰作为信仰文化传统在德昂族日常生活中的传承主要表现在：在栽培种植中用茶表达生存之需，在迎来送往中用茶表达礼节和礼貌，在婚丧嫁娶中用茶构建彼此之间亲缘关系，在礼物馈赠中用茶承载"礼物之灵"，在互通有无中用茶衡量价值，在各类仪式活动中用茶表达对祖先和各类超自然神灵的崇拜与敬畏。在德昂族社会中，茶是德昂族彼此之间亲属关系的标志，通过茶，族内会建立起一定的权利和义务，如议事权、表决权等权利以及互助、复仇、服丧等义务。

德昂族把茶叶信仰作为重要的信仰文化传统来传承，其实在说明茶叶对德昂族的生存很重要，有其他植物不可比拟的经济、社会和文化价值。德昂族是一个农耕民族，主要散居在亚热带季风区的高山和坝区之间的区域中，古歌已有"茶叶是德昂的命脉，有德昂的地方就有茶山"的提法，茶叶信仰更多表达的是该民族对与其生产生活密切相关的环境资源的认知。在德昂族的观念中，每逢建寨，必种茶树，禁止砍伐。此外，当德昂族把种植茶树、培植茶叶作为他们对茶图腾的一种祭礼仪式的时候，茶叶信仰其实是该民族对其生活的自然环境和所从事经济活动在生态上的特点与生存状况的唯物性说明。

维系生存通常涉及两个层面：第一，是用自己的产出满足自己的生存需求；第二，是与他人交换自己不能产出的产品来满足自己的生存需求。文化传统是人类维系生存的一种文化模式。德昂族的文化传统与茶叶密不可分，一方面德昂族把茶用作药品、菜肴、饮料、仪式祭品等来满足自己的生存需求，反映出该民族对茶叶的社会和文化价值的认可；另一方面德昂族用茶叶与他人交换自己不能生产但需要的物品，反映出该民族对茶叶的经济价值的重视。因此，当德昂族用他们与茶叶的互动来阐述其村落生态环境保护和传统产业发展的时候，文化传统就在德昂族农户的农耕生产与日常生活中传承着，下文将围绕芒市德昂族农户对文化传统的传承做进一步讨论。

二 德昂族农户对文化传统的传承

芒市德昂族村落主要分布在三台山德昂族乡、芒市镇、勐戛镇、五岔路乡和遮放镇。与芒市其他乡镇甚至其他区域的德昂族分布相比较，三台山德昂族乡是全国唯一的德昂族乡，德昂族村落最为集中，德昂族农户保留着较为完整的文化传统。本节以三台山乡德昂族农户的日常生产生活为例，展示该乡的德昂族农户在日常生产和生活中对文化传统的传承情况。德昂族农户对文化传统的传承大致分为作物种植文化传统的传承、制度文化传统的传承、传统知识的文化传统的传承与信仰文化传统的传承。

1. 德昂族农户对种植文化传统的传承

三台山德昂族乡有 21 个德昂族村，分布在勐丹村委会、出冬瓜村委会、帮外村委会和允欠村委会。

在村落内聚居的人家皆为德昂族农户。据乡政府提供的数据，至 2015 年底，勐丹村委会的德昂族农户情况为：勐丹 60 户、南虎老寨 38 户、南虎新寨 30 户、沪东娜 33 户、勐么 53 户、马脖子一组 60 户、马脖子二组 42 户、冷水沟 23 户、护拉山 55 户、帮囊 67 户、广纳 35 户；出冬瓜村委会的德昂族农户情况为：出冬瓜一组 29 户、出冬瓜二组 40 户、出冬瓜三组 75 户、出冬瓜四组 39 户、卢姐萨 53 户、旱外 50 户；帮外村委会的德昂族农户情况为：帮外 76 户、上帮村 42 户、帕当坝 85 户；允欠村委会的德昂族农户情况为：允欠三组 34 户。

通过对三台山部分德昂族农户的入户访谈得知，德昂族农户对作物种植文化传统的传承，主要从茶叶种植体现出来。访谈过的农户都说，茶叶是老祖辈留下的作物，不能丢弃，家里要喝茶，要用茶，虽然茶叶卖不了太多钱，种植的面积不多，但多多少少都会种些茶叶。

德昂族农户说，他们种的茶叶属于绿茶，分为白茅尖和老茶，白茅尖指嫩叶，老茶指老叶。现在茶叶生长的农业周期按阳历 12 个月排序：1 月犁茶地；2 月采春茶、采初叶；3 月采春茶、撒播茶籽、移植茶苗入茶地；4 月采春茶、撒播茶籽、移植茶苗入茶地；5 月采夏茶、管理新栽的茶树；6 月采夏茶、管理茶树；7 月采夏茶、管理茶树；8 月采夏茶、管理茶树；9

月采秋茶、管理茶树；10月采秋茶；11月采秋茶；12月给茶地除草。

德昂族的茶叶种植主要有三步：第一，在苗圃撒播茶籽；第二，把苗圃的茶苗移栽到茶地；第三，护理茶树长至能被采摘。目前他们很少在自家培植茶苗，而是买茶苗直接栽种。在把茶苗种入茶地前，无论是自己栽培的茶苗还是买来的茶苗，他们都要锄地和挖洞，每个洞能种两到三棵茶苗。

茶叶采摘从2月到11月结束。春茶是2月到4月间采摘的茶叶，夏茶是5月到8月间采摘的茶叶，秋茶是9月到11月间采摘的茶叶。春茶是一年里质量最好的茶叶，茶商和茶厂的收购价是最高的，不过留在家里喝的和用的一般都是春茶。德昂族农户制干茶是通过手工完成的。

德昂族农户说，他们现在的茶叶种植与过去相比有很大的变化。在茶叶种植技术上，过去是自己培育茶苗，不管理茶地，任茶树自行生长。现在是买茶苗，要管理茶地和修剪茶树，也使用化肥提高土壤肥力。在茶叶采摘的劳动分工中，过去茶叶是由妇女采摘的，现在男人也采摘茶叶。但是这些变化并没有影响德昂族农户对茶叶种植传统的传承。针对茶叶给家庭经济带来的收入比来自甘蔗的少，以后是否继续种茶的主题，几乎所有访谈过的德昂族农户都说，茶叶是生活必需的用品，茶叶种植是祖先传下的，会继续种植。

2. 德昂族农户对制度文化传统的传承

通过参与观察和入户访谈获知，三台山乡德昂族农户对制度文化传统的传承主要从社会生活中的用茶实践体现出来。德昂族农户在日常生活中好饮浓茶，在生老病死、婚丧嫁娶、社交礼仪、仪式活动、解决矛盾和纠纷中都会频繁地用茶。访谈过的德昂族农户说，没有茶，他们的社会生活就不完整了。茶叶是德昂族农户社会交往的重要信物。家里有其他民族客人到访，他们一般就会做烤茶招待客人。客人临走时，他们会送些家里自制的干茶给客人带走，希望以后大家常来常往。

德昂族都有饮茶嚼烟的习俗，在本民族内部的日常交往中，会把茶叶与草烟结合起来用。茶叶是自产自制的，草烟是买的，他们传统上不种草烟。在闲暇互相串门的时候，主人家会递给串门者装有茶叶与草烟的袋子，串门者自己从袋子内取茶叶和草烟开始饮茶、嚼烟。在仪式生活中，他们也会把茶叶与草烟结合使用，并把茶叶与草烟分别包成不同的形状，赋予不同的术语，表达不同的含义。（李全敏，2012b：20）。具体的内容见第二章的描述，这里就不再做详述。除了茶叶与草烟，他们会把茶叶与盐巴相结合，作为出嫁女儿在娘家上新房仪式中送回的礼物，以表达对家人平安健康的祝福。除此之外，德昂族遇到了矛盾和纠纷，会送茶叶道歉，这样就能化解矛盾和纠纷了。由此看出，德昂族农户围绕着对茶叶的实践进行着社会的自我管理，这正是对德昂族制度文化传统的传承。

3. 德昂族农户对传统知识的文化传统传承

从田野调查得知，三台山乡德昂族农户有一系列的文化传统，与其生产生活中的传统知识密切相关。

在农耕生产上，德昂族农户除了遵节令开展生产活动外，有着从动物的行为预测晴雨及从仪式和历法预测天气冷热的经验。德昂族老人说，他们传统上把一年分为12个月，天气由冷变热是从第一个月到第六个月，这个时段雨水由少变多；天气较为炎热是在第七个月到第十一个月，降雨较多；天气开始由热变冷是从第十二个月开始，降雨较少。每年烧白柴后，天气开始逐渐变热，泼水节后，降雨增多。

每个月都有不同的天气特征和农事活动。在第一个月，天气特征为少雨和天气冷，农事活动主要是种小麦。在第二个月，天气特征为少雨和天气最冷，没有固定的农事活动，会从事盖房和结婚等社会活动。在第三个月，有烧白柴仪式，天气特征为少雨和天气由冷变热，主要从事犁坂田、整理田地、浸泡水田、撒秧等农耕活动。在第四个月，天气特征如同第三个月，农耕活动主要包括修水沟、犁地、耙田，采茶等。在第五个月，天气特征除了天气转热外，还有降雨来临，农耕活动除了收小麦外，主要还有种玉米、犁旱地、撒旱谷、采茶等。在第六个月有泼水节仪式，天气特征为天气逐渐变热，降雨开始增多，主要的农耕活动包括栽秧、种苏子、旱谷地除草、采茶等。在第七个月，天气特征是开始炎热，降雨增多，主要的农耕活动有薅秧、除草、采茶等内容。在第八个月，天气特征为炎热、雨水多，主要从事的农耕活动除了收苏子、玉米外，还有采茶等。在第九个月，天气特征与第八个月类似，农耕活动主要有收旱谷、玉米，还有挖地、种豆、采茶等内容。在第十个月，天气特征同于前两个月，农耕活动主要围绕收水稻和采茶进行。在第十一个月，天气特征为热但降雨开始减少，农耕活动主要包括打谷、砍柴、采茶等事项。到了第十二个月，天气特征表现为从热逐渐转冷，降雨逐渐减少，这段时期的农耕活动主要有扎草排、犁坂田和采茶等（李全敏，2013b：17）。

在生产生活用水上，德昂族农户说，他们会把饮用水与生活用水分开，并有一系列的禁忌习俗在保护着水源地，如禁止在水源地杀生、洗衣服、洗菜，禁止向水中倒垃圾或脏水，禁止在水源地附近大小便、修建厕所或牲畜栏棚等，如有违规，将会受到惩罚。在树木资源的管理上，德昂族非常爱护村落里的大青树、寨神林内外的树木以及水源林，这些树木保护着他们的生存和生活。

在日常生活中，德昂族农户好饮浓茶、食茶和用茶。德昂族农户说，除了把茶用于社会交往和仪式活动外，他们会把茶叶当作草药来用，治疗一些常见病如头痛、眼睛发炎、起痱子、烫伤、闹肚子等。头痛时，饮用浓茶可缓解；眼睛发炎时，用茶水洗眼睛可缓解；被烫伤时，将茶叶捣碎外敷在患处可缓解；起痱子时，用茶水洗患处可缓解。

三台山乡德昂族农户的这些传统知识聚集了知识的自然性、社会性和文化性，作为的一种重要的文化传统，不但表达着他们对生存环境的适应，而且在他们的农耕生产与日常生活中一直传承着。

4. 德昂族农户对信仰文化传统的传承

三台山乡德昂族农户皆信仰南传上座部佛教和万物有灵，每个村落都有奘房（寺院），是村民举行宗教仪式节庆的重要场地。每年都有需要德昂族农户集体参与的宗教仪式，同时德昂族农户也会根据自己家庭的需要在自己家庭内举行相应的仪式。德昂族农户说，他们在各类仪式中必会用茶叶。

按阳历排序，从年初到年尾，德昂族农户集体参与的仪式包括：2月有"烧白柴"（德昂语：Duo Hi Mai Bong）；4月有"泼水节"（德昂语：Hong Pra）；在7月到10月间有佛诞节日"进洼"（德昂语：Kao Va）、"供包"（德昂语：Gan Va）和"出洼"（德昂语：Ou Va）；11月有"供黄单"（德昂语：Kathin）。有万物有灵仪式"祭寨心"（德昂语：Dim Wu Man），在"进洼"和"出洼"时举行。

德昂族农户根据家庭需要举行的家庭仪式有生命周期仪式、生命危机仪式、家庭做摆仪式等。其中，生命周期仪式主要包括新生儿取名、结婚和丧葬；生命危机仪式主要是驱病仪式；家庭做摆仪式主要是祭祀家庭祖先的仪式。这些仪式举行的时间不固定。除了这些仪式外，德昂族农户会在9月底10月初收割新谷后，举行"祭谷神"仪式（德昂语：Dim Ja Ou），即用新米饭祭祀谷神。德昂族农户新房盖好后，会举行上新房仪式。

在德昂族农户集体参与的宗教仪式中，阳历2月举行烧白柴仪式，为期两天。第一天下午在村落的空地上焚烧一座由光树干搭成的塔状物；第二天早上主持仪式的老人会从焚烧处取些灰，带上茶叶和其他祭品，把这些物品供奉到奘房。村民们说，此仪式结束后，天气就会变热。阳历4月举行泼水节，泼水节是所有德昂族农户都必须参加的最隆重的集体仪式活动，是村民给佛像洒水、村民互相之间泼水的仪式，通常持续三天。茶叶是集体准备的重要供品之一。在取水和洒水前，奘房和尚与主持仪式的老人带领所有村民面对佛像念经，之后村民取水给佛像洒水、村民互相泼水。德昂族相信，水能洗净前一年的灰尘，带来一个干净的新年。阳历7月到10月间举行佛诞节日进洼、供包和出洼。在佛诞期间，村民们不能盖房子或办婚礼，年轻人不能谈恋爱。进洼是佛诞的开始，首先是举行进洼，为期三天，一个多月后；举行供包，为期两天；佛诞结束举行出洼，为期三天。在佛诞期间，村民到奘房听和尚诵经，茶叶是集体使用的重要祭品之一，与其他祭品一起供奉给佛。在进洼和出洼最后一天的下午，德昂族农户会参与村落集体祭寨心仪式，茶叶也是重要的集体祭品之一，用于供奉给村寨神灵。11月举行供黄单，为期两天，这个仪式是给奘房里的和尚献新袈裟，茶叶同样是供到奘房的一种重要的集体祭品。

在德昂族农户根据家庭需要举行的家庭仪式中，生命周期仪式主要有新生儿起名仪式、结婚仪式和丧葬仪式，茶叶是这些仪式的重要用品之一，分别表达对起名人的邀请、求婚和婚礼的符号、生与死的分割等含义。生命危机仪式主要是驱病，茶叶也是重要的仪式用品之一。家庭做摆仪式主要是祭祀祖先，茶叶在仪式中必不可少。此外，在德昂族农户的祭谷神和上新房仪式中，茶叶也是仪式的重要祭品，分别表达人们对谷神的尊重以及出嫁女儿对娘家的祝福。

三台山乡德昂族农户通过每年参与相关的仪式，传承着德昂族的信仰文化传统。而且，从德昂族农户各类仪式的用茶情况看，不但体现出了他们茶叶信仰的物化形式，而且表达出了他们累积生存力量的文化技术。

三　德昂族农户的文化传统传承对区域可持续发展的意义

文化传统是传统文化的价值体现，能体现出传统生态文明的内涵。德昂族农户的文化传统传承，是其传统文化的价值体现。如前所述，芒市三台山德昂族乡的文化传统相对完整，农户通过他们的日常生产和生活传承着文化传统。他们在传承种植、制度、传统知识和信仰文化传统的过程中，把德昂族传统生态文明中人与环境和谐共生共荣的生命观和发展观，通过他们与茶叶的互动体现出来，这对区域可持续发展有着积极的意义。这可以从传统经济作物种植的存在价值、民间制度的存在价值、传统知识的存在价值和信仰文化的存在价值四个方面来分析。

1. 传统经济作物种植的存在对区域可持续发展的意义

德昂族种茶历史悠久，茶叶是德昂族的传统经济作物，这在《德昂族简史》中已有记载。茶叶种植不但联系着德昂族的农耕种植历史，而且联系着他们的商品交易历史。

区域可持续发展，是指区域发展的可持续性，不仅仅是由单纯的经济发展产生的，而是一个联结着区域自然环境、经济、社会、文化等方面的综合系统协调运行的过程和状态。云南是我国的主要产茶区之一，茶叶产业是云南带动地方经济发展的一个重要的支柱产业。目前，在普洱、西双版纳、德宏等产茶区都种植着成片的茶园。由于受到新兴经济作物如甘蔗和橡胶产业发展的冲击，云南产茶区的可持续发展面临着极大的挑战。德昂族是我国的一个人口较少民族，也是云南有悠久历史的种茶群体之一，与甘蔗和橡胶等新兴经济作物的种植相比，其茶叶种植的面积和规模不大，即便如此，茶叶依旧是德昂族村落主要的传统产业发展项目。究其原因，德昂族认为茶叶是祖辈留下的，不能丢弃。德昂族这种对传统经济作物存在价值的认可，作为一种文化自觉，在市场经济的发展中维护着德昂族传统产业的可持续发展，这对云南茶区乃至云南省外产茶区的可持续发展都具有重要的参考意义。

2. 民间制度的存在对区域可持续发展的意义

茶叶作为人们日常生活中的必需品之一，不但能揭示出不同社会在消费中的品味和时尚，还能揭示出消费者之间的关系认同。不仅如此，对于生活在我国西南边疆的德昂族来说，在社会生活和仪式活动中大量用茶，还能体现出德昂族社会管理的民间制度。

德昂族是一个尚茶的民族，尚茶习俗和尚茶观念密切地联系着他们的社会生活。德昂族在社会生活和仪式生活中大量用茶，一般都与新的家庭和家族联盟的构成、对家庭成员生死分割的认知以及对祖先的缅怀等内容有关。该民族把茶与社会秩序联系在一起，开展社会治理，以揭示构建和协调社会关系的行为规范，其中包括德昂族社会成员之间关系的行为规范、德昂族与其他民族之间关系的行为规范、德昂族本身与其信仰体系中超自然神灵之间关系的行为规范。

社会是多元的，在社会的正常运转中，民间制度能揭示协调社会内部各种关系的相应秩序和规范。德昂族在社会生活中用茶体现出的民间制度，通过相应的秩序和规范，构建和协调着该民族的社会关系，具有社会治理和社会整合的功能，这体现出了民间制度的存在对区域可持续发展有着重要的社会意义。

3. 传统知识的存在对区域可持续发展的意义

德昂族是一个农耕民族，长期生活在山地环境中，该民族有着丰富的生产生活经验，积累了大量的传统知识，其内容涉及自然灾害预警、生态环境保护以及人体的健康保健等方面。

以茶叶为例，德昂族积累了丰富的用茶传统知识。在食用方面，德昂族喜食酸茶。在药用方面，德昂族饮茶以缓解痛感。在饮用方面，他们好饮浓茶，以解疲劳。在社交方面，他们把当茶叶作为一种象征符号用于各类活动。在语言方面，他们把茶叶与生命相联系，通过对茶叶的分类，把茶叶的自然特征和社会特征整合起来，表达出对生存环境的适应和选择，有对自然环境的适应和选择，也有对社会环境的适应和选择。

传统知识以当地人的生产生活经验为基础，是区域可持续发展不可少的知识储备。从德昂族用茶的传统知识看，这些传统知识再次体现出了茶叶在德昂族的生产和生活中的重要地位。从德昂族的茶叶神话到德昂语对茶叶的称呼，德昂族与茶的互动首先呈现出该民族对茶叶药性的认同，以及对其治愈疾病和健康保健的肯定，再次突出了德昂族传统生态文明中人与环境资源和谐共生的发展观。这对区域可持续发展具有重要的科学意义。

4. 信仰文化的存在对区域可持续发展的意义

德昂族信仰南传上座部佛教和万物有灵，崇拜自然，崇拜茶。德昂族认为茶叶是万物的阿祖和他们的祖先，有着自己的茶叶信仰，并通过茶叶神话，把茶叶与天地万物和人类的起源联系在一起，认为茶叶具有超自然力，能战胜各种灾难和保护人类先祖生存繁衍。德昂族的茶叶神话把灾难分为生态灾变、洪灾、火灾、雾灾、瘟疫、污染、风灾七类，德昂族通过茶叶产生了七种对应方法。由此，该民族用他们对茶叶的信仰表达出其生命观和世界观，并通过各类仪式把茶叶与生产生活联系起来，规范着社会秩序、伦理道德，遵循着文化传统，制约着行为举止，表达着德昂族传统生态文明尊重自然、顺应自然和保护自然的生态伦理观，这对区域可持续发展具有重要的文化意义。

其实，自然环境灾变的酿成，不是自然力作用的简单结果，如果没有人力的干预，客观存在的自然生态变化总体而言对人类社会的危害是有限的。从德昂族的茶树神话可以看出，生态灾变更多的是人为酿成的，联系今天存在的环境问题和生态危机可知，尊重自然规律，了解环境承载力，规范人类对环境资源使用的分寸和力度，才是回应生态灾变的有效机制。这将在下一章中具体阐释。

前文提到，已有研究指出："生态文明是以人与自然、人与人、人与社会以及人自身各个方面的协调发展、和谐共生、良性循环、持续繁荣为基本宗旨的价值伦理形态。"（高德明，2011：2）论及人类与自身及周围环境的相处之道，生态文明其实是一种古老的人类文明形态，与人类生存和发展密切地联系在一起，反映着人与自然和谐共生共处的关系。德昂族传统生态文明则体现出了生态文明的传统性和地方性。德昂族通过与茶的互动，把生态环境的保护、传统产业的发展、文化传统的传承密切地联系在一起，体现出了其传统生态文明是一种以茶为中心、体现出人与自然和谐共生发展理念的传统伦理，从技术层面展示出了对农耕种植传统的传承，从制度层面展示出对社会治理的传统秩序和规范，从知识层面展示出了人与自然和谐互动的传统知识,从信仰体系展示出了尊重自然、顺应自然和保护自然。这些理念和实践在说明,尊重和维护地方传统才能使区域发展具有可持续性。

第四节　民族关系的和谐

民族关系是双向的和动态的,是不断在发展变化的。民族关系是一种社会关系,能反映民族生存和发展过程中相关民族之间的相互交往和联系(金炳镐,2006:1~20)。德昂族是我国的人口较少民族之一,人口两万左右,主要分布在云南西南部和南部的德宏傣族景颇族自治州、保山市和临沧市,这里是多民族聚居的区域。他们长期以来德昂族与傣族、汉族、景颇族、傈僳族、阿昌族、佤族等民族相邻而居,保持着和谐的民族关系,这可以从居住格局、民族语言、农耕生产、经济交换、日常交往、宗教信仰、文化交流等方面体现出来。本节首先以芒市德昂族为例概述德昂族分布区内民族关系的状况,然后从居住格局、民族语言、农耕生产、经济交换、日常交往、宗教信仰、文化交流这七个方面分析德昂族分布区内民族关系和谐的原因,最后解析民族关系和谐对德昂族分布区可持续发展的价值以及对云南建设"民族团结进步、边疆繁荣稳定示范区"的积极意义。

一　德昂族分布区的民族关系状况

德昂族主要分布在云南西南部和南部。在德昂族分布区中,德宏州芒市是德昂族村落及人口最为集中的区域。田野调查显示,芒市德昂族分布区的民族关系状况能体现出整个德昂族分布区中民族关系的特点。除了极少部分在城镇工作的德昂族,芒市德昂族绝大多数分布在三台山德昂族乡、芒市镇、勐戛镇、五岔路乡、中山乡和遮放镇六个乡镇。同芒市的其他乡镇一样,这六个乡镇皆是多民族聚居区。

1. 三台山德昂族乡的民族关系状况

三台山德昂族乡有21个德昂族村、8个汉族村、7个景颇族村,德昂族分散在勐丹、出冬瓜、帮外、允欠4个村民委员会中。如前所述,勐丹村委会有勐丹、南虎老寨、南虎新寨、沪东娜、勐么、马脖子一组、马脖子二组、冷水沟、护拉山、帮囊、广纳等 11 个人口全为德昂族的村落，除此之外，还有四家寨、常新寨、上芒岗 3 个汉族村落。出冬瓜村委会有出冬瓜一组、二组、三组、四组、卢姐萨、早外 6 个人口全是德昂族的村落，也有早内、兴隆寨、毕家寨 3 个汉族村落。帮外村委会有帮外、上帮村、帕当坝 3 个人口全是德昂族的村落，还有拱别和帮外三社两个景颇族村，以及光明社和帮滇 2 个汉族村。允欠村委会有允欠三社一个人口全是德昂族的村落，其余 4 个村落允欠、拱岭、帮弄、下芒岗是景颇族村。德昂族、汉族和景颇族是三台山乡境内主要的三个居住民族。

通过对三台山乡境内德昂族、汉族与景颇族的民族关系状况的田野调查得知，德昂族与汉族、景颇族之间的关系是和谐的，具体体现在以下几个方面：村落之间从来没有发生过大的民族纠纷事件；德昂族会说汉语和景颇语，语言交流没有障碍；在农耕生产繁忙时期，彼此之间都愿意开展互帮互助活动；德昂族与非德昂族都支持本村产业发展，共同致富；互相邀请参与彼此的社会生活、仪式节庆和文化交流；德昂族不但信仰南传上座部佛教，还与周围民族一样都有万物有灵信仰，崇拜自然、共同爱护着彼此的生存环境。

2. 芒市镇的民族关系状况

芒市镇是一个傣族、汉族、景颇族、傈僳族、阿昌族、德昂族兼有的镇，有土城村和芒龙山村 2 个德昂族村。土城村位于该镇的河心场村委会，村落人口以德昂族为主，兼有阿昌族。河心场村委会的其他村落是傣族村和景颇族村。芒龙山村位于该镇的回贤村委会，村落人口有德昂族、汉族、傈僳族、傣族村、景颇族。回贤村委会的其他村落主要是傣族村、景颇族村和傈僳族村。从村落分布和村落人口构成看，德昂族是芒市镇的居住民族之一，人口不多。

从对芒市镇内德昂族与其他民族关系状况的调查看，德昂族与其他民族之间的关系是和谐的，这主要体现在以下几个方面：没有发生过民族纠纷事件；会说相邻民族的语言，语言交流没问题；在农忙时节，各民族之间会开展换工互助活动；德昂族与非德昂族都支持本村的产业发展，共同致富；会互相邀请参加彼此的社会生活、仪式节庆和文化交流；德昂族信仰南传上座部佛教和万物有灵，与相邻民族一起共同爱护着彼此的生存环境。

3. 勐戛镇的民族关系状况

勐戛镇是一个汉族、傣族、景颇族、德昂族兼有的乡镇，有香菜塘、风吹坡、茶叶箐和弯手寨4个德昂族村。香菜塘村属于该镇的勐稳村委会，村落人口以德昂族为主，兼有少量汉族。风吹坡村属于该镇的勐稳村委会，村落人口以德昂族为主，兼有少量汉族。茶叶箐村属于该镇的勐戛村委会，村落人口全为德昂族，与汉族村相邻。弯手寨村属于该镇的勐旺村委会，村落人口全为德昂族，与汉族村相邻。

从对勐戛镇内德昂族与其他民族关系状况的调查看，德昂族与其他民族之间的关系是和谐的，这主要体现在以下几方面：德昂族与其他民族之间没有发生过大的民族纠纷事件；德昂族会说傣语、汉语和景颇语，与周围民族的语言交流没障碍；在农忙时节，各民族之间会开展换工互助活动；德昂族与非德昂族都支持本村的产业发展，共同致富；德昂族与非德昂族之间会互相邀请参加彼此的社会生活、仪式节庆和文化交流；德昂族信仰南传上座部佛教和万物有灵，与周围其他民族共同爱护着彼此的生存环境。

4. 五岔路乡的民族关系状况

五岔路乡是一个汉族、德昂族和景颇族兼有的乡，有帮岭三队、老石牛和横山3个德昂族村。帮岭三队属于该乡的五岔路村委会，村落人口全为德昂族，与汉族村相邻。老石牛村属于该乡的梁子街村委会，村落人口全为德昂族，与汉族村相邻。横山村属于该乡的新寨村委会，村落人口以德昂族为主，兼有少量汉族。

从对五岔路乡境内德昂族与其他民族关系状况的调查看，德昂族与其他民族之间的关系是和谐的，这主要体现在以下几个方面：德昂族与其他民族之间没有发生过大的民族纠纷事件；德昂族会说汉语和景颇语，与周围民族的语言交流没有障碍；在农忙时节，各民族之间会开展换工互助活动；德昂族与非德昂族都支持本村的产业发展，共同致富；德昂族与非德昂族之间会互相邀请参加彼此的社会生活、仪式节庆和文化交流；德昂族除了信仰南传上座部佛教，还信仰万物有灵，与周邻民族共同爱护着彼此的生存环境。

5. 中山乡的民族关系状况

中山乡是一个汉族、德昂族、景颇族和傈僳族兼有的乡，有小街、等线和波戈 3 个德昂族村。小街村属于该乡的芒丙村委会，德昂族与汉族各为一半。等线村属于该乡的赛岗村委会，村落人口皆为德昂族，与汉族村和傈僳族村相邻。波戈村属于该乡的赛岗村委会，村落人口全为德昂族，与汉族村和傈僳族村相邻。

从对中山乡境内德昂族与其他民族关系状况的调查看，德昂族与其他民族之间的关系是和谐的，这主要体现如下几点：德昂族与其他民族之间没有发生过大的民族纠纷事件；德昂族会说汉语、景颇语和傈僳语，与周围民族的语言交流没有障碍；在农忙时节，各民族之间会开展换工互助活动；德昂族与非德昂族都支持本村的产业发展，共同致富；德昂族与非德昂族之间会互相邀请参加彼此的社会生活、仪式节庆和文化交流；德昂族除了信仰南传上座部佛教，还信仰万物有灵，与周邻民族共同爱护着彼此的生存环境。

6. 遮放镇的民族关系状况

遮放镇是一个汉族、傣族、景颇族、德昂族兼有的镇，有芒棒、贺焕、拱撒和拱送 4 个德昂族村。芒棒村属于该镇的弄坎村委会，村落人口以德昂族为主，兼有少量汉族和景颇族。贺焕村属于该镇的弄坎村委会，村落人口以德昂族为主，兼有少量汉族和景颇族。拱撒村属于该镇的河边寨村委会，村落人口以德昂族为主，兼有少量汉族和傣族。拱送村属于该镇的拱岭村委会，村落人口以德昂族为主，兼有少量景颇族和汉族。

从对遮放镇境内德昂族与其他民族关系状况的调查看，德昂族与其他民族之间的关系是和谐的，这主要体现如下几点：德昂族与其他民族之间没有发生过大的民族纠纷事件；德昂族会说汉语、景颇语和傣语，与周围民族的语言交流没有障碍；在农忙时节，各民族之间会开展换工互助活动；德昂族与非德昂族都支持本村的产业发展，共同致富；德昂族与非德昂族之间会互相邀请参加彼此的社会生活、仪式节庆和文化交流；德昂族除了信仰南传上座部佛教，还信仰万物有灵，与周邻民族共同爱护着彼此的生存环境。

二　德昂族分布区民族关系和谐的原因分析

通过对德昂族分布区的田野调查，芒市德昂族分布区内的民族关系能体现出整个德昂族分布区的民族关系的特点，即德昂族与其他民族之间的关系是和谐的。究其原因，可以从居住格局与民族交往两个方面来分析。

1. 居住格局

居住格局是衡量一个特定区域民族关系状况的主要指标。居住格局为民族之间的互动提供了地缘优势，能用于观察特定区域内不同民族在空间上的排列与组合情况（马宗保，2002：59），能反映一个民族的成员在居住地与另一个民族相互接触的机会（马戎，1996：399~400）。在民族交错而居的区域，民族之间的交往是密切的，彼此之间团结互助；在民族隔离的区域，民族之间的交往是疏远的，彼此之间的成见和偏见容易引发居住区域内的纠纷，会带有民族之争的含义（马戎，2004：223）。由此看出，居住格局对民族关系的影响很大，民族关系的和谐与否也影响着居住格局的排列与组合。在民族关系和谐的氛围中，多民族会在特定区域呈现交错而居、友好为邻的特点。在民族关系紧张的氛围中，民族之间的居住地是互相分离的，彼此很少往来。

云南是一个多民族聚居的区域，特别在云南西南部和南部，民族众多，各民族交错而居。德昂族是我国人口较少民族之一，跨中缅边境而居，主要生活在山区和半山区，与傣族、汉族和景颇族等民族毗邻。德昂族是云南的世居民族，由于历史和社会变迁导致的人口迁徙和居住地的变化，散居在云南的西南部和南部。德昂族与周围民族相邻而居的居住格局体现出该区域各民族居住格局的三个特点：第一，人口较少民族与人口较多民族交错而居；第二，山地民族与坝区民族交错而居；第三，跨境民族与世居民族的交错而居。这三种民族之间交错而居的居住格局特点展现出了中华民族多元一体格局中"你中有我，我中有你"的特征。第四章表4-13和表4-14显示，德昂族的居住格局呈大杂居和小聚居的特点。

作为一种以族别身份特征为基础而在地域上形成的排列组合模式，民族居住格局受民族交往的影响很大。其中，民族语言、农耕生产、经济交往、日常交往、宗教信仰、文化交流等都是促进民族之间和谐交往的重要方式。前文已述，芒市德昂族分布区民族关系状况调查显示，德昂族与周围相邻的汉族、傣族、景颇族、阿昌族、傈僳族等民族之间，有语言交往，有农耕交往，有市场交往，有日常交往，有节庆交往。下文将具体分析民族交往对民族关系和谐的影响。

2. 民族交往

民族交往是社会关系的一个整合过程，能反映出彼此之间的接触、来往、联络、协作等（金炳镐，2006）。民族交往的状况决定着民族关系的状况。一般来说，以团结协作、互通有无以及互相交流为主题的民族交往，其民族关系是和谐的；仅以利益交换为主题的民族交往，其民族关系是疏离的，会时常存在矛盾和纠纷。田野调查显示，德昂族分布区内，民族交往的具体形式主要有语言交往、农耕交往、市场交往、日常交往、节庆交往五种形式。

（1）语言交往

语言是人类进行交流和沟通的主要工具之一，既是社会交际的资源，又是社会交际的产物。一般来说，各民族都有自己的语言。云南民族众多，民族语言极为丰富。有德昂族分布的云南西南部和南部就是一个多语言区域，德昂族的语言是德昂语，相邻的其他民族的语言有傣语、汉语、景颇语、傈僳语和阿昌语等。从语言归属看，德昂语属南亚语系孟高棉语族佤德昂语支，傣语属于汉藏语系壮侗语族壮傣语支，汉语属于汉藏语系汉语语族汉语支，景颇语属汉藏语系藏缅语族景颇语支，傈僳语属于汉藏语系藏缅语族彝语支，阿昌语属于汉藏语系藏缅语族缅语支。其中，只有德昂语归属南亚语系，其他民族的语言皆属汉藏语系。

通过对德昂族村落最为集中的芒市德昂族分布区中德昂族与相邻民族语言交流的田野调查看，德昂族与相邻民族的交流呈现出几个特点：第一，同一村落中，除了德昂族，还有其他民族人口分布，德昂族能用彼此的语言开展交往和交流；第二，人口全为德昂族的村落，与其他民族村落相邻，德昂族也能用彼此的语言开展交往和交流，第三，在地方市场交换中，德昂族会使用通用的语言参与经济交换。由此看出，德昂族语言交流的多样化，正是他们长期生活在多民族聚居区并与其他民族为邻的生活历史的积累，这对民族交往和民族关系的和谐起着重要的作用。

（2）农耕交往

德昂族主要生活在云南西南部和南部的山区和半山区，同生活在这片区域的其他民族一样，以农耕为生。在农忙季节，家户之间都会团结互助，缓解农耕劳动力缺乏的困难。通过对芒市德昂族村落的德昂族与其他民族之间在农耕生产上是否会团结互助的调查发现，所有家户都支持村落内部和村落之间的团结互助，并表示愿意参与农耕生产的互助活动，没有民族差别。农耕交往中的团结互助主要体现为用工互助，换工是一种主要的用工互助形式。

换工在我国农村社会的生产互助中较为常见，是农户互相帮忙、使用家外劳动力最普遍的途径，也不只限于本村。[①] 德昂族是云南西南部的农村社会的一部分。从田野调查得知，在农忙时节，每个家庭的劳动力是有限的，根据彼此的农作时间，在家庭人手不够时，同村落或相邻村落的德昂族农户，会通过换工开展农耕交往的团结互助，以用工互助开展的农耕交往是没有民族身份界限的。

其实，换工体现出德昂族村落内部以及其与相邻其他民族村落之间在农耕生产上的交往互惠。互惠，一般发生在两个人或两个群体之间，是社会联结的纽带。互惠与交换密不可分，与市场交换不同，互惠更多表现出的是一种人情之间的往来。萨林斯把互惠分为"一般互惠"、"平衡互惠"和"否定互惠"（Sahlins，1972：191 - 210）。"一般互惠"发生在关系密切的人们之间，有大量日常的互动行为，回报不会短期内发生，否则会影响彼此的和谐和团结。"平衡互惠"发生在关系不太密切但是互相友好、需要帮助的人们之间，通过礼物的付出与收回平衡、维持关系的正常往来。"否定互惠"发生在不愿付出、只图获得的人们之间，他们没有进一步的持续交往。从田野调查看，在德昂族村落内部以及德昂族村落与相邻的其他民族村落之间在农耕交往中的换工就是以互惠为基础的。

此外，在农耕交往中，除了换工，没有劳动力和畜力参加换工互助的家户，农忙季节需要帮助时则会出钱请人来耕作。无论采用何种方式，德昂族农户与其他民族农户之间的农耕交往都能呈现出团结协作的特点。

---

① 费孝通先生（2007：336～380）曾指出："由于农作日历可以有相当的参差，甲乙两家可以互相帮忙，这就是所谓的换工。……换工是利用家外劳力最普遍的方法，换工不但可以扩大利用家内自有劳力的机会，而且农作活动中的许多工作是集合性的，需要和别家换工。换工并不限于本村人，在外村住的亲戚也有往来换工。"

（3）市场交往

市场是人们在固定时段和固定地点进行产品交易的场所，历史上由来已久。市场交往是人们在市场中以互通有无为目的，用自己的产品展开交易活动的一种行为过程，建构着交易者之间的关系，在自然经济体系和市场经济体系中都普遍存在着。据《德昂族简史》记载，德昂族不但有悠久的种茶历史，而且有悠久的茶叶贸易历史，对其经济生活有着很大的影响。金齿民族统治的古永昌地区，是历史上的商业集散地，进入市场的物品主要有毡、布、茶、盐等。作为金齿后裔的德昂族，不但种茶历史悠久，而且是茶叶的主要出售者，周围其他族群都认为德昂人很富有（《德昂族简史》编写组，1986：22）。

据对芒市德昂族农户与非德昂族之间的市场交往对民族关系影响的调查得知，定期集市是当地德昂族与其他民族开展市场交往的重要场所。定期集市，也叫乡街子，一般五到七天一轮，为期一天，在同一区域的乡镇间开展。当有离自己村落最近的集市开始运行时，德昂族会带着自制的茶叶、自编的竹器和采摘的野菜到集市中参与市场交易，以换取生活必需品，如盐巴、草烟、针线、农具等。参与市场交易活动的有来自外地的小商贩，也有来自相邻村落的其他民族。德昂族说，在市场交往中，如果对方是傣族，德昂族会用傣语与之展开交流；如果对方是景颇族，德昂族就讲景颇话；如果是汉族，就讲汉语。以买卖公平为原则，整个市场交往中的关系是和谐的。此外，在市场交往中，如果交易者是熟人或朋友，他们不会收取对方的货币，一般会把自己的产品送给对方，体现出纯经济交换外的人情互惠交往特征。

定期集市显示出了市场的周期性。施坚雅曾通过对中国传统自然经济中农村市场结构的研究指出，定期集市提供了在市场区生产的货物的交换，但是更重要的是，它是农业产品和工艺品向上流动到更高一层市场的起点，也是农民消费需要的进口商品向下流动的结束（Skinner，1964：3-43）。其实，从目前调查得知，定期集市仅是德昂族与其他民族开展市场交往的重要产所，在产品交换的背后，更多体现的是彼此之间互相往来的友好关系。

（4）日常交往

日常交往是人们相互认识、相互了解的一种常用的方式。不同群体之间日常交往能反映彼此之间的关系。如前所述,德昂族生活在一个多民族的区域,以村落为单位,与其他民族相邻而居。通过对芒市德昂族与非德昂族之间的日常交往对民族关系影响的调查得知,德昂族与其村落内部和相邻村落的其他民族的日常交往是频繁的。日常交往的场合主要包括串门子、参与彼此家庭举行的婚礼或新房落成仪式等。在日常交往中,德昂族会把茶叶作为珍贵的礼物送给其他民族,表达彼此之间常来常往的心意和和谐关系。

日常交往与礼物馈赠联系密切。莫斯指出,礼物馈赠能表达出馈赠者的本质和精神,接收馈赠就是接受馈赠者的精神本质(Mauss,1969/1954:9-10)。礼物馈赠能创造馈赠者与给予者之间道义的和不可分割的联系。田野调查显示,茶叶是德昂族向其他民族开展礼物馈赠的主要物品。茶叶馈赠具有与对方建立和谐友好联系的意义,茶叶成了联结主客双方的社会交流的媒介。作为结果,茶叶馈赠通常被视为一种主客双方提升友谊和相互理解的象征。

日常交往有不同的分类,有偶然或随机的交往、习惯性的交往、组织性的交往,这些分类不是独有的,而是彼此互有联结(赫勒,2010:236)。德昂族说,他们与其他民族的日常交往是从偶然认识发展到习惯性交往的。在交往的过程中,通过互相帮忙和互送礼物等方式维系着彼此之间的和谐。田野调查显示,除了串门子和参与彼此的家庭仪式外,在婚礼、丧葬或盖房等家庭事务繁忙的时候,德昂族农户也会与同村落和相邻村落的其他民族农户互相帮忙,彼此交往以互惠的人情往来为基础。如果交往的双方中的一方脱离互惠的规则,双方的交往就可能中断,彼此的关系就会受到影响。因此,同一村落和相邻村落的德昂族与非德昂族之间很注意彼此的日常交往。尽管德昂族与非德昂族都有自己的风俗习惯,但因在同一区域相邻而居,居住地相近给他们之间的交往带来了很多的地缘优势,从而能体现出远亲不如近邻居的和谐民族关系。

(5)节庆交往

节庆交往是一种以节庆为基础进行社会交往的形式,与交往人群的社会生活和社会关系密切。从田野调查得知,德昂族信仰南传上座部佛教和万物有灵,因此德昂族的节庆一般与他们的宗教信仰仪式密切相关。如前所述，德昂族在每年的 2 月举行"烧白柴"仪式，每年 4 月举行"泼水节"仪式，每年的 7 月到 10 月间举行"进洼""供包""出洼"仪式，每年 11 月举行"供黄单"仪式。这些仪式属于南传上座部佛教的仪式节庆，是村落的年度集体仪式，以村落的奘房为中心，几乎每个村落都会如期举行。在这些仪式中，"泼水节"是村落一年中最隆重的集体仪式活动。

通过对芒市德昂族与非德昂族之间的节庆交往的调查得知，"泼水节"是德昂族与非德昂族开展节庆交往的主要节庆活动，在德昂族分布区比较普遍。德昂族与非德昂族的交往中主要体现出两种形式：第一，以村落为单位集体邀请与本村落有友好联系的其他民族村落，如同有南传上座部佛教信仰的傣族村落共同参与节庆活动可能是相邻的村落，也可能来自其他乡镇或其他县份；第二，德昂族农户会邀请他们的非德昂族朋友来村落内共同参与节庆活动，他们的朋友可能来自相邻的其他民族村落、乡镇或城镇。由此看出，德昂族通过"泼水节"与其他民族开展节庆交往，与德昂族开展节庆交往的非德昂族的范围突破了区域的界限，从相邻的村落推及到其他乡镇甚至县。而且，在节日交往中，同样信仰南传上座部佛教的傣族到德昂族村落共庆"泼水节"，揭示出了彼此对信仰文化与相关仪式的认同。不仅如此，当汉族、景颇族等民族作为德昂族的朋友被邀请参加"泼水节"庆贺的时候，节庆交往则体现出了他们对德昂族的尊重与认可。正是这份尊重与认可，使得德昂族与非德昂族的关系是和谐的。

从芒市德昂族邀请其他民族共庆"泼水节"的例子可以看出，节庆是一种文化仪式，节庆交往是文化交流的一种主要的表现形式。其实，每个民族都有自己的节庆，都以此反映着他们的文化特征，都揭示着他们对所处的自然和社会环境的适应。德昂族的例子说明，在多民族的聚居区中，民族之间的文化多样性尤为明显。在交流和往来中，彼此之间能相互了解、学习和认可，有着相互间的信任感，这样民族关系才会友好融洽。

三　民族关系和谐对区域可持续发展的意义

田野调查显示，德昂族分布区的民族关系是和谐的，体现出了德昂族传统生态文明中人与自然、人与社会、人与人和谐共生协调发展价值理念，这对德昂族分布区的可持续发展和云南开展民族团结进步示范区建设都具有重要的价值和意义。

1. 民族关系和谐为德昂族分布区的可持续发展提供团结互助的人文氛围

民族关系和谐是民族地区可持续发展的重要条件。如前所述，德昂族散居在云南的德宏傣族景颇族自治州、临沧市和保山市。这里的德昂族村落都与其他民族村寨相邻，而且约一半多的德昂族村落内部都有其他民族人口的分布。从居住格局和民族交往看，无论是在德昂族村落较为集中的芒市，还是在德昂族村落较为分散的其他区域，德昂族与其他民族之间的关系都是和谐的，这为德昂族分布区的可持续发展提供着团结互助的人文氛围。

从农耕生产上看，德昂族分布区的生产方式以农耕为主。田野调查显示，德昂族村落与该区域的其他农耕村落一样，其农耕生产在播种和收获时期最是繁忙。在农忙期间，德昂族农户与同村落的其他民族农户或者相邻其他民族村落互相开展生产团结互助活动，在家庭情况许可的条件下开展生产劳动力、畜力或耕作工具的互相支援活动，农耕互助也没有民族之分。

德昂族村落皆分布在亚热带季风区，皆以亚热带经济作物为主开展产业发展，根据作物的种植特点及其带来的经济效益以及每个村落所在乡镇的产业发展目标，各村落的产业可分为主要发展的产业、特色的产业以及计划大力发展的产业。产业发展把村落农户的农业生产方向联系在一起。在与此相关的农耕活动中，村落农户之间的团结与互助也是没有民族之分的。

社会生活方面，德昂族主要分布的德宏、临沧和保山都是多民族聚居的区域。这里各民族交错而居，不但在农耕生产和产业发展中，而且在社会生活中也体现出彼此之间的团结与互助。例如，三台山德昂族乡以德昂族为主，兼有汉族和景颇族，周围乡镇还有傣族等民族，在德昂族日常交往、婚丧嫁娶、宗教节庆等方面都有其他民族参与。而且，馈赠茶叶是德昂族与其他民族开展和保持日常交往的最常用的方式。德昂族人家有婚丧嫁娶和盖新房活动，会有来自其他民族的村民参与和帮忙。德昂族村落举行集体的农耕礼仪和宗教节庆，也会邀请其他民族村落参与。与三台山德昂族乡相比，德昂族在其他乡镇中更能体现出与其他民族交错而居的特点，在日常交往、婚丧嫁娶、宗教节庆等场合更能体现出他们与其他民族之间的团结与互助。无论在哪个乡镇，给其他民族敬茶和送茶叶的传统一直存在于德昂族与其他民族之间的交往中。

如前所述，德昂族与其他民族的和谐关系通过彼此在农耕生产、产业发展和社会生活的团结互助中体现出来，特别是德昂族都在用茶叶实践着他们与其他民族和睦为邻的传统生态文明，这有效地保障着德昂族分布区发展的可持续性。

2. 德昂族分布区的民族关系和谐为云南建设民族团结进步示范区建设提供参考

云南地处我国西南边疆，民族众多。自 2011 年国家提出把云南建设成为我国"民族团结进步、边疆繁荣稳定示范区"开始，云南的战略地位备受关注。2015 年习近平同志视察云南，提出云南的最新战略定位，即把云南建设成为"民族团结进步示范区、生态文明建设排头兵、面向东南亚南亚的辐射中心"。在云南民族团结进步示范区的建设中，德昂族分布区的民族关系提供着云南民族地区民族关系融洽的例证。

德昂族分布在云南西南部和南部，以村落为单位，呈现出大杂居和小聚居的特点。从居住格局和民族交往看，德昂族与非德昂族的民族关系是和谐的，而且从田野调查得知，这种和谐建立在彼此尊重认可和友好往来的基础上。这为云南民族团结进步示范区的建设提供了参考。

本章以芒市德昂族聚居区为例，以德昂族与茶叶的互动为主线，主要从生态环境的保护、传统产业的发展、文化传统的传承、民族关系的和谐四个方面解析了德昂族传统生态文明和区域可持续发展相融合的情况。在德昂族村落的生态环境保护中，有技术层面、制度层面、知识层面和信仰层面的文化技术保护着环境。茶叶是芒市德昂族村落的传统产业，在各村落的产业发展中是已有的主要产业、现有的特色产业、计划大力发展的产业。在产业发展中，德昂族村落的茶叶产业发展体现出了一种超越纯市场经济的、带有传统生态文明特征的地方性。德昂族农户积累了以农耕文化为基础的文化传统，这种文化传统汇聚着大量的德昂族与茶叶和谐共生的传统知识，从物质、制度、知识和信仰等方面保障和管理着德昂族的生存、生产和生活安全。芒市三台山德昂族乡是全国唯一的德昂族乡，德昂族村落较为集中，德昂族农户的文化传统相对完整，德昂族农户通过他们的日常生产和生活传承着他们的文化传统。在传承种植文化传统、制度文化传统、传统知识的文化传统和信仰文化传统的过程中，德昂族通过与茶叶的互动把传统生态文明中人与环境和谐共生共荣的生命观和发展观体现来。德昂族生活在多民族聚居的区域中，与周围民族长期保持着和谐的民族关系，这可以从居住格局和民族交往等方面体现出来。民族关系的和谐对德昂族分布区的可持续发展以及对云南建设"民族团结进步、边疆繁荣稳定示范区"都有着重要的意义。故茶从生态环境保护、传统产业发展、文化传统传承到民族关系和谐等方面都揭示德昂族传统生态文明与区域可持续发展的融合，这将有助反思在面对当今社会面临的生态危机时，该如何呈现区域发展的共识，尊重文化传承的实践，从多方面了解对自然资源的认知。

第六章　德昂族传统生态文明与区域
可持续发展的对话

前文已述，德昂族传统生态文明凝聚着丰富的地方传统，汇聚着人与自然和谐共生的传统知识，不但能起到国家法之外的社会治理作用，而且表达着人与自然和谐共生的发展理念。作为一种文化制衡的外在形式，德昂族传统生态文明在区域可持续发展中对生态危机的反思、对区域发展的共识、对文化传承的实践以及对自然资源的认知，都有重要的理论和实践意义。这是本书的最后一章，从对生态危机的反思、对区域发展的共识、对文化传承的实践以及对自然资源的认知四个方面来分析德昂族传统生态文明与区域可持续发展的辩证关系，并总结本书研究价值和意义。

第一节　对生态危机的反思

生态危机是困扰当今人类生存和发展的生态环境问题的统称。生态危机不但会导致人与自然以及人与社会之间的关系失衡和失调，而且还会加剧自然灾害、影响社会安定、造成经济损失、制约社会和经济的可持续发展。生态危机与人类活动紧密相连（陶庭马，2011；崔海亮，2015：35～38）。本节主要从生态危机对人与自然的关系、人与社会的关系的影响，说明生态危机不但能反映出生态环境问题，而且能反映出超越环境承载力的人类活动对人类生存和发展的危害，指出生态危机的出现从本质上表现了社会发展与生态环境保护的失衡；并结合德昂族传统生态文明与区域可持续发展的理论和实践，提出缓解生态危机应以生态文明论和科学发展观为方法导向，建议尊重传统生态文明，建立文化秩序体系，这样才有助于应对生态危机以保障区域的可持续发展。

一 生态危机的影响与本质

生态危机，主要指人类活动所导致的生态环境破坏引发的一系列问题对人类生存和发展造成极大威胁和危害的现象，与生态平衡相悖。生态平衡的问题源自过度砍伐、森林火灾、过度放牧、不良耕作、过度种植、土地结构崩溃、地下水降低、野生动物灭绝等原因（福格特，1981）。生态危机从本质上揭示出社会发展与生态维护之间的失调，并严重影响着人、自然和社会之间的和谐关系。

1. 生态危机的影响

生态危机是一个全球性和地方性的热点议题。目前，学界对生态危机已有的研究普遍显示，生态危机是因人类对生态环境的过度开发而引起的，并导致环境污染、能源危机、气候变暖、生物多样性消失、沙漠化、沙尘暴、洪涝灾害加剧等生态环境恶化问题，严重地威胁和影响着人类的生存和发展（焦淑军，2010：109～113；曹立华、宋文俊，2011：41～43）。具体可以从生态危机对人与自然关系、人与社会关系以及人与人关系的影响三个层面来体现。

（1）生态危机对人与自然关系的影响

生态危机产生于人类中心主义的实践对自然的破坏，已有研究指出，生态危机对人与自然关系的影响反映出"实践中自然的反人化"，即因人类活动对自然环境破坏而产生的自然环境变化，也危害着人类的生存与发展（陶庭马，2011：38～87）。

马克思曾指出，人在生产中只能像自然本身那样发挥作用（《马克思恩格斯选集》第2卷，1995）。自然界为人类的生存提供着物质资料和生活资料。当人类的活动没有超出环境承载力的范围时，自然界可以通过自我调节来恢复生态平衡，人与自然之间的关系以和谐共生共处为基础，能体现出共生共荣的特点。当人类对自然的索取超出了环境承载力的限度时，生态危机的出现就体现出人与自然之间关系的失调，这具体表现在滥砍滥伐造成人地关系紧张、生物物种减少、各类资源被破坏，以及诸多污染如水污染、大气污染、食物污染、噪声污染、核污染等发生。人类的生存和发展离不开自然，人与自然之间是相互依存和相互渗透的。在人类认识自然和改造自然以推动社会发展的过程中，尊重自然规律，人与自然之间的关系则和谐；违反自然规律，则极易造成人与自然之间的失衡。

（2）生态危机对人与社会关系的影响

生态危机不但影响着人与自然之间的关系，也影响着人与社会之间的关系。

马克思和恩格斯曾指出，在人类以生产为主的活动中，无论是生产，还是通过劳动对自己生命的生产，以及通过生育对他人生命的生产，都有着结合自然关系和社会关系的双重意义（《马克思恩格斯选集》第2卷，1995）。生态危机是人类的实践活动导致的，人类的实践活动与社会密不可分，社会关系的状况影响着人类活动的开展。

综观全球性的生态环境问题，其与个人和群体对自然的失范行为和态度密切相关。就内在原因而言，如今人类面临的生态环境问题，不仅是人类在自然面前的困境，更是人类群体内部贫富差距加大，以及利润最大化的价值目标寻求和挥霍式的消费导致的，这与过度工业化的生产方式、生产行为和生活方式密切相关（贾军等，2008：78～81；曹立华、宋文俊，2011：41～43；吴建平，2011：10～25）。因此，生态危机与不少社会问题的产生有重要联系。从表面看，生态危机是由于人类活动对生态环境的开发过度而引起的；从实质看，生态危机是因人类内部以自我为中心，对最大化利益和挥霍式消费的追求所引发的，极大地破坏着人与社会之间和谐共处关系。

2. 生态危机的本质

生态危机作为一种生态环境被破坏后威胁人类的生存和发展的现象，从本质上不但揭示出生态失衡与社会发展的联系，而且揭示出社会发展对传统生态文明的忽视。

（1）生态失衡与社会发展的联系

生态失衡是生态危机的外在体现。上文有述，生态危机产生于人类中心主义的实践对自然的破坏。前文提到的如森林面积减少、水土流失、土地沙化、生物多样性减少、环境污染等生态环境问题，表现出了人类在社会发展中面临的生态失衡的部分情况。究其原因，生态失衡大多起源于对环境资源的过度采伐和过度工业化。由此看出，生态失衡不是一种简单的生态系统失调的现象，而是与人类中心主义的实践有关。生态失衡具有社会性。

生态失衡与生态平衡相对立。达尔文在《物种起源》中指出，动植物群落通过相互制约等途径体现出各自对自然环境的适应，从而得以存活，他通过提出"物竞天择、适者生存"把生态系统内维持生态平衡的调节机制体现出来（Darwin，1859）。随着社会的发展，人类中心主义的实践对生态系统形成了一种外界的干预，人类不恰当地发挥着自己的力量，破坏着生态系统的自我调节能力，导致生态系统平衡链的崩溃，从而引发生态失衡。因此，规范和约束人类活动有助于生态体统自我调节机制的恢复。

（2）社会发展对传统生态文明的忽视

有研究曾指出，生态危机的本质是文化危机（杨学军、朱云，2013：74～79）。这其实揭示出了社会发展对传统生态文明的忽视。第一章提到，传统生态文明是人与自然和谐共生相处秩序规范的主要体现。传统生态文明以人与自然互动积累的经验为基础，旨在展示人对自然的认知以及与自然的互动对人类生存和发展的意义。故此，对生态危机本质的思考，不能仅局限在对过度工业化反思的基础上，还应该把视角放到人类对自然的认知和互动中，从人类与自然互动积累的经验来关注人类的生存和发展。

二 缓解生态危机的主要方法导向

生态危机最早见于西方资本主义国家。关于生态危机的研究自 20 世纪 60 年代始被逐渐关注。美国学者雷希尔·卡逊的《寂静的春天》通过农药的危害性指出环境问题对人类生存安全的危害性（Carson，1962）。20 世纪 70 年代，罗马俱乐部通过《增长的极限》指出了环境问题的严峻性，并指出人类对自然界的过度开发与征服导致人类赖以生存的生物圈萎缩，自然灾害增多并恶化，整个人类的生存面临着极大的困境。生态问题的严重性受到联合国和相关组织的重视。同时，联合国通过了《人类环境宣言》，提出人类保护环境责无旁贷。80 年代随着"世界环境与发展委员会"在联合国的成立，《我们共同的未来》报告中正式提出了缓解生态危机以维系人类可持续发展的理论。90 年代国际环境和发展大会通过了《里约热内卢宣言》和《21 世纪议程》，缓解生态危机以保障人类的可持续发展战略成为全球发展战略（高德明，2011：52～58）。从学界到世界各级组织都在关注和研究全球生态问题，为解决生态问题提供着不同的理论和方案。生态危机不但是全球性的话题，也是地方性的话题。结合我国生态危机的状况，本书认为，缓解生态危机的主要方法导向可以从生态文明论和科学发展观展开思考。

1. 生态文明论

目前，不少研究提出生态文明论是人们在反思过度工业化的基础上，通过认识和探索得到的一种可持续发展理论（高德明，2011：2）。生态文明论的主要观点是人与自然和谐相处。其实，生态文明论的产生可以追溯到我国古代对人与自然关系的认识和理解。儒家提出"天人合一"来表达人与自然和谐共处的重要性；道家提出"道法自然"来强调人与自然的互动要遵循自然规律；佛家则提出众生在生态系统中因"缘起"而互相依存，故善待万物才可实现人与自然的和睦相处。这些观点为生态文明论的研究提供了传统的人文视野。

随着生态危机成为全球性和地区性的热点议题，在我国，生态文明论逐渐成为一种重要的缓解生态危机的理论导向，是国家开展生态文明建设的重要理论基础。在学界，不少有关生态文明论的研究成果涌现出来，分别涉及可持续发展、当代价值、人与自然和谐共生、技术的社会形成理论、生态治理模式创新、居住区建设的评估与对策、消费模式、城市建设、产业链系统、县域生态经济等方面（多金荣，2011；方毅、尹保红，2011；高德明，2011；韩玉堂，2011；洪富艳、毛志锋，2011；靳辉明，2011；李想，2011；毛志峰等，2011；王彦鑫，2011；许进杰，2011；张敏，2011；黎康，2012；胡宝元、沈濛，2013；解艳华，2013；申森，2013；王玉玲，2013；张忠跃，2013；朱红，2013；朱启贵，2013；陈军绘，2014：50～51；陈墀成、余玉湖，2014；杜鹏举，2015；杨晓雨，2015）。由此看出，生态文明论作为缓解生态危机的一种重要的理论导向，不但与国家和区域可持续发展战略相联系，而且与人们的行为秩序和生活方式相联系。

2. 科学发展观

科学发展观的基本内涵主要有以人为本，树立全面、协调、可持续的发展观，促进经济社会的全面发展，统筹城乡发展、区域发展、经济社会发展、人与自然和谐发展。科学发展观不但涉及经济、政治、文化、社会等领域，还涉及对各类问题的关注，如生产力和经济基础的问题、生产关系和上层建筑的问题、当前和长远的问题、理论和实践的问题等。

学界对科学发展观的研究颇丰。有研究指出，科学发展观的出发点是为了更好更快地发展，基本理念是以人为本，着眼点是全面、协调与可持续，根本要求是统筹兼顾（孙向军，2005：25～27）。也有研究指出，科学发展观旨在强调社会经济的发展必须与保护生态环境相协调，在社会经济的发展中要关注人与自然的和谐共生共处。发展不是为了破坏生态平衡，不但需要与现存的生态条件相适应，同时也要关注后人的需要利益。科学发展观是保护自然环境、维护生态安全、实现可持续发展的重要理念，在经济社会的全面发展中来实现人类、生态环境与社会发展的和谐与平衡（俞可平，2005：4）。由此看出，科学发展观的本质在于强调人与自然、人与社会以及人与人之间的协调发展。

面对生态危机对人类生存与发展的严重影响，科学发展观作为缓解生态危机的又一重要理论导向，与生态文明论密切相连。已有研究指出，以科学发展观为理念、可持续发展为准则，开展生态文明建设，树立经济、社会与生态环境协调发展的生态文明价值，将有助于社会的可持续发展（李富、李鸣，2008；尹伟伦，2009：1～3；高德明，2011；石铁柱，2012）。具体而言，一方面在社会发展中需要改变破坏生态、浪费资源和污染环境的生产方式和生活方式，使人类活动与自然生态系统之间保持动态平衡；另一方面在社会发展中应尊重自然、顺应自然、保护自然，传承人与自然相互依存、和谐共生共处的生态观和价值观，用人与自然和谐共存的秩序规范来保障社会的可持续发展。

三 应对生态危机的地方实践

面对生态危机对人类生存、发展的严重危害和影响，生态文明论和科学发展观作为缓解生态危机的重要理论导向，都阐释出人与自然和谐相处的重要性和必要性。而且，每个地方社会都有着其应对生态危机的地方实践，这些地方实践都以当地人与生态环境的互动、适应为基础。现以本书对德昂族传统生态文明与区域可持续发展的研究为例，从传统生态文明与生态环境治理，以及文化秩序与生态环境保护两个层面，来分析地方实践应对生态危机的价值和意义。

1. 传统生态文明与生态环境治理

如前已述，生态文明有着传统生态文明和现代生态文明之分。现代生态文明多强调工业化对环境的破坏以及在科技发展中保护环境的重要性和必要性，而传统生态文明更多体现的是人类的生存历史以及人类与自然的和谐相处之道。

本研究显示，德昂族传统生态文明是一种以茶为主线，体现人与自然和谐共生的发展理念，凝聚着丰富的地方传统，汇聚着人与自然和谐共生的传统知识的生态文明。面对目前社会发展中因现代化进程引发的生态危机，德昂族以茶为主线的传统生态文明作为一种地方化的文化实践，有效地管理着该民族所在区域的生态环境。这可以从种植传统、民间习惯法、传统知识和自然信仰四个层面表现出来。

（1）种植传统

田野调查显示，德昂族种茶历史悠久。茶叶种植是德昂族的农耕传统。德昂族认为茶叶种植是他们的祖先传下的，保留茶叶种植是他们对祖先留下的农耕传统的传承。在德昂族的观念中，每逢建寨，必种茶树。

就茶叶生长的生态环境而言，德昂族世居在印度洋季风影响下的季雨林区，该区域气候温和、土壤层深厚、土质适中偏酸性，适合茶树的生长。据史料记载，早在两千多年前，德昂族的先民濮人已在该区域种茶。如今云南西南部的部分区域，依然存留着德昂先民栽培的茶树遗存。这些德昂先民种茶历史遗迹其实在说明德昂族是在用茶树来保护其居住地，以抵御资源流失带来的环境危机。

（2）民间习惯法

德昂族居住的区域，地处低纬度高原，年降雨量约1500毫米。该区域的水资源按季节是分布不均的，每年的5月到10月之间集中了全年80%多的雨水，雨水过多的时候，时常发生山洪之灾。11月到次年4月之间，降雨量少。雨水分布不均，极大地影响着作物的生长。在雨季，没有植被保护的山坡很容易发生山体滑坡和泥石流；在旱季，没有植被保护的山坡容易发生干裂和涵养层水源枯竭。德昂族对植被资源有强烈的保护意识，并用相关的民间习惯法对其进行保护。以茶树资源为例，德昂族善于种茶、爱茶、护茶，其日常生产和生活中有一系列保护茶树资源的民间习惯法，主要体现在禁止砍伐茶树、禁止在茶树周围开荒种地、禁止在茶树周围放养牲畜等。

德昂族作为一个农耕民族，很注意气候、土壤、水对其农耕活动的影响。气候体现出大自然的变化，但土壤的肥力和涵养层受人为因素的影响很大。茶树作为一种生长于亚热带山区和半山区的作物，只要其没有被频繁地砍挖和更换，树下土壤的肥力和与此相关的涵养层就不会被破坏。德昂族禁止砍伐茶树，其实是在保护他们赖以生存的生态资源。

在山坡上种茶树是德昂族的传统农耕方式。山坡是最容易发生水土流失的地方，德昂族禁止在茶树周围开荒种地，是在通过保护茶树周围的植被资源来保护茶树。从作物种植的角度看，适合茶树生长的土壤呈酸性，土质会偏黏。茶树种植在山坡上，可以防止水土流失的发生。生长在茶树园周围的自然植被，有助于保护土壤的肥力，减少水土流失。如果在其周围开荒种地来栽培其他旱地作物，不但会减少土壤的肥力，而且这些作物的生长会与茶树争抢土壤中的水分，最终导致茶树生长不好，土壤质量下降，最终导致水土流失的发生。

德昂族禁止在茶树周围放养牛和猪等牲畜，主要是避免牲畜在觅食的过程中弄断茶树枝、采食茶树周围的植被，这很可能会破坏植被下的水源涵养层，还会导致土壤裸露、水分流失。

而且，水是德昂族的生命之源。但因气候变化造成的水资源不规律分布甚至匮乏，严重地威胁着德昂族的生产和生活，对水的敬畏导致德昂族非常珍视水资源。德昂族重视保护水源地，并通过村规民约和禁忌等民间习惯法保护水源，把饮用水源与生活用水分开，禁止在水源地杀生、清洗污秽衣物，禁止各种污染水源的行为，如有违反会受到各种处罚。这些细节都在表现德昂族通过他们的民间习惯法开展环境资源保护，旨在应对因环境变化带来的资源匮乏等问题。

（3）传统知识

德昂族在长期与自然互动过程中有着应对生态环境变化的传统知识，

这可以从物候历法、植被保护和健康保健等方面体现出来。

德昂族的物候历法，是德昂族先民通过长期观察自然环境、气候的变化和植物的生产周期，积累起来的关于气候、土壤以及作物生长习性的传统知识。德昂族依靠这些传统知识安排他们的农事和日常生活，并通过农耕祭祀表达他们对赖以生存的谷物的崇拜，把祖辈积累下的这些传统知识一代代地传袭下去，能动地指导着德昂族的生产生活。前文已述，在德昂族的物候历法中，可根据鸟类和昆虫的活动情况及云彩形状对天气情况做出预测。

德昂族有一系列保护植被的传统知识。植被是土地的外衣，能够在一定程度上预防水灾造成的水土流失和山体滑坡等，也能够保持土壤的水分，使水源地不枯竭。保护植被是在保护土地。此外，前文提到的对茶树资源的保护，也是德昂族保护植被的传统知识的一部分。这些传统知识表现出该民族用自己的方式维护生态系统的自我循环，他们让落下的草木自然腐蚀成为土壤天然的养料，具备土壤蓄养水分有助于树木更好地生长等环境知识。

德昂族有取材于植被资源开展健康保健的传统知识。如前所述，德昂族常用茶叶治疗一些常见病和多发病，饮浓茶治头疼和头闷、用茶水洗眼治角膜炎和结膜炎、把碎茶叶敷在眼睑上治眼睛红肿、用茶水勤洗可治愈痱子。除了烧伤烫伤，头疼头闷、眼病和长痱子差不多都是气候变化导致的疾病，德昂族通过饮茶和用茶水洗患处的方法来治愈这些疾病，是具有应对生态环境变化开展健康保健的传统知识的表现。

（4）自然信仰

德昂族有自然信仰的习俗，主要通过自然崇拜体现出来。自然崇拜是人类通过长期与自然的互动而积累下来的对自然物象、气候变化的感知和反映，德昂族通常把自然崇拜信仰通过宗教仪式祭祀活动和神话故事传说体现出来。

德昂族的自然崇拜一般与自然物有关，有谷物崇拜、水崇拜、树木崇拜、茶崇拜等。谷物崇拜与作物的种植和收获有关，最主要的表现形式是谷娘祭祀活动。德昂族说，谷娘是谷物的魂，祭祀谷娘是为了让谷穗长得饱满。在稻谷种植中，每一个过程都与谷娘祭祀有关。祭谷娘反映出了德昂族对生态环境变化造成的干湿季节不规律而使得作物不能正常播种、成长和收获的恐惧。可以说祭谷娘是为了寻找一种对农耕种植和收获的安全感。祭谷娘按农耕生产的顺序进行，农耕生产是根据德昂族在长期的生产劳动中总结出来的物候历法安排的。所以，祭谷娘更多体现出来的是德昂族对在长期的生产劳动中根据气候的变化总结出来的物候历法的遵循。

水崇拜与德昂族的农业生产生活有关。德昂族是操南亚语系孟高棉语族语言的濮人的后裔，属于历史悠久的农业民族。水的多少决定着作物的生长收获和人畜的生存。不能掌握降雨知识的德昂先民们认为冥冥之中有某种神灵在操纵雨水，求风调雨顺和生存安全使他们产生出对水的敬畏。龙，这种神话中的水生动物成了他们的敬畏对象。水崇拜是德昂族为应对气候变化而产生出的保护水和合理运用水的传统知识，对水的敬畏和尊敬旨在突出保护水资源对德昂族的生产和生活的重要性。

崇拜大青树和寨心是树木崇拜最典型的活动。在德昂族的居住地，大青树是最显眼的绿色植物。德昂族说，每新建一个寨子都要栽种一些青树，因为青树会给村寨带来吉祥兴旺。崇拜寨心是德昂族把祖先崇拜与自然崇拜联系起来的表现。祭祀寨心的时间在南传上座部佛教的"关门节"和"开门节"期间，旨在表达德昂族对平安生存子孙兴旺的期盼。作为德昂族树木崇拜的表现形式，崇拜大青树和祭祀寨心其实体现出了德昂族重视生态环境保护的实践与观念。

在德昂族的信仰体系中，茶叶被奉为万物的始祖和人类的祖先。如前所述，德昂族的创始古歌在传唱茶叶是德昂族乃至人类的创始者，把茶叶与德昂族联系在一起，来表达彼此之间的血缘关系，并提出茶具有超自然力，战胜了自然中的恶魔，保护了德昂先人的生存繁衍。无论是创始古歌，还是德昂语对茶叶的解释，一方面体现出茶叶与德昂族的生命与健康的密切关系，另一方面反映出德昂族应对生态环境变化的传统知识。德昂族有着悠久的种茶历史，有着丰富的饮茶和用茶习俗，而且德昂族频繁地把茶叶投入市场交换，把茶叶当作珍贵的礼物馈赠朋友，茶叶在德昂族的生产和生活中占有非常重要的地位。

由此看出，德昂族以茶为主线的传统生态文明，作为一种地方性的文化实践，有效地治理着该民族所在区域的生态环境。以茶为主线，德昂族传统生态文明反映着人与环境资源和谐共生共处的发展理念，在种植传统、民间习惯法、传统知识和自然信仰中，表现出生态环境治理的地方实践以及应对生态环境问题的文化技术和生态智慧，这为生态环境治理提供了地方社会的应对个案。面对目前生态环境治理问题，德昂族的例子说明，尊重传统生态文明，有助于当今社会多渠道开展生态环境治理。

2. 文化秩序与生态环境保护

文化秩序是协调多重复合因果关系链相互交织的行为规范准则，具有自组织能力以及自我修复和适应能力。认识文化秩序，旨在了解具体文化和并存多元文化的运行规律，通过这些规律去调整人类社会的运行，为人类社会奠定可持续发展的基础（杨庭硕、吕永锋，2004：208）。

本研究显示，德昂族传统生态文明其实是一个以人与环境资源和谐共生共处的发展理念为基础，促进人、文化与环境良性循环的文化秩序体，它不但在规范着该民族对生态环境的认知和对自然资源的使用，而且有序地调节着该民族的社会行为、道德规范和伦理信仰，有效地保护着德昂族生活区域的生态环境，这可以从德昂族传统生态文明体现出来的人与环境资源和谐共生共处的生态观和人与自然和谐共处的发展观的实践看出。

（1）人与环境资源和谐共生共处的生态观的实践

在德昂族聚居区，环境资源保护完善，人为造成水土流失的现象不多。每逢建寨必种茶树、禁止砍伐大青树和寨神林、禁止破坏水源等习俗反映出德昂族传统生态文明中人与自然和谐共生的生态观的实践。

德昂族长期生活在山区和半山区，以农耕为生，土地、水、植被等与其生存密切相关，他们对环境资源非常敬畏。如果这些环境资源遭到破坏，他们的生存就会受到威胁。德昂族就通过一系列的禁忌来落实对生态环境的保护。而且，德昂族把茶叶与自己的生命联系在一起，用茶叶解释环境资源对抵御风灾、水灾、雾灾、瘟疫、污染的作用。

有研究提到，生态灾变的成因，不单纯是自然力作用的结果，如果没有人力的干预，客观存在的自然生态变化带来的危害是有限的。生态灾变与资源的过度开采有关，更与资源的利用方式有关（罗康智，2006：18）。德昂族传统生态文明中人与自然和谐共生生态观的实践指出，人类的活动不但要尊重自然规律，张弛有度，还需要存在调节人与生态环境之间的文化秩序，使自然生态环境体系可以兼容，这样才能有效地保护生态环境，应对今天的生态危机。

（2）人与环境资源和谐共生共处的发展观的实践

德昂族是我国人口较少民族之一。如前已述，云南西南部的生态条件适宜种茶，德昂族仅为该区域的种茶民族之一。与其他种茶民族相比，德昂族是唯一把茶叶认同为大地万物和人类的创始者以及自己的祖先的民族，这种与茶叶亲属关系的认同，在云南的其他种茶民族中甚至在中国其他地方的产茶人群中都不多见。正是这种认同构建了德昂族以茶为主线的传统生态文明的基础，体现出了德昂族与自然和谐共处的发展观。尽管近年来在现代化和市场经济中，受甘蔗和橡胶的影响，德昂族的茶叶种植面积在减少，但德昂族一直传承着他们的种茶传统，由此形成的一系列认同、伦理和禁忌依然存在。

而且德昂族主要聚居在山区和半山区，其作物的生产和收成受自然条件影响很大，在长期与山地生态环境的互动中，该民族积累了丰富的生产生活经验，例如，预测晴雨和气候冷热以开展农耕活动，农耕仪式为灾害预警提供了地方应对的文化机制。这些事例都揭示出德昂族传统生态文明中人与自然和谐共处的发展观。

由上看出，德昂族以茶为主线的传统生态文明体现出了一种调节人与生态环境关系的文化制衡手段，通过对人与自然和谐共生共处的生态观和发展观的实践，对生态环境治理和生态环境保护都起到重要的作用。云南是一个有着丰富的生物多样性和文化多样性的区域，在现代化进程中出现的生态环境问题制约着地方社会经济的可持续发展。云南也是一个多民族聚居区，生活在这里各民族都有着各自与自然和谐共生共处的传统生态文明，德昂族传统生态文明就是其中之一。德昂族传统生态文明与其区域内的生态环境治理和生态环境保护的个案表明，在国家立法加大对生态环境保护的过程中，重视地方社会的传统生态文明和文化制衡体系，将有助于缓解生态危机给人类生存和社会发展带来的危害。

第二节 对区域发展的共识

区域发展是以区域为地理单元，以人类活动为基础，涉及经济、社会、人口、资源、环境和文化等一系列相关因素的协调和实践的过程。德昂族聚居的云南，属于我国西部地区。西部地区是我国少数民族的主要聚居区域，由于诸多原因，我国东部地区与西部地区的发展差距较大。随着国家西部大开发战略的实施，西部地区的发展动态备受关注。可持续发展成为西部地区发展的共识。特别是近年来随着构建欧亚大陆桥和打通南亚大通道的逐步深入，把云南建设成"民族团结进步、边疆繁荣稳定示范区"尤受关注。本节以此为背景，以云南西南部和南部德昂族分布区域为例，结合德昂族传统生态文明的个案，具体分析区域发展具有可持续性的方法导向和实践活动，以显示通过地方文化机制协调区域发展过程中经济、社会、人口、资源和环境等因素之间关系的积极作用。

一　可持续发展：区域发展的共识

可持续发展是人类发展活动的一种规范，不但能揭示其中以人类生存需要为基础的本质，也能显示应对人类和生态环境系统关系变化的规范。对可持续发展的解释很多。有研究指出，可持续发展是既满足当代人需要和利益又不危害后代人的需要和利益的发展，是以人与自然和谐共处、环境资源的可持续利用、社会经济的持续增长之间的良性循环为目的的发展（杨开忠，1994：12~13；何景熙，1997：48）。可持续发展可以分为全球可持续发展和区域可持续发展。全球可持续发展是指满足全球需要的世界性发展，区域可持续发展则是指既满足区域人口需要又不危害全球人口需要的发展（杨开忠，1994：13；马楠，2010：17~19；龚胜生，1999：596~603）。在我国，随着生态文明建设的深入，可持续发展在生态文明建设中越来越受到关注。面对可持续发展，弄清如何正确处理经济与社会发展同人口、资源、环境之间的关系尤为重要（何景熙，1997：40~49；李骏，2005：9；龚胜生，2000：7~13）。所以，当可持续发展成为区域发展的共识时，就有必要从生态环境的可持续性与人地关系的可持续性两个层面具体分析区域发展具有可持续性的实质。

1. 生态环境的可持续性

生态环境的可持续性是区域发展具有可持续性的基础。有研究指出，生态环境的可持续性是区域可持续发展的共性特征，人类社会经济活动不可超过生态环境的承受力，区域发展与生态环境承载力需保持协调状态；用生态安全和人类行为关系衡量区域可持续发展的状况，有助于分析生态环境问题出现的原因并制定相应的区域可持续发展策略（刘惠敏，2008）。

生态环境的可持续性联系着人类的社会经济活动。生态环境为人类的社会经济活动提供着空间和资源，人类社会经济活动与生态环境的承载力有关。如果人类的社会经济活动在生态环境承载力范围内开展，则会呈现出生态环境给人类发展提供空间和资源的可持续性；如果人类的社会经济活动超越了生态环境承载力的界限，则会破坏人类发展和生态环境之间的良好可持续性。因此，人类社会经济活动对生态环境承载力的影响决定着生态环境的可持续性状况。

前文提到，生态环境的承载力主要是指生态环境对人类社会经济活动的承载能力限度。生态环境是一个既能为人类活动提供空间和载体，又能为人类活动提供资源的系统。生态环境作为系统的价值体现在其能对人类的生存和发展提供空间和资源支持。生态环境系统的各个因素在空间上的分布有一定的规律和比例，对人类活动的承载也有一定的限度（葛春风，2010）。回顾目前存在的生态环境问题，大多是人类活动超过生态环境承载力限度的表现。所以，维持生态环境的可持续性，其实是区域发展对生态环境承载力的尊重和认可。

2. 人地关系的可持续性

人地关系的可持续性是区域范围内经济和社会发展同人口、资源、环境之间建立协调关系的表现，是区域发展具有可持续性的保障。在区域发展中，人地关系与人口、资源、环境、经济、社会等方面密切相关。人地关系的状况对区域发展的可持续性有着很大的影响。人地关系协调对区域可持续发展具有促进和推动作用，不协调则对区域可持续发展具有阻碍作用。有研究指出，可持续发展是对环境和发展问题的反思和实践，在很大程度上，环境和发展问题其实反映的就是人地关系问题（郭来喜，1994：1~7）。区域可持续发展系统中的人地关系协调状况，揭示出了可持续发展的两个关键点：一个是人类通过活动满足需要，另一个是生态环境对人类满足需要的能力有着限制（龚胜生，1999：560）。

其实，生产力发展对区域发展的人地关系状况有着很大的影响。生产

力是自然生产力和社会生产力的综合。自然生产力和社会生产力是相互作
用并相互制约的。人是社会生产力的首要因素，人从自然界中获取自身所
需要的生活资料，自然生产力通过自然再生产为人类的经济活动提供空间
和资源。马克思指出：经济的再生产过程总是会与同一个生态环境中的再
生产过程交织在一起（马克思，1975）。于是，人类的社会经济再生产会
与同一生态环境中的再生产过程交汇，一旦自然再生产力遭到破坏，经济
再生产的生态条件就会恶化，会影响经济再生产的正常进行。人类的社会
经济活动会改变生态环境的状况。从人类社会经济发展的进程看，在传统
的农业环境中，生态环境较少受到人类活动的破坏，人地关系处在自然的
平衡中。在现代的农业环境中，机械化的生产极大地促进了农业生产并提
高了农业成本，然而造成能源紧张，加之过多使用化肥和农药等破坏了土
壤结构，污染了生态环境，在很大程度上影响了自然生态平衡。而且，现
代工业生产过度消耗自然资源的社会生产方式和消费方式，破坏了自然生
产力和社会生产力的平衡，造成人地关系的紧张。这再一次显示出环境与
发展问题对可持续发展的影响。因此，在区域发展中，改变破坏生态环境
和人地关系的生产方式和消费模式，有助于区域发展获得可持续性。

二　区域发展具有可持续性的主要方法导向

可持续发展是区域发展的共识。本书显示，区域发展具有可持续性的
主要方法导向可以从可持续发展观和文化生态观来体现。

1. 可持续发展观

第一章提过，可持续发展观是对人类可持续发展的观念概括，包括自
然环境的可持续发展和人文环境的可持续发展。可持续发展观是人、文化
与自然良性互动的外延观念，是科学发展观的核心内容，是对现代社会发
展中所出现的人与环境关系问题的反思，旨在实现人口、资源与发展关系
的协调，以及经济和社会复合系统的持续稳定与和谐发展。在自然生态系
统中，社会、资源和环境密不可分，发展经济要以保护好人类赖以生存的
环境资源为基础。人地系统协调发展论是实践可持续发展观的理论基础。
了解人与自然的复杂关系，是实践可持续发展观的途径。可持续发展观倡
导尊重自然、顺应自然、保护自然。

　　可持续发展观是对可持续发展概念和相关理论的集中表达。联合国世界环境与发展委员会（WCED）在《我们共同的未来》中首次提出了"可持续发展"的概念，以此来揭示人类面临的发展问题（WCED，1987：1～50）。之后，国际生态学联合会（TECOL）和国际生物科学联合会（IUBS）将"可持续发展"概念定义为保护和加强环境系统的生产与更新能力的发展。世界自然保护联盟（IUCN）、联合国环境规划署（UNEP）和世界自然基金会（WWF）共同发表的《保护地球：可持续生存战略》，将"可持续发展"定义为维持生态系统承载力，改善人类的生存质量（IUCN-UNEP-WWF，1991：1～30；刘建伟，2011：105～109）。在学界，有研究指出，可持续发展的概念主要可以从自然、社会、经济、科技和伦理五个层面来理解。从自然层面看，可持续发展旨在探索自然资源与开发利用程度之间的平衡。从社会层面看，可持续发展与人类生产生活方式以及改善生活质量的价值观有关，并强调重视生态系统负荷能力的重要性。从经济层面看，可持续发展显示出人类经济系统与生态系统之间的联系，人类经济活动应在生态系统承载范围内开展。从科技层面看，可持续发展旨在建立节能环保的技术系统。从伦理层面看，可持续发展是对后代发展需要和利益的关注（杨开忠，1994：11～15；刘惠敏，2008：3～5）。

　　可持续发展观源于人类对维持自身生存发展的生态环境的忽视，表达着人类社会经济活动与生态环境之间的良性互动，驳斥着"人类中心论"（赵晓红，2005：35～38；马楠，2010：17～19）。可持续发展观的核心内容在于维系生态环境和人地关系的可持续性。人地关系其实是对人地系统中各因素互动状况的反映，深受人类价值观的影响。

　　可持续发展观联系着科学发展观与我国区域可持续发展的实践。有研究指出，人地关系系统论是区域可持续发展理论的基础（牛文元，1994：5；何景熙，1997：40～49；龚胜生，2000：7～13）。近年来，对我国东西部地区可持续发展和中国可持续发展综合优势能力的对比研究显示，可持续发展有助于自然、经济和社会系统建立平衡和谐的关系（杨多贵、牛文元，2000：70～78；王黎明、冯仁国，2001：802～811；谷秀华，2006；闫硕，2011：54～57；王利民，2012；于冰，2012：47～51）。区域可持续发展系统是区域环境、经济和社会的复合系统，具有人地关系、区际关系、代际关系协调统一的特点，其中，区域性是可持续发展系统的本质特性（龚胜生，1999：1～6）。由此可见，可持续发展观作为区域可持续发展实践的理论指引，越来越凸显出其重要的价值和意义。

2. 文化生态观

文化生态观是对文化生态及其形成、变迁、价值意义等所持的基本观点和所具有的基本态度（肖生禄，2009：227～228）。本书第一章有述，文化生态观是人类学解读人类社会文化生态现象的一种理论概括，即从人类、环境和文化的交互作用中研究文化产生和发展的规律，以探索文化发展的形貌和模式的特点，以及具有地域性差异的特殊文化特征和文化模式的来源，阐释文化适应环境的过程。

国内外学界对文化生态观的研究成果颇多。在国外，有学者提出，可以"文化核"为基础来探索特定文化特征及文化模式的来源，以显示文化适应环境的过程，因为环境与社会都为文化的产生与发展提供着相应的场景，把人类、环境和文化等整合起来研究文化，可以了解环境等因素在文化发展中的作用和地位，阐释文化与环境的关系（Steward，1955）。有学者认为，文化是生态系统的调节机制（Rappaport，1968）。每个人类群体在文化方面都有各自的适应制度，应关注地方社会的风俗习惯以及适应制度（Salzman and Attwood，1996：169-172）。也有学者指出，通过研究土地所有和土地使用之间的关系，可以了解人类自身以及人类的局限性（Netting，1996：267-271）。还有学者认为关注环境知识将有助于地方生态的治理（Miltion，1997：477-495）。

在国内，学界多把文化生态观作为一种方法论，用之探索区域发展中民族文化、生态环境与可持续发展的关系（宋蜀华，2002：15～20）。有学者提出，"树立正确的'文化生态观'是生态文明建设的根基"（杨庭硕、杨曾辉，2015：100-115），以传统知识为基础的少数民族的传统生态文明对区域可持续发展有积极的意义（尹绍亭，2013：44～49）。也有学者通过剖析生态文化与可持续发展的关系，提出了解生态环境为民族文化的产生与发展提供着相应的场景；思考人类、环境与文化等因素的整合，将有助于研究区域可持续发展的文化生态模式（郭家骥，2001：51～56）。具体来说，通过了解区域发展的文化特点，来探究环境和文化诸因素在区域发展中的作用，以思考人口、资源与环境的关系和问题。这些关系和问题主要包括：人口密度和资源之间的关系，人类生存与环境适应之间的关系，动植物种群、气候、土壤等资源对人类生存和发展的影响，人类通过文化对环境的适应，环境与文化的唯物性，文化与生态系统机制之间的关系，人类群体对文化的适应制度，人类与资源使用之间的关系，环境知识与地方生态治理的关系，仪式与人口迁徙的关系，人类对环境的适应方式和知识积累，人类群体对环境的适应制度和选择方式，等等。

文化生态观是研究文化生态问题的基础。已有研究指出，我国当前面对的生态问题，主要不是技术问题，不是无人管理的问题，也不是国家对生态维护和管理资金投入不足的问题，而是体现出对民族文化和传统生态知识的无视导致技术维护不到位，对民族文化和生态环境的特异性和地方性的忽视导致管理方式错位、管理制度不健全、资金运转不灵以及生态维护和生态建设思路的不当。因此，应关注地方人群的与自然生态系统交织而成的"文化生态"共同体，以民族文化为基础，了解传统知识和制度规范，应对当前的生态问题（杨庭硕、杨曾辉，2015：101）。

文化生态观是本书开展研究的主要理论指引之一。本书在研究中，通过介绍德昂族，记录该民族如何以茶叶为主线表达其传统生态文明的内涵，以及茶与他们的生计、人口、资源、社会、消费、文化、宗教、经济、生态、发展之间的直接联系，讨论人类生存与环境适应的问题以及人类群体在面临生存危机时的适应制度。本书提出，德昂族传统生态文明表达了尊重自然、顺应自然和保护自然的文化生态观，反映了调节人与生态环境关系的秩序规范以及民族文化和地方生态环境互动的文化机制，在区域发展中，这对可持续性发展的实践具有重要的价值和作用。

三 区域发展具有可持续性的地方实践

本书对德昂族传统生态文明与区域可持续发展相整合的研究显示，区域发展的可持续性，不仅是由单纯的经济发展所产生的，而且是一个连接着区域人口、自然环境、经济、社会、文化等方面的综合系统协调运行的过程和状态，是以文化生态平衡为基础的，具体主要体现在环境资源使用的制度规范、传统产业与新兴产业的结合、地方传统对生态环境的协调管理、民族交往的和谐四个方面。

1. 环境资源使用的制度规范

前文有述，德昂族村落主要分布在云南西南部的德宏和保山，以及云南南部的临沧。这片区域属于亚热带季风气候影响下的山地和山坝交织的生态系统带，冬暖夏凉，适宜农耕。德昂族村落环境资源使用的制度规范主要体现在土地使用的制度规范中。耕地和林地是德昂族村落土地的主要类型。德昂族村落环境资源使用的制度规范主要有两类：耕地使用的制度规范和林地使用的制度规范。耕地使用的制度规范主要包括：按水田和旱地的分类进行耕作，按农耕节令对耕地进行使用，并以"大春"和"小春"为标志安排农耕活动。林地使用的制度规范主要包括：把林地分为天然林和人工林，天然林主要是指森林植被，人工林包括经济林果，经济林果地用于经济林果的培植，并按植被类型开展林地耕作活动。

德昂族村落环境资源使用的制度规范受国家的法律、德昂族村落的村规民约以及德昂族民间习惯法的影响。例如，在林地使用的制度规范中，《森林法》对森林的经营与管理、森林保护、植树造林、森林采伐和法律责任等都有明确的规定。在《森林法》的实施中，德昂族村落如同国内其他村落一样，明晰了集体林权关系，故承包者对林地倍加珍惜，加强巡山护林，有效地遏制了盗砍滥伐林木、乱占滥用林地等破坏森林资源的行为，减少了森林火灾的发生，植被资源得到有效保护，实现了"山有其主、主有其权、权有其责、责有其利"的目标。而且，德昂族村落的村规民约基本上都规定：要保护好现有的各种资源，特别是森林资源，森林资源中较为重要的是水源林、风景林、防护林；对于毁林开垦和乱砍滥伐者，轻者进行批评教育和罚款，重者送有关部门按国家法令进行严肃处理（《云南民族村寨调查·德昂族》调查组，2001：119~122）。德昂族民间习惯法是对德昂族村落环境资源使用的内在约束。民间习惯法以万物有灵信仰为基础，认为自然万物皆有灵魂和生命，倡导尊重和敬畏自然，禁止随意破坏环境资源，例如，禁止在保护区内乱扔脏物，禁止挖掘、采集或砍伐花草树木，禁止破坏水源地，禁止污染水井水沟，等等，违者将受到惩罚。这些有关环境资源使用的制度规范，体现出国家政策法令与地方制度相结合是区域发展具有可持续性的制度保障。

2. 传统产业与新兴产业的结合

本书第五章提到，德昂族村落的产业发展主要包括三个内容：已有主要产业、现有特色产业和计划大力发展的产业。产业发展是地方经济发展的一个重要平台。德昂族村落的产业发展，特别是芒市各德昂族村落的产业发展均呈现出传统产业和新兴产业相结合的特点。传统产业以茶叶为代表，新兴产业以甘蔗和橡胶为代表。

茶叶是德昂族村落的传统经济作物。德昂族分布区是云南重要的产茶区之一，德昂族种茶历史悠久，被周围其他民族称为"古老的茶农"。德昂族不但有悠久的种茶历史，而且对茶叶商业价值的认知和实践也有很长的历史。据史料记载，德昂先民曾富有的主要原因之一就是茶叶市场化（《德昂族简史》编写组，1986：22）。随着社会的变迁，曾经在小农经济体系中有着重要作用的茶叶，受现代化和市场经济的发展和影响，对德昂族的家庭经济的影响逐渐减弱，以甘蔗和橡胶为代表的新兴经济作物逐渐在德昂族的家庭经济收入中占据了主要的地位。对家庭收入来说，来自甘蔗和橡胶等新兴经济作物的影响比茶叶之类的传统经济作物的大，而且在德昂族村落的产业发展中，茶叶的种植面积和规模不一，以茶叶为主的传统产业的发展面临着市场经济带来的巨大挑战。

通过本书的研究发现，虽然来自茶叶的收入没有来自甘蔗或橡胶的高，但是德昂族农户每家每户无论如何都会种些茶，主要因为德昂族的生活离不开茶，这不是家庭经济收入的高低所能衡量的。而且茶叶产业在德昂族村落的发展，不仅仅是为了获得经济收入，更是与日常生活之需有联系，这是甘蔗或橡胶等有较高收益的经济作物所不能比拟的。由此看出，德昂族村落的传统产业与新兴产业的结合不仅仅是为了纯经济层面的产业发展，更多的是一种超越纯市场经济的、带有德昂族传统生态文明特色的生态经济发展，揭示出区域发展具有可持续性的地方实践意义。

3. 地方传统对生态环境的协调管理

生态环境的状况决定着区域发展的可持续性。本书第五章有述，德昂族村落主要分布在山区和半山区，生态环境的状况极大地影响着村落的生产安全和生活安全。德昂族在与生态环境的互动中，积累着协调管理生态环境的地方传统经验，主要包括自然灾害预警、水土资源保护、人地关系和谐等内容。

自然灾害预警的地方传统主要包括两方面。一是从动物表征预测晴雨，如"下雨时牛跳，天将晴"。二是通过仪式预测气候冷热，如烧白柴后天气变热，可能发生旱灾；泼水节后雨水增加，可能发生暴雨或洪涝。

水土资源保护的地方传统与德昂族的自然崇拜有关。如前所述，德昂族是操南亚语系孟高棉语族语言的濮人后裔，属于历史悠久的农业民族，而水土状况又决定着作物的生长收获和人畜的生存。德昂族村落如同其他分布在山区和半山区的村落一样，在生产生活中会面临旱涝等自然灾害，这些灾害威胁着村寨和个人的生产、生命安全。每个村落都会通过对生态资源的崇拜与相关的禁忌协调管理生态环境，如禁止砍伐大青树和寨神林，禁止在水源地杀生、清洗污秽衣物，禁止向水中倾倒垃圾或排放污物，禁止在水源地附近大小便和修建厕所或牲畜栏棚，等等，如有违反，会受到惩罚。

人地关系和谐的地方传统与德昂族的自然崇拜有关，主要表现为茶崇拜。德昂族村落传唱的创始古歌把茶叶视为德昂的命脉，德昂语把茶叶解释为"老奶奶的眼睛亮了"，这体现出一个特点：茶叶密切联系着德昂族的生命与健康。可以看出，在德昂族长期适应气候变化的过程中，茶叶对其生存、健康维系曾起过至关重要的作用。甚至可以推测，在远古时代的某个时期，德昂族祖先受到疾病缠绕、面临失去生命危险的时候，是茶叶挽救了德昂族的祖先。当德昂族用茶表达人与环境和谐共生共处的传统生态文明内涵的时候，就揭示出关注地方传统对区域发展具有可持续性的重要意义。

4. 民族交往的和谐

民族交往和谐状况决定着区域发展的可持续性。云南是一个多民族区域。德昂族主要分布在德宏傣族景颇族自治州、临沧市和保山市，在这些区域中，除了德昂族，还生活着傣族、汉族、景颇族、傈僳族、阿昌族、佤族等民族，各民族长期相互为邻，你中有我、我中有你，互相扶持，共生共融，共同构建着民族团结进步、边疆繁荣稳定的氛围。本书第四章和第五章提过，在德昂族分布区内，德昂族与其他民族交错而居，以村落为单位相对集中居住。而且，在德昂族村落内部的民族分布中，约42%的村落人口全为德昂族，约48%的村落人口多数为德昂族，约10%的村落人口部分为德昂族。德昂族与周围相邻的汉族、傣族、景颇族、阿昌族、傈僳族等民族之间，有语言上的交往，有农耕上的交往，有市场上的交往，有日常上的交往，有节庆上的交往。

德昂族与其他民族的交往、团结互助主要体现在农耕生产的团结互助、产业发展的团结互助以及社会生活的团结互助三个方面。从农耕生产的团结互助看，在农忙期间，德昂族农户与同村落或相邻村落的其他民族农户开展生产劳动力、畜力或耕作工具的互相支援活动。从产业发展的团结互助看，产业发展把德昂族村落不同民族农户的农业生产方向联系在一起，共同开展相关的农业生产活动。从社会生活的团结互助看，在日常交往、婚丧嫁娶、宗教节庆等场合德昂族和非德昂族都会邀请彼此参与。而且，德昂族给其他民族敬茶和送茶叶的传统一直存在于德昂族与其他民族的交往中。德昂族与其他民族的和谐关系通过在农耕生产、产业发展和社会生活的团结互助中体现出来，特别是德昂族用茶叶实践着他们与其他民族和睦为邻的传统生态文明，这有效地保障了德昂族分布区发展的可持续性。

德昂族分布区内民族交往的和谐体现出德昂族传统生态文明对人与自然、人与社会、人与人和谐共生、协调发展价值理念的实践。德昂族的例子说明，民族交往的和谐是以彼此的尊重认可和友好往来为基础的，在云南建设"民族团结进步、边疆繁荣稳定示范区"的过程中，民族交往的和谐为区域发展的可持续性提供着重要的社会基础。

综上所述，可持续发展是区域发展的共识，可持续发展观和文化生态观是区域发展具有可持续性的主要理论导向。以德昂族传统生态文明与区域可持续发展为例，环境资源的制度规范、传统产业与新兴产业的结合、地方传统对生态环境的协调管理、民族交往的和谐皆可揭示区域发展具有可持续性的地方实践意义。由此看出，德昂族区域的可持续发展是以资源使用适度化、传统作物市场化、文化传统传承化和民族关系和谐化的文化秩序为基础的。这个集环境资源、传统产业、文化传统和民族关系为一体的文化秩序体，对民族地区的可持续发展具有一定的参考价值。

第三节　对文化传承的实践

文化传承是人类、文化和社会发展之间关系的重要联结。文化传承可以分为广义的文化传承和狭义的文化传承。广义的文化传承是指一个多民族国家或者是单一民族国家的文化传承，如中华民族的文化传承；狭义的文化传承是指某单一民族的文化传承（赵世林，1995：36~43；曹能秀、王凌，2009：137）。本节从将文化传承作为一种应对文化变迁的技术体系的视角出发，结合本书的研究，通过分析开展文化传承的主要方法导向和地方实践，指出德昂族传统生态文明反映出了德昂族文化传承的内涵，德昂族传统生态文明与区域可持续发展的结合揭示出了德昂族文化传承的具体实践。

一　文化传承：应对文化变迁的技术体系

文化传承是社会发展中文化机制存在状况的一种反映。目前，学界对文化传承的研究颇多，有研究指出，文化传承是文化在民族共同体内的社会成员间纵向交接的过程，文化传承机制受生存环境和文化背景的制约而具有强制性和模式化特点，其引导文化随着历史发展的过程带有稳定性和延续性等特点。文化传承是社会群体的自我完善的驱动力，主要体现为文化有助于社会的再生产。文化传承按文化适应的规律为新的社会秩序做出文化要素累积（赵世林，2002：10~12；冯妍，2008：48~49）。有研究指出，文化传承是指文化的传播过程，具有相应的时间性、人为性、延续性和继承性等特点（周鸿铎，2005：48；段会玲，2011；王宏昌，2012：111~114；苏雄，2014：16~19）。也有研究指出，文化传承本身就是对人类进行教育和再教育的过程，在教育的过程中文化能够延续下来，使后人的价值取向和行为准则带有对本民族文化的认同（刘正发，2007：122；黄家锦，2008；陈玉伟，2010；井祥贵，2011；赖程程，2011；段兆磊，2013）。本书的研究显示，文化传承是一种应对文化变迁的技术体系，这可以从对文化变迁的适应与选择两个方面来分析。

1. 对文化变迁的适应

文化传承是应对文化变迁的地方性文化机制，能反映出人类对环境变化的适应性。本书第四章提到，德昂族村落的文化变迁主要体现在作物种植种类的变迁、耕作历法的变迁、耕作方式的变迁、农耕礼仪的变迁四个方面。在社会发展的进程中，德昂族村落应对文化变迁的地方性文化机制，可以从对这几个方面变迁的适应体现出来。

德昂族对作物种植种类变迁的适应主要体现为：随着国家经济改革和市场经济的发展，作物种植种类逐步在更新，作物种植的目的不再是单一地满足个人的生存需求，而是更多地产出以增加家庭经济的收入，需要逐步适应作物种植种类的变迁，以此回应地方经济发展给德昂族家庭经济收入带来的影响。故人们开始种植杂交稻，除了茶叶种植，部分村落引入甘蔗种植和橡胶种植。

德昂族对耕作历法变迁的适应主要见于，德昂族有语言无文字，过去深受傣族的影响，耕作历法是按傣历制定的。中华人民共和国成立后，德昂族与国内其他群体一样逐渐使用阳历来安排生产生活，并按大小春安排耕作活动，也保留着过去的历法作为参照。

德昂族对耕作方式变迁的适应主要体现在，过去德昂族垦山而植，耕作粗放；随着国家农业耕作技术的变革，德昂族如同国内其他农耕民族一样，对农地开展精细管理，扩展种植品种，提高作物产量，一方面满足生存生活之需，另一方面投入市场交易以提高家庭经济收入。

德昂族对农耕礼仪变迁的适应，主要体现在用阳历安排农耕礼仪。如傣历六月是阳历的 4 月，也是农历的三月，是举行泼水节的时间。傣历九月是阳历的 7 月，也是农历的六月，开始"进洼"。傣历十月就是阳历的 8 月，也是农历的七月，举行佛诞中的供包仪式。傣历十一月就是阳历的 9 月，也是农历的八月，举行"出洼"。在"出洼"的最后一天要祭寨心。傣历一月是阳历的 11 月，即农历的十月，举行供黄单仪式。傣历四月即阳历的 2 月和农历一月，会举行家户祭谷魂、过年和烧白柴的仪式（李全敏，2015b：39）。

德昂族对作物种植种类变迁的适应、对耕作历法变迁的适应、对耕作方式变迁的适应以及对农耕礼仪变迁的适应，展现出了德昂族以村落为单位应对文化变迁的技术体系，这揭示出了德昂族以人地互动适应为基础的文化传承的内涵。

2. 对文化变迁的选择

文化变迁反映出人类对环境变化不但具有适应性还具有选择性,无论是被动地选择,还是主动地选择,人类对环境变化的选择是建立在对环境适应基础上的。本书第四章有述,德昂族村落对其文化变迁不但有着自己的适应,也有着自己的选择,主要体现在作物种植种类变迁的选择、耕作历法变迁的选择、耕作方式变迁的选择和农耕礼仪变迁的选择四个方面。

德昂族对作物种植种类变迁的选择,是以村落为单位体现出来的,主要见于各村落的现有产业、特色产业和计划大力发展的产业规划中。德昂族除了少数村落以玉米为主要粮食作物外,绝大多数村落的粮食作物以稻谷为主。受当地社会经济发展的影响,德昂族各村落的经济作物种植种类各有特点。茶叶、甘蔗和橡胶是三种主要的经济作物。茶叶是德昂族的传统经济作物,在德昂族最为集中的德宏芒市的德昂族分布区较为普及。与茶叶种植相比,甘蔗是新兴经济作物,产量高,在德宏、保山和临沧的德昂族分布区,绝大多数德昂族村落都有甘蔗种植,而且甘蔗种植是其家庭经济收入的主要来源。橡胶也是新兴经济作物,主要在德宏瑞丽、临沧的部分德昂族村落开展种植。

德昂族对耕作历法变迁的选择,其实是一种适应文化环境变迁的选择。前文有述,德昂族过去使用傣历安排农事活动,现在在耕作安排上主要使用阳历。德昂族依然遵循耕作节令从事着以作物种植为基础的农耕生计模式,历法的变迁并没有改变德昂族的耕作活动与农耕礼仪的安排。

德昂族对耕作方式变迁的选择,体现出了德昂族对人口增多而导致资源使用受限的回应。过去德昂族是垦山而植的刀耕火种民族,随着社会经济发展,人口增多,对作物的需求增大,土地资源使用受限,以游耕为特点的刀耕火种耕作方式已经不能适应山地农耕民族生存和发展的需求。德昂族如同云南其他山地民族一样,其耕作方式从以游耕为特点的刀耕火种变为以定耕为主的精耕细作,耕作管理从粗放到精细,肥力从缓慢的自然恢复到快速的人工恢复,耕作用水从自然供给到人工调节,耕作农具从手工农具到机械农具。从这个层面看,耕作方式变迁在很大程度上缓解了因人口增长而导致的环境资源(主要是土地)使用的紧张。

德昂族对农耕礼仪变迁的选择,是对以多元文化为基础的文化整合的认可。德昂族在农耕礼仪的开展中，一方面保留着傣族历法对农耕礼仪时间安排的影响，另一方面接受世界通用的阳历并参照汉族的农历，进行农耕礼仪举行时段的安排，从中体现出多元文化整合的特点。

云南是一个多民族聚居区，多元文化交融并存是该区域文化的特色之一。在多元文化交融的氛围中，德昂族对作物种植种类变迁、耕作历法变迁、耕作方式变迁、农耕礼仪变迁的适应与选择，揭示出了该民族应对文化变迁的技术体系，表现出了其文化传承的内涵。

二　开展文化传承的主要方法导向

本研究揭示出文化传承是一种应对文化变迁的技术体系，开展文化传承的主要方法导向主要可以从文化认同观和文化传统观两方面体现。

1. 文化认同观

文化认同观是对文化认同的观念概括。学界对文化认同的研究颇多，有研究认为，文化认同是文化存在与发展的主要因素（郑晓云，1992：1～15；王菊香，2007：28～30）。也有研究认为，文化认同是指对个人与群体之间的共同文化的认定。文化符号、文化理念、思维模式和行为规范，体现了文化认同的基础（崔新建，2004：102～104；彭慧、潘国政，2010：45～48）。文化认同是人们对文化进行认可、接受和自我实践的过程。对个体而言，文化认同指导着个人的价值观念和日常行为；对群体而言，文化认同是群体特性的表现，具有增强群体凝聚力、引导群体发展的作用（曾代伟、郑军，2009：105～109；孙杰远、刘远杰，2012：7～9；钟星星，2014：1）。有研究认为，文化认同以多元文化观为基础，倡导互动原则和文化多元（陈世联，2006：117～121；韩震，2005：21～26）。

文化认同观是一种应对历史和社会变迁的价值和观念的综合体现，能展示生存方式价值取向的稳定性和持续性。文化认同观具有时空性、象征性和多重性。任何时期、任何国家和任何民族的文化认同观都不是单一的，而是一个以自身文化立场为基础，能表达文化相互渗透和相互生成的多重综合体。在全球化和现代化的进程中，不同的文化主体都进行着新的包容性多重认同重构，文化认同观是对所有参与这个进程的文化主体的重构性互动过程的集中表达。文化认同观有核心性认同观与外围性认同观之分，外围性认同观较易改变，而核心性认同观是较为稳定的。

本书的研究对象德昂族是我国的一个人口较少民族。德昂族有语言无文字，长期与傣族为邻，在生活方式、宗教信仰、房屋建筑、语言、农耕历法和仪式等方面深受傣族的影响，如会讲傣语、使用傣历、信仰南传上座部佛教、过泼水节等。德昂族也深受汉族的影响，体现在政治、经济、文化等方面，具体来说，可见于房屋建设、服饰、语言、名字、婚姻、节日、农业、农耕历法和社会组织等，如会讲汉语、着汉服、建汉式房屋、按大小春安排农事活动、过春节等。尽管受傣族和汉族的影响，在德昂族分布区，德昂族仍然保留着自身的文化特色，主要体现在他们的语言、对生态环境的认知、各类生活习俗以及传统生态文明中，如德昂族讲孟高棉语族的语言，信仰万物有灵，崇奉茶叶为天地万物的起源和人类的创始者等。由此看出，德昂族的文化认同不是单一的文化认同，而是一个以德昂族自身文化为基础，能表现出与周围相邻民族如傣族和汉族的文化相互渗透和相互生成的多重综合体。该民族深受傣族和汉族的影响，这揭示出该民族的文化认同观具有时空性、象征性和多重性的特征，并且说明该民族的文化认同观不是单一的，而是一个以自身文化立场为基础，能表达文化相互渗透和相互生成的多重综合体。德昂族讲傣语和汉语、穿汉服、同傣族一样信仰南传上座部佛教等文化渗透事项并不意味着该民族放弃了自己的文化自主权，而是体现出了其文化认同观是一种应对历史和社会变迁的价值和观念综合体现，从而揭示出该民族核心性文化认同观是以寻求生存方式的价值同一性为基础，并通过文化传承展现出来。

2. 文化传统观

文化传统观是文化传统的观念概括，是在历史和社会发展进程中历经文化变迁和文化整合不断累积而成的具有传统文化特质的文化价值观体现，具有历史性、稳定性和延续性等特点。文化传承，实质上是文化传统观的传承。一个民族的文化特点，在很大程度上体现出文化传统观在现代文化价值体系中的整合程度。

本书研究的德昂族传统生态文明是德昂族文化传统观的一种表现形式，是德昂族在历史和社会发展进程中历经文化变迁和文化整合不断累积而成的、具有本民族传统文化特质的文化价值观的体现。德昂族的文化特点，能体现出该民族文化传统观在现代文化价值体系中的整合程度。德昂族的文化传承，体现着其文化传统观的传承。本书第五章有述，德昂族的文化传统是德昂族传统生态文明的核心，保障着德昂族分布区域发展的可持续性。德昂族主要生活在山区和半山区，以农耕为生，在长期与山地共生的环境中，积累了丰富的以农耕文化为基础的文化传统来适应生存环境的变化，这种文化传统汇聚着大量的德昂族与茶叶和谐共生的传统知识，从物质、制度、知识和信仰等层面保障和管理着德昂族的生存、生产和生活安全，主要体现在种植、制度、传统知识和信仰文化传统四个方面。在种植文化传统中，德昂族认为茶叶种植是他们祖先留下的农耕文化遗产，开展茶叶种植就是在传承其祖先的种植文化传统。在制度文化传统中，德昂族在社交礼仪、生老病死、婚丧嫁娶、仪式活动、处理个人矛盾和社会纠纷中都会用茶，在社会管理和民间组织的构成和运转中也要用茶。德昂族认为，没有茶，他们的社会就没有了秩序。在传统知识的文化传统中，德昂族积累了丰富的以生产生活经验为基础的传统知识，这些知识联系着德昂族的世界观、思维模式、行为规范及文化特征，特别是德昂族源于茶的传统知识体现出了文化传统中自然性和社会性的整合。在信仰文化传统中，德昂族通过茶崇拜，把他们赖以生存的自然环境和所从事的经济活动在生态上的特点表达了出来，揭示出该民族在长期与自然互动的过程中对环境变化的回应。尤其是德昂族把茶叶信仰作为重要的信仰文化传统来传承，一方面说明茶叶对德昂族的生存很重要，有着其他植物不可比拟的经济、社会和文化价值；另一方面突出了文化传统观在德昂族文化传承中的价值。

三　开展文化传承的地方实践

本研究显示，文化传承是应对文化变迁的技术体系，文化认同观和文化传统观是开展文化传承的主要理论导向。在本书研究的内容中，开展文化传承的地方实践以德昂族传统生态文明与区域可持续发展的整合为基础，主要通过种植文化传承、制度文化传承、传统知识文化传承和信仰文化传承四个方面展现出来。

1. 种植文化传承

田野调查显示，德昂族的种植文化传承最明显的是通过茶叶种植体现出来的。第一，从德昂族与茶的联系来看，德昂族的创世古歌《达古达楞格莱标》把茶叶视为万物的创始者和人类的祖先，并指出"茶叶是德昂的命脉，有德昂的地方就有茶山"，这从口传文化的角度表达出德昂族与茶的密切联系。第二，从德昂先民留下的种茶遗址来看，德昂族种茶历史悠久，这从文化遗产的角度阐释出了德昂族茶叶种植的持续性。第三，从茶叶是德昂族传统的经济作物来看，德昂族有较长的茶叶贸易历史，这从市场交换历史的角度表现出德昂族茶叶种植对其经济生活的影响。第四，从德昂族村落茶叶种植的现状看，与甘蔗、橡胶等新兴经济作物相比，茶叶种植面积和规模都不大，但是茶叶种植在村落的产业发展中有着重要的地位，这从市场经济的角度描述出德昂族茶叶种植的状况。不论属于何种情况，德昂族自始至终都保持着他们的茶叶种植。究其原因，德昂族说，茶叶种植是他们老祖辈留下的，不能丢弃。这种对传统经济作物存在价值的认可，在市场经济的发展中，维护着德昂族传统产业的可持续发展。

2. 制度文化传承

茶叶在德昂族社会中是一种可以表达心意和构建和谐社会关系的馈赠物品，德昂族的制度文化传承可以从该民族在日常生活和仪式活动中的用茶习俗体现出来。第一，从德昂族与非德昂族的交往看，德昂族长期以来与傣族、汉族、景颇族、傈僳族等民族毗邻而居，热情好客，用茶待客、备茶赠客是德昂族的礼节。第二，从德昂族社会中的日常交往看，德昂族有饮茶嚼烟的习俗，在日常生活中，彼此会传递装有茶叶与草烟的袋子，邀请对方饮茶嚼烟。第三，从德昂族社会中的仪式交往看，德昂族有着细致的用茶分类，并且按仪式的类别和场合，对茶叶与草烟组合赋予不同的术语，包成不同的形状，来表达不同的象征意义。第四，从德昂族社会中个人之间化解矛盾和处理社会纠纷的方法看，彼此送茶叶表示道歉是唯一化解矛盾和纠纷的途径，如果用金钱或其他物品代替，矛盾和纠纷不但得不到化解反而会被激化。由此看出，德昂族不但有"古老的茶农"之称，在日常生活中好饮浓茶，而且通过社交礼仪、生老病死、婚丧嫁娶、仪式活动、处理个人矛盾和社会纠纷的用茶实践，密切联系着该民族的风俗习惯、伦理道德、文化价值，正如德昂族所说，没有茶，他们的社会就没有了秩序。该民族把茶与他们对社会秩序的维持联系在一起，揭示着其协调社会关系的相应秩序和规范。德昂族的用茶实践，起着社会治理和社会整合的作用，作为德昂族制度文化传承的载体，不但体现出德昂族传统生态文明和谐有序的内涵，而且把社会管理中民间制度文化传承对区域可持续发展的重要性体现出来。

3. 传统知识文化传承

德昂族的传统知识文化传承形式颇为丰富。第一，在作物种植上，德昂族遵节令开展作物种植，按春播夏种秋收的顺序安排农事活动，农耕时间的管理过去是按傣历，现在是按阳历开展。按现在的说法，德昂族的作物种植按"大春"和"小春"进行。第二，在气象预测上，德昂族按动物的行为表征预测晴雨，烧白柴、泼水节等仪式也有警示气候灾害的作用。第三，德昂族通过禁忌保护生存环境，如禁止在水源地杀生和排污等。第四，在饮食保健中，德昂族通过食茶调节饮食口味，在夏天喜食酸茶，酸茶皆为手工制作。第五，在疾病防治上，德昂族通过饮茶和用茶治愈疾病。德昂语称茶为"ja ju"，其中"ju"被解释为"眼睛亮了"，据传是茶治好了古代德昂王子母亲的眼疾，茶就有了"ja ju"的称呼，茶的药性在德昂族社会中有普遍的认同。此外，如前所述，德昂族习惯把茶用于各种社交活动，以示身份认同、社会认可、家庭团结、家族和谐、社会凝聚和社会整合等。

因此，德昂族传统知识的文化传承通过他们的语言和实践，把人与环境资源和谐共生的生命观和发展观对区域可持续发展的意义体现出来。

4. 信仰文化传承

德昂族的信仰文化传承最明显的体现在三个方面：南传上座部佛教的仪式活动、万物有灵信仰的仪式活动以及民间神话传说。第一，从南传上座部佛教的仪式活动看，德昂族在每年2月有烧白柴仪式，4月有泼水节仪式，7月到10月有佛诞仪式进洼、供包和出洼，11月有供黄单仪式，这些仪式活动属于年度仪式，是德昂族村寨每年都会开展的集体仪式活动。除此之外，还有村落做摆和家庭做摆仪式。所有的这些仪式活动皆以村寨的奘房（寺院）为中心开展，德昂族通过这些仪式活动传承着他们的南传上座部佛教信仰。第二，从万物有灵信仰的仪式活动看，德昂族在每年10月出洼后会祭寨心、在每年农业生产节令到来的时候祭谷娘、在新房落成后祭房神等，万物有灵信仰的仪式活动有的是村寨集体开展，有的是各家各户按自己的情况开展，德昂族通过举行这些仪式活动传承着他们的万物有灵信仰。第三，德昂族通过民间神话传说的流传来传承他们的自然崇拜文化。德昂族通常把自然资源观念与以自然崇拜为主要形式的民间信仰相联系，其中最突出的是德昂族的茶叶信仰。德昂族的茶叶信仰是德昂族茶崇拜的体现，一方面认为茶叶创造了德昂族的祖先；另一方面阐释茶叶具有超自然力，护佑着德昂族的生命健康和生存繁衍。这种观念在古歌《达古达楞格莱标》中表现得非常充分。德昂族的迁徙传说中记载，德昂族过去有他们的王子，王子的母亲是盲人，当她摸到茶籽的时候，眼病就治愈了。自此，德昂族开启了种茶的历史（《德昂族社会历史调查》云南省编辑组，1987：25；李全敏，2015a：68～71）。在开展文化传承的地方实践中，德昂族以民间神话传说的形式把茶叶与自身联系在一起，不但表达着德昂族茶叶信仰的民族性、地方性和社会性，而且体现出了人与自然和谐共生共处是德昂族以茶为主线的传统生态文明的主题。

综上所述，德昂族文化传承的实践，不是单一文化的复制传递，而是在多元文化背景下应对文化变迁的技术体系，其中文化认同观和文化传统观是德昂族开展文化传承实践的主要理论导向。德昂族以与茶叶的互动为主线，通过种植文化传承、制度文化传承、传统知识文化传承和信仰文化传承揭示出了德昂族传统生态文明中尊重自然、顺应自然和保护自然的生态伦理观。这些观念和实践在说明，了解地方文化机制和保护传统文化是区域发展具有可持续性的重要保障。

第四节 对自然资源的认知

本书是关于德昂族传统生态文明与区域可持续发展的研究，内容是围绕德昂族与茶叶的互动展开的。本书指出，德昂族以茶为主线的传统生态文明，作为一种地方化的文化实践，体现出了一种文化制衡，能起到国家法之外的社会治理作用，这对该民族所在区域的生态环境保护、传统产业发展、文化传统传承、民族关系和谐有重要意义，对云南开展"民族团结进步、边疆繁荣稳定示范区"的建设有重要意义，还对构建欧亚大陆桥和打通南亚大通道的逐步深入过程中云南成为中国面向西南开放"桥头堡"的战略实施有重要意义。作为本书写作的最后部分，本节从自然资源是具有地方性、社会性和文化性的生态知识体系的视角，对自然资源的认知进行分析，通过阐述认知自然资源的主要方法导向和地方实践，总结性地指出关注生态知识、重视文化制衡理论，将有助于地方社会中生态文明建设和可持续发展的推进。

一　自然资源：具有地方性、社会性和文化性的生态知识体

自然资源是人类生存和发展的基础。自然资源可分类为气候资源、水资源、植物资源、动物资源、土地资源、矿产资源等。联合国环境规划署（UNEP）认为，自然资源是指在特定时间和地点，可以产生经济价值以及提高人类福利的自然环境因素和条件（王天义，2007：18）。学界在社会科学领域中对自然资源的研究，大多与人类、社会和环境之间的互动密切相关，特别是在人类学领域，通过不同的个案分析，对人与自然资源关系的研究尤为明显，国内外在此方面的研究成果都较为丰硕。在国外的研究中，有的研究指出植物、动物种群、气候、土壤等自然资源与地方社会获取食物的固有知识有密切的联系（Conklin，1963：1－30），自然资源是地方社会人群的风俗习惯以及适应制度的物质基础（Salzman and Attwood，1996：169－172），自然资源有助于探索人类自身以及人类发展的未来和绿色革命之间的逻辑关系（Netting，1996：267－271）。有的研究通过文化生态范例提出自然资源的状况对地方社会中的人口密度和人群生产生活方式有直接的影响（Steward，1955）。有的研究以文化唯物论为基础将自然资源与特定环境中的文化要素相联系，并对其做出唯物性的阐释（Harris，1968）。有的研究把生态学与结构功能主义结合，揭示自然资源与生态系统运行机制的联系（Rappaport，1968）。也有的研究从综合的角度，结合历史学、民族学、文化学、生物学、政治学和地域生态学的知识，分析地方社会人群对自然资源的崇拜及其社会影响（Balee，1998）。在国内的研究中，有的研究指出了解自然资源状况有助于分析民族生态环境与传统文化的关系（宋蜀华，1996：62～67），有的研究把自然资源纳入文化生态体系中分析（尹绍亭，2000），有的研究把自然资源与人类的生存和生态安全联系在一起（杨庭硕、

吕永锋，2004），有的研究认为自然资源是文化制衡和文化适应的基础（罗康隆，2013：100～105），有的研究认为通过对自然资源的开发和利用可以揭示其文化内涵及相关的地方性生态知识对可持续发展的价值（高立士，1999；郭家骥，2001：51～56；崔明昆、杨雪吟，2008，2011）。由此看出，这些已有的研究从不同的角度显示自然资源属于生态知识体系，具有地方性、社会性和文化性。本书的研究是从德昂族与茶叶的互动入手，研究德昂族传统生态文明与区域可持续发展的关系。德昂族与茶叶的互动，其实体现出了德昂族通过茶叶认知自然资源的地方性、社会性和文化性的过程。

二 认知自然资源的主要方法导向

本书显示，认知自然资源的主要方法导向可以从民间分类学和生态价值观来体现。

1. 民间分类学

民间分类学是研究地方社会以传统知识为基础，对自然资源进行分类的方法和过程。学界对民间分类学的研究多集中在民族科学领域，其中民间植物分类学的研究成果较多，其原因在于植物种类的多样性给民间分类提供了认知和概念（崔明昆、杨雪吟，2008：60）。有的研究认为当地人生活环境中的植物名称，可以揭示出民间植物分类和命名的普遍原理（Conklin，1955：339－344）。有的研究认为划分民间植物分类与生物分类有粗分、细分和一一对应三种关系，体现了相应的民间分类群在文化上的重要性，并揭示出民间分类与科学分类之间有可比性（Berlin et al.，1966：273－275）。有的研究揭示出民间植物分类在特定区域内可以用于评估植物的多样性，并能保护传统知识和当地生物的多样性（王锦秀等，2003：523～527）。有的研究显示出民间植物分类与当地人的逻辑思维有着密切的联系（崔明昆、杨雪吟，2008：56～63）。民间分类学的研究说明，不同地区、不同文化的民间植物分类是认知自然资源的地方性、社会性和文化性的主要途径。

本书显示，理解德昂族对茶的分类和认知是揭示德昂族传统生态文明的内涵的主要方法之一。德昂族的茶叶分类有许多标准，如按叶子类型分、按叶子干湿程度分等（详见第二章第三节）。这些分类表现出德昂族通过茶对自然资源作为地方性、社会性和文化性生态知识体的认知，其中地方性见于茶叶的特征、质量、形状、味道、色彩的分类，社会性见于制作、生产、加工、交换和消费的分类，文化性主要见于交换和消费的分类。由此，从地方性知识观来看，少数民族传统知识汇集着人类与自然和社会互动的经验，有必要重视其价值和意义（吴彤，2008）。

2. 生态价值观

生态价值观是处理人与生态环境之间关系的价值观，反映着对人与自然关系的认知。近年来，生态价值观是学界研究的热点。有的研究指出生态价值观是人们对生态环境在经济发展和社会进步中具有的地位和功能的看法，是建设生态文明的重要内容，与物质文明和精神文明建设有关，是衡量一个民族文化和社会进步的重要标志（李刚，2006：43～45；李红卫，2007：170～173；郭素红，2008：102～103；张杰，2012）。有的研究认为，生态价值是指对人类与生态环境之间的相互关系的认识与判断，既包括生态环境对人类的作用和影响，又包括人类对自身在生态环境中的行为规范的认识（袁建明，2000：67～69；张子荣，2008：11～12）。有的研究指出，生态价值观是人类改变现有生存方式的理论指引，是人们对自己的实践活动与自然生态系统互动的观念表达（康兰波、王伟明，2003：65～67；周雪，2009）。有的研究提出，生态价值观是实现社会可持续发展的必然前提（卢巧玲，2002：17～20；李承宗，2006：108～112）。有的研究把生态价值观与人类利用自然、改造自然所遵循的认知规律联系在一起，揭示出生态价值观是生态整体主义、生态平等主义和生态人文主义价值观的综合（戴秀丽，2008）。这些观点均反映出生态价值观在理论研究和实践研究中的重要性，以及尊重自然、顺应自然和保护自然，并建立人与生态环境和谐关系是实现人类生态价值观的重要实践。

本书研究的是德昂族传统生态文明与区域可持续发展，这是一个地方社会生态价值观传承与实践的个案。本研究表明，德昂族以茶为主线的传统生态文明与区域可持续发展的结合，其实揭示出了德昂族对他们尊重自然、顺应自然和保护自然的生态价值观的实践，体现出德昂族与生态环境之间的相互关系及对这种相互关系的认识判断，包括自然生态环境对德昂族发展的作用和影响，具体涉及有关生态的经济价值、伦理价值和文化价值等。如同以上对生态价值观的已有研究提到的，生态价值观要求人们在实践中多审视自己的实践活动是否与自然生态系统相协调，同时承担起促使自然生态系统良性循环的责任（康兰波、王伟明，2003：65~67）。本书一方面突出生态价值观是区域可持续发展的基础；另一方面再次提出了解自然的自身价值、重视生态价值观、协调人与自然关系的重要性。因此，以生态价值观为基础，传承人与自然和谐统一的发展理念，有助于社会的可持续发展、和谐社会秩序的构建以及传统文化的保护与传承。

三　认知自然资源的地方实践

本书研究显示，德昂族认知自然资源的地方实践主要表现在生态知识的传承、传统生态文明与区域发展的结合两方面。

1. 生态知识的传承

德昂族积累了丰富的生态知识，主要通过农耕活动、民间制度、地方习俗和宗教信仰四个方面传承。

德昂族在农耕活动中对生态知识的传承，主要体现在对农耕节令的遵循以及对物候历的认知和使用中。该民族主要聚居山地生态环境中，长期以来靠天吃饭，气候状况对作物的生产和收成影响很大，在长期观察自然环境、气候变化以及植物的生长周期的过程中，该民族积累着一套预测晴雨和气候冷热以开展农耕活动的物候历，主要内容包括根据动物的表征和云彩的形状预测晴雨，按年度仪式的顺序预测气候冷热。无论是德昂族的农耕节令还是农耕活动中的物候历，都说明该民族的农耕活动与生态环境的变化密切相关。

德昂族在民间制度中对生态知识的传承，主要体现在一系列保护生态环境和自然资源的民间习惯法中，具体体现在德昂族通过一系列禁忌进行自然资源管理和生态环境保护。

德昂族在地方习俗中对生态知识的传承，主要体现在对自然资源的分类中。本书多次提到，德昂族对茶叶的分类体现出了德昂族对自然资源的自然性和社会性的认知。从德昂族尚茶、种茶、敬茶、护茶、饮茶、食茶、售茶、用茶并有着丰富的地方习俗来看，德昂族的茶文化习俗体现出他们与生存环境的互动。

德昂族在宗教信仰中对生态知识的传承，主要体现在自然崇拜和仪式活动中。德昂族的自然崇拜是该民族通过长期与自然的互动而积累下来的对自然物象和气候变化的感知和反映，有谷物崇拜、水崇拜、树木崇拜、茶崇拜等。无论在家庭仪式活动还是在村落集体仪式活动中，德昂族都在表达着对五谷丰登、人畜平安的祈愿，仪式祭品包括茶、花、芭蕉叶裹饭等物品，在仪式活动中使用这些物品也体现出了德昂族把自然资源与宗教信仰相结合的生态知识传承观念。

2. 传统生态文明与区域发展的结合

研究显示，以德昂族与茶的互动为主线，德昂族传统生态文明蕴含着人与自然和谐共生的发展理念，德昂族传统生态文明与区域发展的结合主要体现在对自然资源的认知与使用中，这可以从技术层面、制度层面、知识层面和信仰层面来展现。

就技术层面来说，德昂族主要有森林、农作物和经济林果三类植被资源：森林属于林地植被；农作物属于耕地植被；经济林果部分属于林地植被，部分属于耕地植被。森林以保护为主，农作物遵节令按大小春的分类开展种植和收获，经济林果按季节栽种和收获。尽管茶叶的种植面积在德昂族村落经济作物种植中的比例不大，但是在德昂族村落的产业发展中，茶叶一直是村落已有的传统产业，也是村落现有的特色产业，还是村落将大力发展的绿色产业。由此看出，德昂族把传统农耕作物、现代经济林果与自然生长的树木相结合，通过对植被进行有序的耕作和保护，一方面来避免对植被过度采伐而导致的山体滑坡和水土流失；另一方面根据自己的特色发展生态经济，在保护当地生态环境的同时，有效地推动着德昂族区域的发展。

从制度层面来看，德昂族村落有自己的村规民约在制衡和规范着对自然资源的使用。而且，德昂族村落有着自己的民间习惯法，禁止在保护区内乱扔脏物、挖掘、采集或砍伐花草树木；禁止破坏水源地；禁止污染水井水沟；等等。德昂族的村规民约和民间习惯法制约着村落内部破坏生态环境的行为举止，保护与生产生活息息相关的生态资源，这为德昂族区域的发展提供着民间制度保障。

从知识层面来看，德昂族主要分布在山区和半山区，生态环境的状况极大地影响着村落的生产安全和生活安全。德昂族积累着对自然灾害预警、水资源保护、土地资源保护以及人体健康保健的传统知识。这些知识建立在德昂族对自然资源认知的基础上，不但阐释出德昂族生产生活经验对生存安全的重要性，而且还显示出了人类对生态环境的适应性和选择性，这为德昂族区域的发展提供着具有地方性、社会性和文化性的生态知识保障。

从信仰层面来看，德昂族信仰万物有灵和南传上座部佛教，崇拜并敬畏与其生产生活相关的自然资源。面对旱涝和缺水等自然灾害，德昂族都会通过自然崇拜、与生态环境保护有关的禁忌和相关的集体仪式活动，调节自身与生态环境的关系，以表达其维系生存和生命安全的期盼，保护着生态环境。不难看出，德昂族的自然崇拜、禁忌以及相关的仪式活动，一方面反映出该民族对生态环境的崇拜和敬畏，另一方面揭示出该民族在长期与自然互动过程中应对自然灾变、在生存繁衍中寻求生存安全的文化机制。这为德昂族区域的发展提供了地方协调的保障。

因此，德昂族传统生态文明与区域可持续发展的对话，从对生态危机的反思，到对区域发展的共识，又到对文化传承的实践，最后到对自然资源的认知，表现出了德昂族生态环境治理的地方实践，以及应对生态环境问题、区域发展问题、文化传承问题和自然资源保护问题的文化技术与生态智慧。由此看出，德昂族传统生态文明通过区域可持续发展得到了实践和运用，而区域可持续发展则体现出了社会发展对文化秩序机制的诉求。德昂族尊重自然、敬畏自然、保护自然，有着与自然和谐相处的秩序和规则。我国少数民族众多，皆有各自的传统生态文明。德昂族的案例在说明，关注少数民族的传统生态文明，将有益于区域可持续发展。

综上所述，本书建立在国家"一带一路"的倡议提出，促进西部民族地区生态文明建设和可持续发展，把云南建设成为"民族团结进步示范区、生态文明建设排头兵、面向东南亚南亚的辐射中心"的背景中，以德昂族为研究对象，旨在提供一个云南少数民族的传统生态文明与区域可持续发展互动和对话的研究案例。云南生态多样，民族众多，面对生态危机、传统产业发展困难和传统文化流失的困境，本书以田野调查为基础，结合文献研究，理论联系实际，以德昂族与茶的互动为主线，从德昂族传统生态文明的内涵、德昂族传统生态文明对区域可持续发展的价值、德昂族传统生态文明对区域可持续发展的探索、德昂族传统生态文明与区域可持续发展的结合，以及德昂族传统生态文明与区域可持续发展的对话五个方面，陈述了德昂族区域的生计方式、资源管理、文化适应与选择、民族互助与团结的情况，展示了德昂族区域的生态环境保护、传统产业发展、文化传统传承及民族关系和谐的知识，梳理了德昂族传统生态文明与区域可持续发展的辩证关系，从中揭示出少数民族传统生态文明形成的文化秩序体在民族地区的可持续发展中起着文化调适的功能。因此，在国家的生态文明与可持续发展的建设中，有必要重视少数民族的传统生态文明对区域可持续发展的实践作用。

参考文献

白兴发，1997，《云南少数民族茶文化及其在旅游文化中的地位》，《民族艺术研究》第 6 期。

——，2005，《少数民族传统习惯法规范与生态保护》，《青海民族学院学报》第 1 期。

曹立华、宋文俊，2011，《当代人类生态危机的哲学反思》，《鸡西大学学报》第 12 期。

曹能秀、王凌，2009，《论民族文化传承与教育的关系》，《云南民族大学学报（哲学社会科学版）》第 5 期。

陈百明，2012，《何谓生态环境?》，《中国环境报》10 月 31 日，第 2 版。

陈国强、石奕龙主编，1990，《简明文化人类学词典》，浙江人民出版社。

陈立，2009，《生态文明建设的基本内涵与科学发展观的重要意义》，《学习月刊》第 22 期。

陈军绘，2014，《中国共产党生态文明建设的探索历程及经验启示》，《湖北函授大学学报》第 1 期。

陈庆德，2005，《生态人类学分析的两个理论质疑》，《云南大学学报》第 1 期。

陈世联，2006，《文化认同、文化和谐与社会和谐》，《西南民族大学学报》（人文社会科学版）第 3 期。

陈沐岸，2013，《论我国生态文明传播的问题及对策》，《前沿》第 7 期。

陈璞，2014，《多民族村落民间信仰现状的调查与分析》，新疆大学中文系硕士学位论文。

陈相木、王敬骝、赖永良主编，1986，《德昂语简志》，民族出版社。

陈墀成、余玉湖，2014，《生态文明建设视野下的马克思主义中国化》，《辽宁大学学报》（哲学社会科学版）第 1 期。

陈颐，1994，《论制度的价值取向》，《学海》第 6 期。

陈玉伟，2010，《学校教育中民族传统文化传承现状研究》，延边大学中文系硕士学位论文。

陈助锋，2000，《中国东西部地区可持续发展总体能力差距的跟踪评价》，《科学对社会的影响》第 2 期。

程林盛，2011，《近六十年湘西苗寨森林利用变迁研究》，中南民族大学民族学与社会学学院硕士学位论文。

崔海亮，2015，《生态危机的根源与应对策略》，《山西高等学校社会科学学报》第 4 期。

崔海洋，2009，《从混种、换种制度看侗族传统生计的抗自然风险功效——以黎平县黄岗村侗族糯稻种植生计为例》，《思想战线》第 2 期。

崔明昆、杨雪吟，2008，《植物与思维——认知人类学视野中的民间植物分类》，《广西民族研究》第 2 期。

崔明昆，2011，《象征与思维——新平傣族的植物世界》，云南人民出版社。

——，2014，《民族生态学理论方法与个案研究》，知识产权出版社。

崔新建，2004，《文化认同及其根源》，《北京师范大学学报》（社会科学版）第 4 期。

崔延虎、海鹰，1996，《生态人类学与新疆文化特征再认识》，《新疆师范大学学报》第 1 期。

戴秀丽，2008，《生态价值观的演化及其实践研究》，北京林业大学经济系硕士学位论文。

《德昂族简史》编写组编，1986，《德昂族简史》，云南教育出版社。

《德昂族社会历史调查》云南省编辑组编，1987，《德昂族社会历史调查》，云南民族出版社。

德宏州文联编，1983，《崩龙族文学作品选》，德宏民族出版社。

丁菊英，2012，《德昂族的传统文化》，云南大学出版社。

董建新，1998，《制度与制度文明》，《暨南学报》第 1 期。

杜鹏举，2015，《生态文明思想对我国城镇化发展影响的思考》，《经营管理者》第 19 期。

段会玲，2011，《新疆少数民族题材美术创作在民族文化传承中的作用研究》，新疆师范大学艺术系硕士学位论文。

段兆磊，2013，《傈僳族传统歌舞文化在学校教育中传承的有限性研究》，西南大学中文系硕士学位论文。

多金荣，2011，《县域生态经济研究》，中国致公出版社。

方慧，1988，《论明末清初德昂族的形成》，《思想战线》第 4 期。

方茂琴主编，1990，《德昂族药集》，德宏民族出版社。

方毅、尹保红，2011，《中国生态文明的 SST 理论研究》，中国致公出版社。

范可，2011，《灾难的仪式意义与历史记忆》，《中国农业大学学报》（社会科学版）第 1 期。

费孝通，2007，《江村经济》，上海人民出版社。

冯天瑜主编，2001，《中华文化辞典》，武汉大学出版社。

冯妍，2008，《建设和谐世界要从促进文化和谐做起》，《传承》第 14 期。

奉国强，2001，《退耕还林政策分析与建议》，《林业经济》第 1 期。

福格特，1981，《生存之路》，张子美译，商务印书馆。

高德明，2011，《生态文明与可持续发展》，中国致公出版社。

高蕾，2014，《大学生生态文明观教育研究》，聊城大学哲学系硕士学位论文。

高立士，1999，《西双版纳傣族传统灌溉与环保研究》，民族出版社。

高文德主编，1995，《中国少数民族史大辞典》，吉林教育出版社。

葛春风，2010，《环境承载力理论研究及其实践》，中国环境科学出版社。

龚胜生，1999，《论区域可持续发展系统的三大关系》，《华中师范大学学报》（自然科学版）第 4 期。

龚胜生，2000，《论中国可持续发展的人地关系协调》，《地理学与国土研究》第 1 期。

郭家骥，2001，《云南少数民族的生态文化与可持续发展》，《云南社会科学》第 4 期。

郭来喜，1994，《当代中国人文地理学研究进展述要》，《人文地理》第 3 期。

郭素红，2008，《科学发展观视域中的生态文明建设》，《安徽农业科学》第10期。

谷秀华，2006，《长春市可持续发展系统机制与调控的研究》，东北师范大学经济系博士学位论文。

哈迪斯蒂，2002，《生态人类学》，郭凡、邹和译，文物出版社。

韩雪风，2008，《论生态文明建设》，《浙江社会科学》第1期。

韩玉堂，2011，《生态产业链系统构建研究》，中国致公出版社。

韩震，2005，《论全球化进程中的多重文化认同》，《求是学刊》第5期。

何景熙，1997，《我国西部民族地区可持续发展问题研究》，《民族研究》第2期。

赫勒，2010，《日常生活》，衣俊卿译，重庆出版社。

郝子甲，2014，《胡锦涛社会主义生态文明建设思想研究》，扬州大学哲学系硕士学位论文。

和少英，2009，《民族文化保护与传承的"本体论"问题》，《云南民族大学学报》（哲学社会科学版）第2期。

洪富艳、毛志锋，2011，《生态文明与中国生态治理模式创新》，中国致公出版社。

胡宝元、沈濛，2013，《推进生态文明建设　实现中华民族永续发展》，《辽宁工业大学学报》（社会科学版）第4期。

胡荣梅，2013，《浅谈德昂族传统音乐的艺术特征》，《民族音乐》第2期。

胡文婧，2015，《生态文明建设中融入文化建设的思考》，《长春教育学院学报》第11期。

霍夫曼，2013，《魔兽与母亲——灾难的象征论》，赵玉中译，《民族学刊》第4期。

黄柏权，2008，《西南地区民间生态知识与森林保护》，《长江师范学院学报》第5期。

黄鼎成、王毅等，1997，《人与自然关系导论》，湖北科学技术出版社。

黄光成，2002，《德昂族文学简史》，云南民族出版社。

黄国勤，2014，《生态文明若干问题探讨》，第十六届中国科协年会——民族文化保护与生态文明建设学术研讨会，云南昆明。

黄家锦，2008，《学校教育视野中的民族传统文化传承研究》，中央民族大学民族学与社会学学院硕士学位论文。

黄宛瑜，2003，《云南布列支系德昂人的布与关系》，台湾"清华大学"人类学研究所硕士学位论文。

季开胜，2008，《略论科学发展观与社会主义生态文明建设》，《经济问题》第6期。

姬振海，2007，《生态文明论》，人民出版社。

贾军、张芳喜、沈娟，2008，《生态自然观与当代全球性生态危机反思》，《系统科学学报》第1期。

蒋晓琳，2015，《马克思生态观及其当代发展》，沈阳师范大学哲学系硕士学位论文。

焦丹，2012，《从德昂族茶文化的现状看少小民族茶文化的发展困境》，《西南学刊》第2期。

焦淑军，2010，《从马克思生态需要思想看当下生态危机》，《华中农业大学学报》（社会科学版）第5期。

吉尔兹，2000，《地方性知识——阐释人类学论文集》，王海龙、张家宣译，中央编译出版社。

靳辉明，2011，《用生态文明理念建设绿色苏州》，《东吴学术》第1期。

靳能泉，2010，《从文化生态学看中国民企会计文化建设》，《企业研究》第22期。

金炳镐，2006，《民族理论与民族政策概论》，中央民族大学出版社。

井祥贵，2011，《纳西族学校民族文化传承机制研究》，西南大学民族学院博士学位论文。

卡逊，1962，《寂静的春天》，吕瑞兰译，白鹿书院。

康兰波、王伟明，2003，《生态价值观与人类现有生存方式的改变》，《青海社会科学》第6期。

孔云峰，2005，《生态文明建设初探》，《重庆行政·公共论坛》第4期。

赖程程，2011，《毛南族傩舞文化传承与教育研究》，广西师范大学中文系硕士学位论文。

黎康，2012，《生态文明建设：党的执政理念与执政方略的全面跃迁》，《鄱阳湖学刊》第 6 期。

李彪，2011，《试论生态人类学视野中的小城镇建设问题》，《科教文汇》
（下旬刊），第 6 期。

李秉毅，1998，《可持续发展的基础理论与发展》，《城市发展研究》第
4 期。

李承宗，2006，《论我国城市社区的生态文化建设》，《湖南大学学报》（社
会科学版）第 2 期。

李富、李鸣，2008，《论科学发展观视域下的生态文明建设》，《黑龙江生态
工程职业学院学报》第 4 期。

李刚，2006，《透视近年来生态价值观研究的多重向度》，《理论月刊》第
2 期。

李海新，2011，《生态文明的提出》，《思想政治课教学》第 2 期。

李垚栋、张爱国，2012，《生态文明及其与可持续发展关系的探讨》，《绿色
科技》第 10 期。

李红卫，2007，《生态文明建设——构建和谐社会的必然要求》，《学术论
坛》第 6 期。

李家英，2000，《德昂族传统文化与现代文明》，云南民族出版社。

李骏，2005，《区域可持续发展问题研究——以西部地区为例》，广西大学
经济系硕士学位论文。

李茂琳、董晓梅主编，2012，《当代云南德昂族简史》，云南人民出版社。

李明珍，2005，《德昂茶韵》，《今日民族》第 7 期。

李全敏，2001，《德昂族的创世古歌看哲学与宗教的整合形式——谈〈达古
达愣格莱标〉》，《云南民族学院学报》第 18 期。

——，2003，《水与德昂族》，载古川久雄、尹绍亭主编《民族生态：从金
沙江到红河》，云南教育出版社，第 243 ~ 285 页。

——，2006，《保山潞江坝大中寨水崇拜研究》，载林超民主编《新翼集》，
云南大学出版社，第 58 ~ 133 页。

——，2010a，《自然崇拜与德昂族适应气候变化的传统知识》，载尹绍亭主
编《中国文化与环境》，云南人民出版社，第 207 ~ 214 页。

——，2010b，《Seats and Rank: Tea Drinking and Status Identity in the Ang Society in China》，载林超民主编《民族学评论》第 3 辑，云南人民出版社，第 150~155 页。

——，2011，《认同，关系与不同：中缅边境—个孟高棉语群有关茶叶的社会生活》，云南大学出版社。

——，2012a，《礼物之灵与德昂族仪式活动中的茶叶与草烟》，《云南社会科学》第 3 期。

——，2012b，《礼物馈赠与关系建构：德昂族社会中的茶叶》，《西南民族大学学报》（人文社科版）第 4 期。

——，2012c，《滴水仪式、功德贮备与德昂族保护环境资源的地方性知识》，《云南民族大学学报》（哲学社会科学版）第 5 期。

——，2013a，《语言采集与德昂族的茶叶世界》，《广西民族大学学报》（哲学社会科学版）第 2 期。

——，2013b，《灾害预警与德昂族农耕活动中的物候历》，《西南民族大学学报》（人文社科版）第 10 期。

——，2015a，《茶叶信仰与德昂族的社会治理》，《思想战线》第 4 期。

——，2015b，《德昂族仪式性茶消费：物质消费边界的跨越》，《云南师范大学学报》（哲学社会科学版）第 5 期。

——，2015c，《民间信仰与地方性知识：德昂族的茶崇拜》，《民族学评论》第 4 期。

李婷婷，2013，《哈尼族梯田祭祀变迁的民族生态学研究》，云南大学民族研究院硕士学位论文。

李想，2011，《发端于生态文明》，中国致公出版社。

李晓斌，2012，《跨境而居的德昂族》，云南大学出版社。

李昶罕，2014，《德昂族酸茶制作技艺及文化研究》，云南农业大学人文社会科学学院硕士学位论文。

李昶罕、秦莹，2015，《德昂族酸茶的科技人类学考察》，《云南农业大学学报》（社会科学版）第 1 期。

李学术，2007，《云南省少数民族生态文化的传承与创新》，《经济问题探索》第 8 期。

李亦园，1980，《文化人类学选读》，食货出版社。

李莹，2009，《云南德昂族服饰艺术及其传承研究》，昆明理工大学社会科学学院硕士学位论文。

李永祥，2008，《关于泥石流灾害的人类学研究——以云南省哀牢山泥石流为个案》，《民族研究》第 5 期。

廖国强，2001，《中国少数民族生态观对可持续发展的借鉴和启示》，《云南民族学院学报》（哲学社会科学版）第 9 期。

廖国强、何明、袁国友，2006，《中国少数民族生态文化研究》，云南人民出版社。

廖元春，2015，《中国梦视域下的生态文明建设路径探析》，上海师范大学哲学系硕士学位论文。

林超民，2005，《普洱茶散论·普洱茶与少数民族》，《普洱茶经典文选》，云南美术出版社。

林超民、沈海梅主编，2015，《民族学评论》（第四辑），云南人民出版社。

林庆，2008，《云南少数民族生态文化与生态文明建设》，《云南民族大学学报》第 5 期。

刘惠敏，2008，《基于生态可持续的区域发展系统研究》，同济大学生物系博士学位论文。

刘胡同，2006，《马克思全面生产理论及其当代价值》，安徽大学哲学系硕士学位论文。

刘建伟，2011，《马克思的环境伦理思想》，《科学经济社会》第 1 期。

刘妮楠，2014，《马克思主义视域下中国生态文明建设思考》，中国青年政治学院哲学系硕士学位论文。

刘荣昆，2006，《傣族生态文化研究》，云南师范大学中文系硕士学位论文。

刘舜青、赖力，2003，《苗族传统知识在山林管理中的运用和发展初探》，《贵州民族研究》第 3 期。

刘兴先，2000，《生态文明：人类可持续发展的必由之路》，《实事求是》第 5 期。

刘湘溶，1998，《生态文明论》，湖南教育出版社。

刘湘溶、朱翔，2003，《生态文明——人类可持续发展的必由之路》，湖南师范大学出版社。

刘亚萍、金建湘、程胜龙，2010，《壮族森林生态文化在发展当地旅游业中的传承与创新》，《林业经济》第 3 期。

刘友宾，2014，《中国生态意识的觉醒和解放——生态文明札记》，《绿叶》，2014 第 12 期。

刘正发，2007，《凉山彝族家支文化传承的教育人类学研究》，中央民族大学民族学社会学学院博士学位论文。

刘宗超，1997，《生态文明观与中国可持续发展走向》，中国科学技术出版社。

龙冠海，1983，《社会学》，三民书局。

龙正荣，2013，《黔东南苗族宗教生态伦理及其现实意义》，《贵州民族大学学报》（哲学社会科学版）第 2 期。

卢巧玲，2002，《生态价值观与社会可持续发展》，《衡水师专学报》第 4 期。

鲁长安、薛小平，2014，《中国特色社会主义生态治理的历史进程与逻辑演变》，《成都工业学院学报》第 3 期。

罗家珩，2013，《从"互为边缘"到"和谐共生"》，广西民族大学哲学系硕士学位论文。

罗康隆，2007，《文化适应与文化制衡》，民族出版社。

——，2010，《论苗族传统生态知识在区域生态维护中的价值———以贵州麻山为例》，《思想战线》第 2 期。

——，2011，《地方性知识与生存安全——以贵州麻山苗族治理石漠化灾变为例》，《西南民族大学学报》（人文社会科学版）第 7 期。

——，2013，《族际文化制衡与生态环境维护：我国长江中上游山区生态维护研究》，《云南社会科学》第 3 期。

罗康智，2006，《生态人类学眼中的"生态灾变"》，《贵州民族学院学报》（哲学社会科学版）第 6 期。

落志筠、王永新，2013，《生态文明视角下的矿产资源内涵及其价值追求》，《财经理论研究》第 6 期。

马克思，1975，《资本论》第 2 卷，中共中央马克思恩格斯列宁斯大林著作编译局译，人民出版社。

《马克思恩格斯全集》第 42 卷，1979，中共中央马克思恩格斯列宁斯大林
　　著作编译局译，人民出版社。

《马克思恩格斯选集》第 1 卷，1995，中共中央马克思恩格斯列宁斯大林著
　　作编译局译，人民出版社。

《马克思恩格斯选集》第 2 卷，1995，中共中央马克思恩格斯列宁斯大林著
　　作编译局译，人民出版社。

马楠，2010，《论环境与可持续发展的重要性》，《环境》第 2 期。

马向东，1991，《德昂族神话史诗〈达古达楞格莱标〉》，《云南民族学院学
　　报》第 3 期。

马戎，1996，《西藏的人日与社会》，同心出版社。

马戎编著，2004，《民族社会学——社会学的民族关系研究》，北京大学出
　　版社。

马宗保，2002，《多元一体格局中的回汉民族关系》，宁夏人民出版社。

毛志峰等，2011，《居住区生态文明建设的评估与对策》，中国致公出版社。

闵文义，2005，《民族地区构建和谐社会应加强对传统多元生态文化的利用
　　和改造》，《西北民族大学学报》第 6 期。

摩尔根，1977，《古代社会（上册）》，杨东莼译，商务印书馆。

缪勒，1989，《宗教的起源与发展》，金泽译，上海人民出版社。

牛文元，1994，《持续发展导论》，科学出版社。

潘鈜，2014，《中国共产党生态文明建设的历史考察》，《中国浦东干部学院
　　学报》第 6 期。

潘文岚，2015，《中国特色社会主义生态文明研究》，上海师范大学哲学系
　　博士学位论文。

彭慧、潘国政，2010，《新形势下中华文化认同与海外统一战线工作》，《中
　　央社会主义学院学报》第 6 期。

朴春杰，2013，《延边州生态环境建设现状及对策研究》，延边大学生物系
　　硕士学位论文。

秋道智弥等，2006，《生态人类学》，范广融、尹绍亭译，云南大学出版社。

冉红芳，2007，《土家族生态文化的内涵及其当代调适》，《湖北民族学院学
　　报》第 5 期。

人民网，2007，《胡锦涛在党的十七大上的报告》，http://politics. people. com. cn/GB/8198/6429190. html，10 月 24 日。

绒巴扎西，2001，《云南藏区可持续发展研究》，云南民族出版社。

桑耀华，1987，《德昂族》，民族出版社。

桑耀华主编，1999，《德昂族文化大观》，云南民族出版社。

邵晓飞，2012，《文化制衡与生态建设——读〈生态人类学导论〉的启示》，《怀化学院学报》第 4 期。

申森，2013，《生态文明的源起与建构——生态马克思主义的启示》，《云南社会主义学院学报》第 4 期。

申曙光，1994，《生态文明：现代社会发展的新文明》，《学术月刊》第 9 期。

沈海梅，2012，《中间地带：西南中国的社会性别、族性与认同》，商务印书馆。

盛联喜，2003，《环境生态学导论》，高等教育出版社。

石铁柱，2012，《科学发展观的五重维度》，《理论研究》第 2 期。

史军、胡思宇，2016，《应对气候变化：环境、发展与公平的统一》，《生态经济》第 3 期。

史婷婷，2012，《大沐浴花腰傣丧葬仪式的结构分析与文化功能研究》，云南大学民族研究院硕士学位论文。

宋林飞，2007，《生态文明的理论与实践》，《南京社会科学》第 12 期。

宋蜀华，1996，《人类学研究与中国民族生态环境和传统文化的关系》，《中央民族大学学报》第 4 期。

——，2002，《论中国的民族文化、生态环境与可持续发展的关系》，《贵州民族研究》第 4 期。

宋锡辉、代佳，2011，《将云南建成全国生态文明建设排头兵之思考》，《学园》第 1 期。

苏雄，2014，《我国民族传统体育文化的传承模式》，《首都体育学院学报》第 1 期。

孙本文，1946，《社会学原理（上册）》，商务印书馆。

孙杰远、刘远杰，2012，《融合与认同：少数民族文化传承及其路径》，《中国民族教育》第 1 期。

孙向军，2005，《"科学发展观"研究综述》，《前线》第 1 期。

汤振宁，2010，《一个滇西北藏族村寨的仪式象征分析》，复旦大学中文系硕士学位论文。

唐洁编著，2012，《中国德昂族》，宁夏人民出版社。

谭丽、卢湘元，2014，《生态文明建设的新高度、新概念、新目标》，《旅游纵览月刊》第 4 期。

陶庭马，2011，《生态危机根源论》，博士学位论文，苏州大学哲学系

滕二召主编，2006，《古老的茶农：中国德昂族社会发展变迁史》，云南民族出版社。

田成有，2005，《乡土社会中的民间法》，法律出版社。

田红，2011，《本土生态知识的推广与共享—以我国干旱、半干旱地区砂田的扩大利用为例》，《青海民族研究》第 3 期。

田治威，2004，《论西部生态环境建设中的可持续发展观》，博士学位论文，北京林业大学林业系。

涂尔干，1999，《宗教生活的基本形式》，渠东、汲喆译，上海人民出版社。

涂尔干，2000，《社会分工论》，渠东译，三联书店。

王冰，2011，《论农业经济中的自然》，《湖北社会科学》第 3 期。

王川林，2015，《云南省泸水县上江乡傈僳族语言使用情况调查》，云南师范大学中文系硕士学位论文。

王凤才，2004，《和谐发展：从工业文明向生态文明的转变》，《济南大学学报》（社会科学版）第 1 期。

王宏昌，2012，《地方媒体对区域文化传承的价值分析与实现》，《宝鸡文理学院学报》（社会科学版）第 4 期。

王婧，2012，《神话－原型批评视角下的勒克莱齐奥小说》，硕士学位论文，西安外国语大学文学系。

王锦秀等，2003，《民间植物分类系统与区域性物种多样性快速评估——以西双版纳傣族为例》，《广西植物》第 6 期。

王孔敬，2010，《西南地区苗族传统生态文化的内容特点及其保护传承研究》，《前沿》第 21 期。

王珂，2016，《中国可持续发展的代价与对策思考》，《青春岁月》第 3 期。

王黎明、冯仁国，2001，《对中国省际区域可持续发展水平的综合评价》，《地球科学进展》第 6 期。

王利民，2012，《转型成本视角下甘肃省农业可持续发展能力提升对策研究》，甘肃农业大学农业系硕士学位论文。

王菊香，2007，《经济全球化条件下的文化和谐与社会和谐》，《中共南昌市委党校学报》第 6 期。

王明东，2001，《独龙族的生态文化与可持续发展》，《云南民族学院学报》（哲学社会科学版）第 5 期。

王萍，2010，《马克思主义中国化视角下的生态文明》，《学理论》第 32 期。

王瑞雪，2014，《大学生生态价值观教育研究》，广东财经大学马克思主义学院硕士学位论文。

王天津，2002，《西部环境资源产业》，东北财经大学出版社。

王天义，2007，《自然资源价格论》，中共中央党校博士学位论文。

王铁志，2007，《德昂族经济发展与社会变迁》，民族出版社。

王希辉，2008，《少数民族地方性生态知识的传承与保护——以石柱土家族黄连种植为例》，《广西民族大学学报》（哲学社会科学版）第 5 期。

王晓艳、莫力、秦莹编著，2014，《德宏德昂族民间科学技术》，德宏民族出版社。

王彦鑫，2011，《生态城市建设：理论与实证》，中国致公出版社。

王永莉，2006，《试论西南民族地区的生态文化与生态环境保护》，《西南民族大学学报》第 2 期。

王玉德、张全明，1999，《中华五千年生态文化》，华中师范大学出版社。

王玉玲，2013，《走向生态安全型社会 建设生态文明——坚持中国化马克思主义生态观的指导》，《黑河学刊》第 8 期。

王云娜、马翡玉、田东林，2015，《云南少数民族传统文化对水资源管理的影响研究》，《云南农业大学学报》（社会科学版）第 5 期。

文翠萍，2015，《绿春县三猛乡哈尼族语言使用现状研究》，中央民族大学民族学社会学学院硕士学位论文。

吴风章，2008，《生态文明构建：理论与实践》，中央编译出版社。

吴建平，2011，《人类自我认知与行为对生态环境的影响研究》，北京林业大学博士学位论文。

吴彤，2008，《地方性知识：概念、意蕴和少数民族哲学研究》，《科学发展观与民族地区建设实践研究》第 1 期。

肖生禄，2009，《浅析文化生态观》，《学理论》第 12 期。

肖宪，2012，《从民族团结走向民族融合——对云南建设"民族团结进步示范区"的几点思考》，《思想战线》第 4 期。

晓根，1992，《云南少数民族〈创世纪〉传说特点探析》，《云南师范大学学报》（哲学社会科学版）第 5 期。

解艳华，2013，《基于城市生态文明的南溪公园项目规划设计研究》，吉林大学环境与资源学院硕士学位论文。

徐春，1998，《可持续发展与生态文明》，北京出版社。

许进杰，2011，《生态文明消费模式研究》，中国致公出版社。

薛达元，2009，《民族地区传统文化与生物多样性保护》，中国环境科学出版社。

颜其香、周植志，1995，《中国孟高棉语族与南亚语系》，中央民族大学出版社。

闫硕，2011，《统筹城乡发展：生物质能绿色模式与解决三农问题研究》，《学理论》第 13 期。

杨东萱，2012，《德昂族整体脱贫研究》，云南民族出版社。

杨多贵、牛文元，2000，《中国可持续发展综合优势能力的评价》，《科学管理研究》第 5 期。

杨开忠，1994，《一般持续发展论（上）》，《中国人口·资源与环境》第 1 期。

杨佩含，2010，《浅析可持续发展理念与环境保护的关系》，《黑龙江科技信息》第 35 期。

杨庭硕、吕永锋，2004，《人类的根基：生态人类学视野中的水土资源》，云南大学出版社。

杨庭硕，2007，《生态人类学导论》，民族出版社。

杨庭硕、杨曾辉，2015，《树立正确的"文化生态"观是生态文明建设的根基》，《思想战线》第 4 期。

杨艳，2011，《我国生态行政建设：问题与对策》，广西师范大学硕士学位论文。

杨艳、刘大为，2013，《我国推进生态行政的必要性》，《办公室业务》第 5 期。

杨永福，2011，《滇川黔相连地区古代交通的变迁及其影响》，云南大学历史系博士学位论文。

杨晓雨，2015，《马克思主义生态思想的中国化进程》，《周口师范学院学报》第 3 期。

杨学军、朱云，2013，《生态危机的本质是文化危机》，《绿叶》第 7 期。

姚丹，2011，《土家族传统文化与生态保护研究》，中南民族大学民族学与社会学学院硕士学位论文。

叶远明，2016，《以林业可持续发展推进生态文明建设》，《技术与市场》第 1 期。

尹仑，2015，《气候人类学》，知识产权出版社。

尹伟伦，2009，《生态文明与可持续发展》，《科技导报》第 7 期。

尹绍亭，1988，《基诺族刀耕火种的民族生态学研究》，《农业考古》第 2 期。

——，1991，《一个充满争议的文化生态体系——云南刀耕火种研究》，云南人民出版社。

——，2000，《人与森林：生态人类学视野中的刀耕火种》，云南教育出版社。

——，2012，《中国大陆的民族生态研究（1950—2010）》，《思想战线》第 2 期。

——，2013，《人类学的生态文明观》，《中南民族大学学报》（人文社会科学版）第 2 期。

尤明慧，2014，《"社"文化之于"地方"与"地方性"的人类学阐释》，《中央民族大学学报》（哲学社会科学版）第 6 期。

袁建明，2000，《生态价值观初探》，《合肥工业大学学报》（社会科学版）第 1 期。

于冰，2012，《生态文明建设呼唤生态意识》，《浙江学刊》第 4 期。

余成林，2013，《德昂族的语言活力及其成因——以德宏州三台山乡允欠三组语言使用情况为例》，《黔南民族师范学院学报》第 2 期。

俞博文，2016，《绿色营销与可持续发展探析》，《当代经济》第 4 期。

俞桂海，2012，《基于生态文明的"生态城市"建设的路径选择——以福建省龙岩市为例》，《中共福建省委党校学报》第 10 期。

俞可平，2005，《科学发展观与生态文明》，《马克思主义与现实》第 4 期。

余谋昌，2013，《生态文明：建设中国特色社会主义的道路——对十八大大力推进生态文明建设的战略思考》，《桂海论丛》第 1 期。

——，2014，《环境伦理与生态文明》，《南京林业大学学报》（人文社会科学版）第 1 期。

余有勇，2014，《茶与景迈傣族社会文化变迁研究》，云南大学民族研究院硕士学位论文。

俞茹，1999，《德昂族文化史》，云南民族出版社。

于玉林，2014，《基于生态文明建立生态环境会计的探讨》，《绿色财会》第 6 期。

《云南民族村寨调查·德昂族》调查组编，2001，《云南民族村寨调查·德昂族》，云南大学出版社。

袁建明，2000，《生态价值观初探》，《合肥工业大学学报》（社会科学版）第 1 期。

袁新涛，2014，《"一带一路"建设的国家战略分析》，《理论月刊》第 11 期。

袁新涛，2014，《"一带一路"建设的国家战略分析》，《理论月刊》2014 年第 11 期，第 5～9 页。

允春喜、徐西庆，2014，《论民间道教文化对农村社会资本的培育》，《华南农业大学学报》（社会科学版）第 4 期。

曾代伟、郑军，2009，《巴楚文化圈民族习惯与生态环境保护》，《民族法学评论》第 6 期。

曾芸，2013，《文化生态与非物质文化遗产保护研究》，《中央民族大学学报》（哲学社会科学版）第 3 期。

张贡生，2013，《生态文明建设：国家意志与学术疆域》，《经济与管理评论》第 6 期。

张昊旻、南丽军，2013，《论建国以来我党生态文明思想成熟的发展历程》，《经济师》第 12 期。

张杰，2012，《当代生态价值观的理论构建》，西北大学哲学系硕士学位论文。

张梅兰，2016，《林业生态工程建设及其可持续发展》，《现代园艺》第 2 期。

张敏，2011，《论生态文明及其当代价值》，中国致公出版社。

张桥贵，2000，《少数民族自然崇拜与生态保护》，《生态经济》第 7 期。

张文波，2015，《苗族"反排木鼓舞"文化解析》，《贵州民族研究》第 9 期。

张原、兰婕，2013，《人类学的灾害研究如何呈现——兼评〈泥石流灾害的人类学研究〉》，《民族学刊》第 6 期。

张忠跃，2013，《生态文明与美丽中国简论》，《新西部》（理论版）第 4 期。

张紫晨主编，1991，《中外民俗学词典》，浙江人民出版社。

张子荣，2008，《生态文明：构建社会主义和谐社会的基石》，《怀化学院学报》第 3 期。

赵纯善、杨毓骧等，2009，《德昂族觅踪》，云南大学出版社。

赵家祥，2008，《德昂族历史文化研究》，德宏民族出版社。

赵腊林、陈志鹏，1983，《达古达楞格莱标》，载德宏州文联编《崩龙族文学作品选》，德宏民族出版社，第 140~154 页。

赵九洲，2010，《试评〈什么是环境史〉——兼谈中国环境史研究的若干问题》，《中国农史》第 4 期。

赵亮、任虹、李建敏，2014，《环境规划中环境资源有价理论的政策研究和实践》，《环境科学与管理》第 4 期。

赵绍敏，2010，《坚持和发展马克思主义的生态文明理论》，《科学社会主义》第 6 期。

赵世林，1995，《论民族文化的传承》，《云南民族学院学报》（哲学社会科学版）第 4 期。

——，2002，《论民族文化传承的本质》，《北京大学学报》（哲学社会科学版）第 3 期。

赵晓红，2005，《从人类中心论到生态中心论——当代西方环境伦理思想评介》，《中共中央党校学报》第 4 期。

赵燕梅，2009，《德昂族创始史诗〈达古达楞格莱标〉文化内涵探悉》，云南大学中文系硕士学位论文。

郑杭生主编，2003，《社会学概论新修》，中国人民大学出版社。

郑度，2002，《21 世纪人地关系研究前瞻》，《地理研究》第 21 期。

郑晓云，1992，《文化认同论》，中国社会科学出版社。

——，2006，《云南少数民族的水文化与当代水环境保护》，《云南社会科学》第 6 期。

镇康县文史委等，2009，《镇康德昂族》，内部发行。

中共云南省委宣传部、云南省社会科学界联合会编，2010，《云南 60 年：理论与实践创新生态文明与可持续发展》，云南大学出版社。

钟星星，2014，《现代文化认同问题研究》，中共中央党校博士学位论文。

周灿，2014，《德昂族非物质文化遗产保护与民族村寨旅游》，云南人民出版社。

周灿、赵燕梅，2013，《〈达古达楞格莱标〉的茶文化内涵》，《学术探索》第 8 期。

周灿、赵志刚、钟晓勇编著，2014，《德昂族民间文化概论》，云南人民出版社。

周方银，2016，《国际比较视野下的中国发展理念变革》，《人民论坛·学术前沿》第 3 期。

周鸿，2001，《人类生态学》，高等教育出版社。

周鸿铎，2005，《教育的本质是主体间的文化传承》，中国纺织出版社。

周敬宣主编，2009，《可持续发展与生态文明》，化学工业出版社。

周鸣琦，1995，《腰箍套不住的女人》，云南教育出版社。

周文娟，2011，《德昂族独龙族聚居区义务教育生师比调控的比较》，中央民族大学民族学与社会学学院硕士学位论文。

周雪，2009，《我国农村生态文明建设问题研究》，大连海事大学硕士学位论文。

朱桂云，2014，《科学发展观引领下的生态文明城市建设研究》，武汉大学哲学系博士学位论文。

朱红，2013，《环鄱阳湖地区生态文明建设的对策初探》，南昌航空大学经济管理学院硕士学位论文。

朱解放，2011，《农业的自然再生产和经济再生产》，《安徽农业科学》第10期。

朱启贵，2013，《国家生态文明政策体系构建研究——关于"美丽中国"的可操作层面探讨》，《人民论坛·学术前沿》第10期。

Anderson, E. N.. 1996. *Ecologies of the Heart*. New York: Oxford University Press.

Balee, W. ed. 1998. *Advances in Historical Ecology*. New York: Columbia University Press.

Barth, F. 1969. *Ethnic Groups and Boundaries*. Oslo: Bergen.

Berlin, B. D., E. Breedlove, and P. H Raven. 1966. "Folk taxonomy and Biological Classification." *Science* 154: 273 – 275.

Biersack, A., and J. B. Greenberg. 2006. *Reimagining Political Ecology*. London: Duke University Press.

Blaikie, P. M., and H. Brookfield. 1987. *Land Degradation and Society*. London: Methuen.

Botkin, D.. 1992. *Discordant Harmonies: A New Ecology for the Twenty-First Century*. New York: Clarendon Press.

Brown Ceil H. .1977. "Folk botanical life-forms: their universality and growth." *American Anthropologist* 79: 112 – 123.

Carson, R.. 1962. *Silent Spring*. New York: Houghton Mifflin.

Chaudhury, S. K.. 2006. *Culture, Ecology and Sustainable Development*. Mittal Publications.

Conklin, H. C.. 1955. "Hanunó o Color Cat egories." *Southwestern Journal of Anthropology* 4: 339 – 344.

——, 1957. *Hanunoo Agriculture: A Report on an Integral System of Shifting*

Cultivation in the Philippines. Rome: Food and Agriculture Organization of the United Nations.

——, 1963. *The Study of Shifting Cultivation*. Washington: Technical Publications.

Darwin, C.. 1859. *On the Origin of Species*. London: John Murray.

Dove, M. R., and C. Carpenter, eds. 2008. *Environmental Anthropology: A Historical Reader*. Blackwell Publishing.

Durkheim, E.. 1965/1915. *The Elementary Forms of Religious Life*. New York: The Free Press.

Evans-Pritchard, E. E. 1940. *The Nuer: A Description of the Modes of Livelihood and Political Institutions of a Nilotic People*. New York: Oxford University Press.

Geertz, C.. 1963. *Agricultural Involuntion: The Process of Ecological Change in Indonesia*. Berkeley: University of California Press.

Harris, M.. 1968. *The Rise of Anthropological Theory: A History of Theories of Culture*. London: Routledge&Kegan Paul.

——, 1979. *Cultural Materialism: The Struggle for a Science of Culture*. Random House.

Haeckel, E.. 1866. *Generelle Morphologie der Organismen*. Berlin: Georg Reimer Verlag.

Ingold, T.. 2000. *Perception of the Environment: Essays on Livelihood, Dwelling and Skills*. London: Routledge.

IUCN-UNEP-WWF. 1991. *Caring the earth— A Strategy for Sustainable Living*. Union Internationale Pour La Conservation De La Na.

Jenkins, R.. 1996. *Social Identity*. London and New York: Routledge.

Keyes, C.. 1976. "Towards a New Formulation of the Concept of Ethnic Group. " *Ethnicity* 3: 202 – 213.

Kipnis, A.. 1997. *Producing Guanxi: Sentiments, Self and Subculture in North China Village*. Durham, N. C. and London: Duke University Press.

Lawn, P. A.. 2010. *Toward Sustainable Development: An Ecological Economics*

Approach . Taylor & Francis.

Leach, E.. 1983. *Social Anthropology*. Oxford: Oxford University Press.

Lévi-Strauss, C.. 1958. *Structural Anthropology*. Allen Lane: The Penguin Press.

——, 1962. *Totemism*. Harmondsworth: Penguin.

Li, Q. 2010. "Tea and Ang: The Market Economy of a Group of Mon-Khmer Speaking Tea Planters in Yunnan. " *The Asia Pacific Journal of Anthropology* 2: 177 – 190.

Marten, G. G.. 2012. *Human Ecology: Basic Concepts for Sustainable Development*. CRC Press.

Mauss, M.. 1969/1954. *The Gifts: Forms and Functions of Exchange in Archaic Societies*. London, Routledge & Kegan Paul.

Milne, L. 2004/1924. *The Home of an Eastern Clan: A Study of the Palaungs of the Shan States*. Bangkok: White Lotus Press.

Milton, K.. 1997. "Ecologies: Anthropology, Culture and the Environment. " *International Social Sciences Journal* 49: 477 – 495.

Netting, R.. 1977. *Cultural Ecology*. Menlo Park, CA: Cummings Pub. Co.

——, 1996. "Cultural Ecology. " *Encyclopedia of Cultural Anthropology*. New York: Henry Holt, pp. 267 – 271.

Rappaport, R. A.. 1967. "Ritual Regulation of Environmental Relations Among a New Guinea People" *Ethnology* 6: 17 – 30.

——, 1968. *Pigs for the Ancestors: Ritual in the Ecology of a New Guinea People*. New Haven: Yale University Press.

Richards, B. N.. 1989. *Sustainable Development in Forestry: An Ecological Perspective*. University of British Columbia.

Sahlins, M.. 1972. *Stone Age Economics*. Chicago: Aldine-Atherton.

Salzman, P. C., and D. W. Attwood. 1996, "Ecological Anthropology. " In Alan Barnard and Jonathan Spencer (eds.), *Encyclopedia of Social and Cultural Anthropology*, London: Routledge, pp. 169 – 172.

Savigny, F. C. von. 1814. *Vom Beruf unserer Zeit für Gesetzgebung und Rechtswis-*

senschaft. Heidelberg: Mohr und Zimmer.

Scott, J. G. . 1982/1932. *Burma and Beyond.* London: Grayson & Grayson.

Skinner, G. W. 1964. "Marketing and Social Structure in Rural China: Part I. " *The Journal of Asian Studies* 1: 3 – 43.

Steward, J. . 1955. *Theory of Culture Change.* Urbana, Illinois: University of Illinois Press.

Tien, J. . 1986. *Religious Cults of The Pai-i Along the Burma-Yunnan Border.* New York: Cornell University Southeast Asia Program.

Turner, V. . 1973. *The Forest of Symbols: Aspects of Ndembu Ritual.* Ithaca and London: Cornell University Press.

Tylor, E. . 1871. *Primitive Culture.* New York: Herry Holt.

World Commission on Environment and Development (WCED) . 1987. *Our Common Future.* Oxford: Oxford University Press.

Yan, Y. 1996. *The Flow of Gifts: Reciprocity and Social Networks in a Chinese Village.* California: Standford University Press.

Yang, M. . 1994. *Gifts, Favors and Banquets: The Art of Social Relationships in China.* Ithaca: Cornell University Press.

后 记

本书是我主持完成的国家社会科学基金西部项目"德昂族传统生态文明与区域可持续发展研究"（项目批准号：13XMZ068）的研究成果。

衷心感谢我的导师林超民教授和尹绍亭教授从项目研究开始到本书出稿所给予的珍贵指导，并为本书作序。在研究过程中，非常感谢和少英教授、王德强教授、郭家骥教授、王明东教授、高登荣教授、沈海梅教授、李存信教授、崔明昆教授提出的宝贵意见和建议，非常感谢耿毅老师、唐婷婷老师、干小莉老师、杜雪飞老师、李晓娅老师、达月珍老师以及云南民族大学云南省民研所的各位老师对本研究的关注，还要特别感谢赖永良、杨五青、杨腊三、杨翠元、线敏、杨忠德、杨玉南、赵腊左、李忠强、冉清雯、杨爱民、曹先强、李宝莲、线加强、董晓梅、莫罕亮、李红、尹云仙、李玉恩、李光芹、董国强、姚关伟、李维民等德昂族同胞以及张正强、高雁华等朋友对本研究田野调查的支持与帮助。

在本书出版的过程中，诚挚感谢杨阳编辑付出的诸多努力，还要感谢修改文稿、排版和印刷本书的各位老师。

最后，深深感谢我的父母、丈夫和女儿，有着家人的关爱、鼓励和支持，我才得以完成本研究和书稿。

李全敏

2017 年 2 月

图书在版编目（CIP）数据

秩序与调适：德昂族传统生态文明与区域可持续发
展研究／李全敏著． -- 北京：社会科学文献出版社，
2017.12

ISBN 978 - 7 - 5201 - 1407 - 3

Ⅰ.①秩… Ⅱ.①李… Ⅲ.①德昂族 - 民族地区 - 生
态文明 - 文明建设 - 关系 - 区域经济发展 - 经济可持续发
展 - 研究 - 云南　Ⅳ.①X321.274②F127.74

中国版本图书馆 CIP 数据核字（2017）第 236206 号

秩序与调适
—— 德昂族传统生态文明与区域可持续发展研究

著　　者／李全敏

出 版 人／谢寿光
项目统筹／杨　阳
责任编辑／杨　阳

出　　版／社会科学文献出版社·社会学编辑部 （010）59367159
　　　　　地址：北京市北三环中路甲29号院华龙大厦　邮编：100029
　　　　　网址：www.ssap.com.cn
发　　行／市场营销中心 （010）59367081　59367018
印　　装／三河市尚艺印装有限公司

规　　格／开本：787mm×1092mm　1/16
　　　　　印张：17　字数：272 千字
版　　次／2017 年 12 月第 1 版　2017 年 12 月第 1 次印刷
书　　号／ISBN 978 - 7 - 5201 - 1407 - 3
定　　价／79.00 元